现代地籍测量

(第三版)

李天文　编著

科学出版社

北　京

内 容 简 介

本书是作者根据多年地籍测量教学经验和科研实践，并参阅国内外大量文献资料编写而成。全书共 11 章，第 1 章至第 4 章分别介绍了地籍测量的基本理论、基本技能；第 5 章至第 7 章分别阐述了房产调查、建设项目用地勘测定界、变更地籍调查与测量的方法与技术；为适应现代高新技术的发展，第 8 章至第 10 章突出介绍"3S"(GIS、GNSS、RS)技术在地籍测量领域的应用；第 11 章介绍了土地工程测量的知识与技能。本书以地籍测量为主线，以现代测量技术应用为核心，注重结合当前土地管理、房产管理的特殊要求，培养学生独立思考和解决问题的能力。

本书可作为高等院校土地管理、测绘工程、地理信息科学等专业的教材，也可供其他相关专业师生及科研工作者阅读参考。

图书在版编目（CIP）数据

现代地籍测量 / 李天文编著. —3 版. —北京：科学出版社，2022.9

ISBN 978-7-03-073103-6

Ⅰ. ①现… Ⅱ. ①李… Ⅲ. ①地籍测量-高等学校-教材 Ⅳ. ①P271

中国版本图书馆 CIP 数据核字（2022）第 164440 号

责任编辑：杨 红 / 责任校对：杨 赛

责任印制：赵 博 / 封面设计：陈 敬

科学出版社 出版

北京东黄城根北街 16 号

邮政编码：100717

http://www.sciencep.com

北京中石油彩色印刷有限责任公司印刷

科学出版社发行 各地新华书店经销

*

2004 年 9 月第一版 开本：787×1092 1/16

2012 年 6 月第二版 印张：14 1/4

2022 年 9 月第三版 字数：368 000

2025 年 1 月第十八次印刷

定价：59.00 元

（如有印装质量问题，我社负责调换）

第三版前言

随着社会经济的持续发展，国家对生态保护、土地管理及房产管理的细致化、科学化高度重视。地籍测量资料是生态保护、土地管理及房产管理的基础资料，因此，地籍测量无论是从理论、技术和方法上都得到了发展，尤其是在土地的精细化管理方面兼顾了监管部门需求、完善了地类含义、增加了湿地归类。为了及时反映地籍测量的最新发展，适应土地管理、房产管理工作及高等院校相关专业教学需求，对本书进行了修订。具体内容包括以下几个方面：

(1) 为了便于读者阅读和理解，对原书中的文字、图表等内容作了精炼和修改。

(2) 为了满足土地利用现状调查和地籍变更调查的需求，结合国家标准《土地利用现状分类》(GB/T21010—2017)对土地分类体系与含义进行了修改。

(3) 对城镇地籍调查内容进行了修改，增加了地籍区和地籍子区的划分、调查单元的确定及权属调查等工作内容。

(4) 对房屋建筑面积的计算进行了修改，进一步明确了计算建筑面积的范围和不计算建筑面积的范围，以便实际操作。

(5) 对宗地草图、宗地图、农村地籍样图和城镇地籍样图进行了修改。

(6) 对卫星定位技术在地籍测量中的应用进行了全面修改。

由于作者水平有限，本次修订后仍可能存在不足之处，期待广大读者指正。

李天文

2022 年 1 月 28 日于西安

第二版前言

随着土地管理工作的不断细化和完善，地籍测量资料作为土地管理的基础资料受到了广泛的重视。因此，地籍测量无论是从理论、技术还是方法上都得到了进一步的发展。为了及时反映地籍测量的最新成果，以适应目前土地管理工作及高等院校教学的需要，特对本书作了重要修订。其修订内容包括以下几个方面：

(1) 为突出本书的重点和适应土地管理的需要，充实了新内容，并对原书中的文字、图表及公式等内容进行了精减和修改。

(2) 为满足土地利用现状调查及地籍变更调查的需要，结合《第二次全国土地调查技术规程》行业标准，对原土地分类体系与含义进行了修改。

(3) 结合现代测量技术的发展，对原书第七章的内容进行了大幅度的修改，增加了变更权属调查、变更地籍测量方法(常规法、遥感影像或航空影像叠加分析处理法、GPS 方法及 PDA 与 GPS、GIS 集成法)及宗地的合并与分割等内容。

(4) 为了适应现代地籍管理的需要，增加了土地利用现状调查数据库建设、地籍信息系统建设及土地利用现状调查数据库的应用等内容。

本次再版，李庚泽参与了部分章节的修订工作，弋耀武、李东杰同学也为该书的修订作了不少工作。在此一并表示衷心的感谢。

李天文

2012 年 4 月于西北大学

第一版序

随着经济的发展，土地需求不断增加，土地资源相对匮乏的矛盾不断加剧。人们对地籍的划分也越来越细，出现了诸如税收地籍、产权地籍、综合地籍等，相应地出现了房产调查与测量，建设项目用地的勘测定界，土地工程测量等测绘问题。同时，随着现代测绘技术的发展，高精度、高效率的新型测绘仪器的出现，地籍测量与现代测绘新技术的结合逐渐紧密，地籍测量的仪器和方法都有了较大的改变。传统的地籍测量手段已经难以满足实际工作的需要，现代测绘技术和方法在地籍测量中正发挥着巨大作用。

《现代地籍测量》一书是作者在多年地籍测量教学经验和科研生产实践的基础上，参阅了国内外大量文献资料编写而成的。全书共分 11 章，重点阐述了土地调查和地籍测量的基本理论及其技术方法，同时为了适应现代高新技术的发展，突出地介绍了“3S”(GIS、GPS、RS)技术在地籍测量领域中的应用，并结合当前土地管理、房产管理等特殊需要，介绍了房产调查、建设项目用地勘测定界、土地工程测量的基本知识与技能。

该书充实了地籍测量的内容，扩大了应用领域，适应了 21 世纪科学技术发展的需要。其理论体系严谨、技术手段先进、结构合理、论述清晰。它不仅可供高等院校地理信息系统和相关专业教学使用，也可供相关专业领域的科研生产管理人员参考。

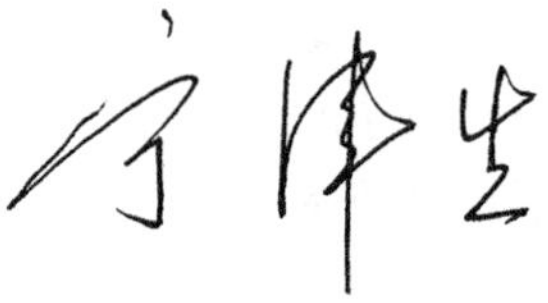

中国工程院院士

中国测绘学会教育委员会主任委员

2004 年 7 月 12 日于武汉大学

第一版前言

地籍测量是服务于土地管理、房产管理与开发的一种专业测量工作，它是研究如何确定土地及房产位置、大小、权属、数量、用途等要素的一门科学，是我国综合性大学和高等师范院校地学类专业本科生学习的重要内容与技能。自 20 世纪 80 年代以来，随着计算机技术的发展，现代测量技术和“3S”(GIS、GPS、RS)技术已逐步渗透到传统的地籍测量中。因此为适应科学技术的发展和土地管理工作的需要，本教材力求采用新技术、新内容、新思路。在编写过程中，作者根据多年地籍测量教学实践，广泛征求测绘、土地管理、地理信息系统等专业部门的意见，并参考收集到的国内外相关资料和一些生产单位的实践经验，对传统的地籍测量体系做了补充和调整，以便尽可能多地反映现代科学技术在地籍测量与土地管理工作中的应用前景。

全书共 11 章，主要内容包括地籍测量、土地调查、房产调查、建设项目用地勘测定界、土地工程测量等的基本理论、基本知识和基本技术，突出“3S”(GIS、GPS、RS)技术在上述测量与调查中的应用。在每章后附有思考题，便于学生在课程学习的基础上，全面理解本章的学习重点，做到理论与实践相结合，以取得更好的教学效果。

本书的编写得到了西北大学曹明明教授、陕西师范大学刘胤汉教授、长安大学金其坤教授的热情指导和帮助；吴琳参与了第 2、4、5 章的编写，陈盼盼参与了第 2、10、11 章的编写，杨蕾参与了第 4、5 章的编写，在此一并表示衷心的感谢。

由于土地科学的不断发展，测绘新技术、新手段的不断涌现，同时也由于作者的水平有限，本书不足之处在所难免，敬请各位专家及广大读者批评指正。

李天文

2004 年 6 月于西北大学

目　录

第1章　绪　　论

1.1　地籍概述

1.1.1　土地的含义及特点

土地是人类赖以生存的物质基础和立足场所，亦是人类进行社会生产必不可少的物质条件。土地既是自然资源，也是生产资料。

土地与国土的概念不同，土地具有自然属性，是自然的产物。而国土是一个具有政治意义的概念，是指一个国家管辖范围内的领土、领海及领空。

土地具有自然属性和经济属性。

1. 土地的自然属性

1) 土地数量的有限性

地球的表面积决定了土地的数量。尽管地壳运动、自然力的作用、人类的生产活动不断地改变着地球表面的形态，但土地的总量始终不变。在目前的科学技术条件下，人类无法创造或消灭土地，只能根据需要改变土地的用途，提高土地的生产力，但土地总面积是一定的。

2) 土地位置的固定性

任何一块土地其空间位置是固定的，人类只能在其所处的位置和特定的自然、经济条件下加以利用。然而，随着城镇和道路的建设，土地的相对位置发生着不断变化，从而使土地利用的价值也相应改变。

3) 土地地域的差异性

土地位置的固定性，使土地在数量和质量的分布上具有地域性。无论是工农业生产，还是商业、住宅等项目用地，其利用价值的大小无不受其所处地域的社会功能和经济条件所制约。

4) 土地利用的持久性

土地具有永久反复使用的特性，各类土地，若能合理使用，其生产力不但不会随着时间的推移而丧失，而且还将随着科学技术的发展而提高，可永久利用。

2. 土地的经济属性

土地属自然和经济范畴，人类活动不断影响着土地的变化。土地一旦被用于社会生产，必将成为生产过程中重要的物质条件和生产资料中具有决定意义的物质基础。

在一定的科学技术水平下，土地利用存在着报酬递减现象，即在一定面积的土地上连续追加投资超过一定限度后，其单位投资额从土地上获取的报酬递减。因此，为了获取最佳的经济效果，必须注意适当的投资。

土地作为生产资料出现在市场上，无论是农业用地还是城镇用地，对于物价的变动反应一般比较迟缓，通常滞后于市场经济的变动。

我国是一个发展中的大国，在占全球7%的耕地上养育着占全球22%的人口。随着人口的增长，工业及城市的发展，人地矛盾不断加剧，而这种矛盾已成为制约我国社会和经济发展的重要因素。因此，必须注意保护和珍惜每一寸土地，加强对土地的管理。为了加强对土地的管理，就必须通过地籍测量的手段获取土地的基础数据，摸清家底。

1.1.2 地籍与地籍的特点

地籍一词在我国古代就已沿用，是中国历代王朝(或政府)登记田亩地产作为征收赋税的根据。简单地讲，地籍是为征收土地税而建立的土地登记簿册，这是地籍最古老、最基本的含义。随着社会、经济和科学技术的发展，测绘、地籍管理、城市管理等各学科之间相互渗透、相互配合，使得单一的地籍发展成为多用途地籍，也可称为现代地籍。很显然，多用途地籍的内涵和外延更加丰富。多用途地籍或现代地籍(以下简称地籍)是指由国家监管的、以土地权属为核心、以地块为基础的土地及其附着物的权属、位置、数量、质量和利用现状等信息，并用数据、表册、文字和图等各种形式表示出来。其包括以下五个特点。

1. 地籍是由国家建立和管理

地籍自出现至今，都是国家为解决土地税收或保护土地产权的目的而建立的。尤其是 19 世纪以来，地籍更明显地带有国家权利性。在国外，各国对地籍测绘也称为官方测绘。在我国的漫长历史中，历次地籍的建立都是由朝廷或政府下令进行的，其目的是为了保证政府对土地税收的收取并兼有保护个人土地产权。现阶段我国进行的地籍工作，其根本目的是保护土地，合理利用土地，以及保护土地所有者和土地使用者的合法权益。

2. 地籍的核心是土地权属

地籍是以土地权属为核心对土地诸要素隶属关系的综合表述，这种表述毫无遗漏地针对国家的每一块土地及其附着物。即不管是所有权还是使用权，是合法的还是违法的，是农村的还是城镇的，是企事业单位、机关、个人使用的还是国家和公众使用的(如道路、水域等)，是正在利用的还是尚未利用的或不能利用的土地及其附着物，都是以土地权属为核心进行记载的，都要建立地籍档案。地籍档案中表述的内容具有法律意义和法律效力。

3. 地籍是以地块为基础建立的

一个区域的土地根据被占有、使用等原因而分割成具有边界的、空间连续的许多块土地，每一块土地即称为地块。地籍的内涵之一就是以土地的空间位置为依托，对每一地块所具有的自然属性和社会经济属性进行准确的描述和记录，由此所得到的信息称为地籍信息。

4. 地籍在记载地块的状况时，还要记载地块内附着物的状况

地面上的附着物是人类赖以生存的物质基础之一。在城镇，土地的价值是通过附着在地面上的建筑物内所进行的各种活动来实现的，建筑物和构筑物的用途是对土地的用途进行分类时的重要标志。现代社会生活中出现的“房地产”的概念就是基于土地和建筑物、构筑物相互依存、共同贡献的原则而产生的。因此，土地和附着物是不可分离的，尤其是土地与建筑物和构筑物是不可分离的，它们各自的权利和价值相互作用，相互影响。历史上最早的地籍只对土地进行描述和记载，并未涉及地面上的建筑物、构筑物，但随着社会和经济的发展，尤其是房地产交易市场形成后，由于房、地所具有的内在联系，地籍必须同时对土地及附着在土地上的建筑物、构筑物进行描述和记载。图 1.1 表达了土地、地块、附着物与地籍的关系。

5. 地籍是土地基本信息的集合

土地基本的信息集合，简称地籍信息，包含着地籍图集，地籍簿册，它们之间通过特殊的标识符(关键字)连接成一个整体，这个标识符就是通常所说的宗地代码。

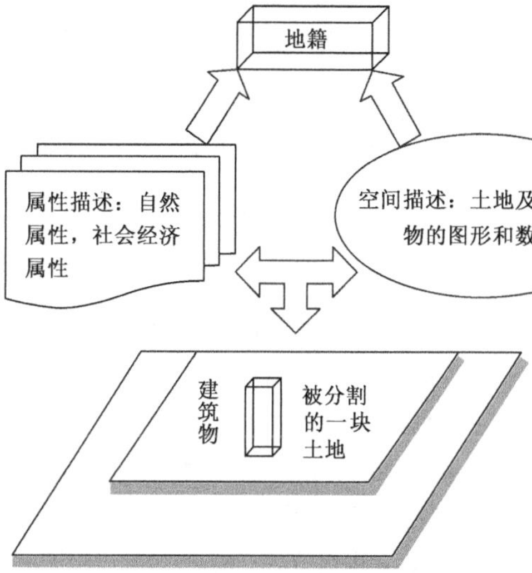

图 1.1 土地、地块、附着物与地籍的关系示意图

地籍图集：主要是用图的形式来表达地籍信息，即用图的形式直观地描述土地和附着物之间的相互位置关系，包括地籍图、专题地籍图、宗地图等。

地籍数据集：主要是用数字的形式描述土地及其附着物的位置、数量、质量、利用现状等要素，如面积册、界址点坐标册、房地产评价数据等。

地籍簿册：主要是用表册的形式对土地及其附着物的位置、法律状态、利用现状等基本状况进行文字描述，如地籍调查表、各种相关文件等。

地籍数据库：主要包括地籍区、地籍子区、土地权属、土地利用、基础地理信息等。

1.1.3 地籍的种类

按地籍工作的目的和发展阶段可分为税收地籍、产权地籍和多用途地籍。

(1) 税收地籍——主要是丈量地块的边界、估算土地的面积，并对土地等级进行评价，据此按土地等级收税。

(2) 产权地籍——主要是保护土地的产权，为进行土地的转让和交易服务，因此比税收地籍要求更高，需要精确测定宗地(确定地产产权的单元)界址点的位置，较准确地计算其面积。

(3) 多用途地籍——不仅为土地所有权、税收、交易服务，而且还为城乡规划、市政管理等服务，是建立土地信息系统的一个重要组成部分。因此要求测量的内容更广泛，测量的精度要求也更高。

按地籍的特点和任务划分可分为初始地籍和日常地籍。

(1) 初始地籍——是指在某一时期内，对其行政辖区内全部土地进行全面调查后，最初建立的地籍图簿册，而不是指历史上的第一本地籍簿册。

(2) 日常地籍——是针对土地数量、质量、权属及其分布和利用、使用情况的变化，并以初始地籍为基础进行修正、补充和更新的地籍。

初始地籍和日常地籍是不可分割的完整体系。初始地籍是基础，日常地籍是对初始地籍的补充、修正和更新。如果只有初始地籍而没有日常地籍，地籍将逐步陈旧，缺乏现实性，失去其实用价值。相反，如果没有初始地籍，日常地籍就没有依据和基础。

按城乡土地的不同特点划分，地籍可分为城镇地籍和农村地籍。

(1) 城镇地籍的对象是城镇建成区的土地，以及独立于城镇以外的工矿企业、铁路、交通等用地。

(2) 农村地籍的对象是城镇郊区集体所有土地、农村集体所有土地、农村居民点用地和国有农场用地。

1.1.4 地籍发展简史

地籍是使用土地与管理土地的产物，其产生和发展也是社会进步、生产力发展、科学技术水平不断提高的结果。国家的出现是地籍产生的根本原因。在原始社会中，土地处于“予取予求”的状态，人们共同劳动，按氏族内部的规则分享劳动产品，无须了解土地状况和人地关系。随着社会生产力的发展，出现了国家。这时，地籍作为维护国家机器运作的工具出现了。它在维护土地制度、保障国家税收方面发挥了重要的作用。

中国、古埃及等文明古国都存在着一些古老的地籍记录。在当时的社会背景下，地籍是一种以土地为对象的征税簿册，记载的是有关土地的权属、面积和土地的等级等。这种征税簿册涉及土地所有者或使用者本人，所采用的测量技术也很简单，无图形，土地质量的评价主要依据是农作物的产量。运用征税簿册所征收到的税费，主要作为维持社会发展的基金。它是国家工业化之前最主要的收入来源之一，也就是我们所说的税收地籍。

18 世纪，社会结构发生了深刻变革，土地的利用更加多元化，出现了农业、工业、居民地等用地类型，而测量技术的发展，具有确定权属的地块能精确地定位，计算的面积也更加准确，并且已可用图形来描述地籍的内容。到 19 世纪，欧洲的经济结构发生了重大变化，地籍作为征收土地税费的基础，由于能提供一个完整、精确的地理参考系统(这是由精确的测量系统所带来的)，因而担当起以产权登记册来实现产权保护的任务，地籍也因此变成了产权保护的工具，从此产生了含义明确的产权地籍(税收仅是其目的之一)。

基于以上原因，西方各国建立起了覆盖整个国家范围的国家地籍，对地籍事业的发展起到了决定性的作用。进入 20 世纪，由于人口迅速增长及工业化等因素，在技术方面，土地质量评价的理论、技术和方法日趋完善，土地的质量评估资料被纳入地籍中。科学技术的发展为测量技术提供了一个更加精确、可靠的手段，地籍图的几何精度和地籍的边界数据精度越来越高，管理手段越来越先进，使地籍的内容更加丰富，从而扩展了地籍的传统任务和目的，形成了我们所说的多用途地籍，在现在的各类书籍中被称为现代地籍。

1.1.5 地籍在土地管理中的作用

地籍是以土地权属为核心，以地块为基础的土地及其附着物的权属、数量、质量、位置和利用现状的土地基本信息的集合，它不仅是土地管理工作的成果之一，而且是全面、统一、依法、科学管理土地时必不可少的数据、表册和图件。

现阶段的土地管理主要任务是国家为了保护和合理利用土地资源，制定并实施土地政策，运用各种手段对土地资源进行调查、规划和利用，对土地的权属、土地产生的利益关系进行计划、协调，协调处理土地纠纷，解决有关的土地问题等。为此，地籍在土地管理中的作用主要表现在以下四个方面。

1) 制定土地政策的科学依据

土地政策包括土地制度改革政策，与土地有关的经济制度、环境保护、人类生存、个人投资或企业投资等方面的政策。这些政策的制定与准确掌握土地资源的数量、质量、用途状况是分不开的。地籍所提供的多要素、多层次、多事态的土地资源的数量、自然和社会经济状况，为国家制定土地政策，编制国民经济发展计划，制定各项规划提供了基本依据，为组织工农业生产和进行各项建设提供了基本资料。

2) 促进土地管理工作的开展

地籍所提供的有关土地类型、数量、质量和权属等基本资料是调整土地关系，合理组织土地利用的基本依据。土地利用状况及其境界位置的资料是进行土地分配、再分配和征拨土地工作的重要依据。土地的数量、质量及其类型分布规律是编制土地利用总体规划、村镇规划、城市规划的基础。因此，在开展土地管理工作中，地籍是不可缺少的。

3) 保护土地产权不受侵害，避免纠纷

地籍调查和管理是国家政策支持下的依法进行土地管理的行政行为，所形成的地籍信息具有空间性、精确性、现势性和法律性。因此，在调处土地纠纷，恢复界址，确定地权，认定房地产权，进行房地产转让、买卖、租赁等土地管理工作中，地籍提供法律性的证明材料，从而保护了土地所有者、使用者的合法权益，避免土地纠纷的发生。

4) 为土地的经济活动提供参考

地籍产生的最初原因最明显的莫过于用于土地税费的征收。利用地籍提供的土地及其附着物的位置、面积、用途、等级和使用权、所有权状况，结合国家和地方的有关法律法规，为以土地及其附着物的经济活动(如土地的有偿转让、出让，土地和房地产税费的征收，防止房地产市场投机等)提供可靠准确的基本资料，从而促进以土地为目标的经济活动正常进行。

1.2 地籍测量

1.2.1 地籍测量任务

地籍测量是为获取和表达地籍信息所进行的测绘工作，主要是测定每块土地的位置、面积大小，查清其类型、利用状况，记录其价值和权属，据此建立土地档案或地籍信息系统，供实施土地管理工作和合理使用土地时参考。

1.2.2 地籍测量的特点

地籍测量不同于普通测量。普通测量一般只注重于技术手段和测量精度，而地籍测量则是测量技术与土地法学的综合应用，即涉及土地及其附着物权利的测量。地籍测量有以下八个特点。

(1) 地籍测量是一项基础性的具有政府行为的测绘工作，是政府行使土地行政管理职能时具有法律意义的行政性技术行为。

(2) 地籍测量为土地管理提供了精确、可靠的地理参考系统。

(3) 地籍测量是在地籍调查的基础上进行的。经过地籍调查后，可以选择不同的地籍测量技术和方法。

(4) 地籍测量具有勘验取证的法律特征。

(5) 地籍测量的技术标准必须符合土地法的要求。

(6) 地籍测量工作有非常强的现势性。

(7) 地籍测量技术和方法是对当今测绘技术和方法的应用集成。

(8) 从事地籍测量的技术人员，不但要具备丰富的测绘知识，还应具有不动产法律知识和地籍管理方面的知识。

1.2.3 地籍测量的内容

地籍测量有以下五方面内容。

(1) 进行地籍控制测量，测设地籍基本控制点和地籍图根控制点。

(2) 测定行政区划界线、土地权属界线及其界址点坐标。

(3) 测绘地籍图，测算地块和宗地的面积。

(4) 进行土地信息的动态监测，进行地籍变更测量，包括地籍图的修测、重测和地籍簿册的修编，以保证地籍成果资料的现势性与正确性。

(5) 根据土地整治、开发与规划的要求，进行有关地籍测量工作。

1.2.4 地籍图与地形图的区别

地形图是基础用图，广泛服务于国民经济建设和国防建设，可作为水利、铁路、公路、地质勘察等工程的设计图和施工的工程用图；地籍图是专用图，主要应用于土地管理，行使国家对土地的行政职能，可作为不动产管理、征税、有偿转让土地的依据，是处理房地产民事纠纷时具有法律效力的条件。

地形图可用于在图上测量地面坡度、纵横断面、土石方量、水库库容、森林覆盖面积和水源状况等；地籍图可用于在图上准确量测土地面积、土地利用现状面积，并注有房地产位置等状况，可供分析土地配置的合理状况等。

地形图反映自然地理属性，它完整地描绘地物地貌，真实地反映地表形态；地籍图主要反映土地的社会经济属性，完整地描绘地产位置、数量，并可反映房产和城市建设的相关信息，有选择地描绘一般地物或概略地描绘地貌。

地形图可作为编制专题地图和小比例尺地形图的基础图件和底图，是国家地理信息数据库的重要资料来源，接受用户关于测绘信息方面的查询；地籍图可作为编制土地利用图和城市规划图的重要图件，是国家土地信息数据库的重要资料来源，接受用户关于土地信息、房地产转让、贷款、税收等方面的查询。

1.3 现代测绘技术在地籍测量中的应用

1.3.1 现代测量技术在地籍测量中的应用

常规地籍控制测量如三角测量、导线测量，均要求点与点间通视，这样不但费工费时，而且精度也不均匀，外业中不知道测量成果的精度。虽然，全球导航卫星系统(global navigation satellite system，GNSS)静态、快速静态等相对定位测量无须点与点间通视就能够高精度地进行各种控制测量，但是需要事后进行数据处理，不能实时地进行定位并了解定位精度，只有在内业处理后才可发现精度是否满足要求，若精度不合要求时必须返工测量。而采用 RTK(real time kinematic)技术进行实时定位可以达到厘米级的精度，因此，除了高精度的控制测量仍采用GNSS静态相对定位技术之外，RTK测量技术也可用于地籍测量中的控制测量和界址点点位的测量。地籍测量中应用RTK测量技术可以测定每一宗土地的权属界址点以及测绘地籍图，只需一人拿着仪器在要测的界址点上待上1～2s同时输入特征编码，并通过电子手簿或便携微机记录，在点位精度合乎要求的情况下，完成一个区域内的界址点测定，回到室内或在野外利用专业测图软件绘制并输出所要求的地籍图。利用RTK测量技术测定点位坐标并不要求点与点间通视，仅需一人操作，便可完成测图工作，大大提高了测图的工作效率。但在影响GNSS卫星信号接收的遮蔽地带，还应使用全站仪、测距仪、经纬仪等测量工具进行配合，采用解析法或图解法进行细部测量。

在建设用地勘测定界测量中，RTK测量技术可以实时地测定界桩位置，确定土地使用界线范围，计算用地面积。利用RTK测量技术进行勘测定界时，可直接放样点位的坐标值，避免了常规解析法放样的复杂性，简化了建设项目用地勘测定界的工作程序(建设项目用地勘测定界中的面积量算可由GNSS软件中的面积计算功能直接计算并进行检核)。

在土地利用动态监测中，也可利用RTK技术。传统的动态野外监测一般采用简易补测或全站仪补测法，如采用钢尺进行距离交会、直角坐标法等实测丈量，对于变化范围较大的地区采用全站仪补测。这些传统的测量方法速度慢、效率低。而应用RTK测量技术进行动态监测则可提高监测的速度和精度，并且省时省工，真正实现实时动态监测，保证了土地利用状况调查的现势性。

1.3.2 遥感技术在地籍测量中的应用

遥感(remote sensing，RS)技术是20世纪60年代蓬勃发展起来的对地观测、探测、监测的综合性技术。这一技术在土地利用监测、土地权属变化监测中发挥着越来越大的作用。特别是在地籍测量中，利用大比例尺航空遥感图像，采用航测成图方法要比采用传统方法测绘地籍图具有速度快、精度均匀、经济效益高等优点。并可用数字航空摄影测量方法，提供精确的数字化地籍数据，实现自动化成图。

遥感技术在地籍测量中的应用主要表现在以下四个方面。

(1) 利用航空摄影图像，采用解析空中三角测量方法，加密控制点坐标和宗地界址点坐标。

(2) 利用航空摄影图像，使用解析测图仪(或数字航空摄影测量系统)绘制地籍图或数字化地籍图。

(3) 利用航空摄影图像或高分辨率的卫星图像，通过摄影纠正或正射投影纠正，获取影像地籍图。

(4) 采用遥感调查方法，进行地籍权属调查，绘制宗地草图。

1.3.3 GIS技术在地籍测量中的应用

GIS(geographical information system)是在计算机硬件和软件的支持下，运用地理信息科学和系统工程理论，科学管理和综合分析各种地理数据，提供管理、模拟、决策、规划、预测和预报等任务所需要的各种地理信息的技术系统。

在地籍测量中，GIS具有以下三个基本功能。

1. 地籍数据的采集功能

将地籍测量的各种数据，如权属界线、界址点坐标、地面附着的建筑物，通过输入设备输入计算机，成为地理信息系统能够操作与分析的数据源。这个过程称为地籍数据采集。常用的数据采集方法有：计算机键盘数据采集、地图扫描数字化、实测数据输入、GNSS数据采集等。

2. 地籍数据的管理功能

地籍数据管理包括地籍属性数据管理和地籍空间数据管理。地籍属性数据管理的对象包括属性数据记录和属性文件；空间数据管理包括空间数据编辑修改和检索查询。

3. 地籍数据的处理功能

传输到计算机中的各种数据，可利用相应的软件对地籍数据加以处理，最后输出并绘制各种所需的地籍图件和表册，供有关单位使用。目前开发的数字地籍测绘系统(digital cadastral surveying and mapping system，DCSM)是以计算机为核心，以GNSS信号接收机、全站仪、数字化仪、立体坐标量测仪、解析测图仪等自动化测量仪器为输入装置，以数控绘图仪、打印机等为输出设备，再配以相应的数字地籍测绘软件，构成一个集数据采集、传输、数据处理及成果输出于一体的高度自动化的地籍测绘系统。

目前，数字测图技术已基本成熟，并且越来越多地被应用到地籍测量中。显而易见，数字地籍测绘技术将成为实现地籍管理现代化，加强土地管理的重要基础。

思 考 题

1. 名词解释：地籍、地籍测量、地籍图集、地籍数据集、地籍簿册、税收地籍、产权地籍、多用途地籍、初始地籍、日常地籍。
2. 地籍测量的特点各是什么？
3. 地籍按照不同的分类方法可以分为哪几类？
4. 请结合实际说明地籍测量包括哪些内容？
5. 遥感技术在地籍测量中的应用主要表现在哪几个方面？
6. 在地籍测量中，GIS具有哪些基本功能？
7. GNSS测量技术在地籍测量中的作用有哪些？
8. 简述地籍图与地形图的区别。

第2章　地 籍 调 查

本章在介绍全国土地分类体系与含义的基础上，从土地权属调查、土地利用现状调查、城镇地籍调查和土地质量调查等几方面阐述地籍调查的基本内容、基本技术和方法步骤。

2.1　地籍调查概述

2.1.1　地籍调查的任务

地籍调查是政府为了取得土地权属和土地利用状况等基本地籍资料而组织的一项系统性社会调查工作。它的基本任务是查清每块宗地(城镇)或地块(农村)的坐落、位置、地号、地类、等级、所有者、使用者、权属、权源、面积、利用状况、土地质量等，为后续的测量、地籍测量等工作提供其权属界线和界址点的位置，为测制地籍图、编制土地利用现状图、编制地籍簿册和进行地籍管理提供依据。

2.1.2　地籍调查的种类

地籍调查按调查区域的不同，可分为农村地籍调查和城镇地籍调查。在我国，农村地籍调查是结合土地利用现状调查进行，即在分县查清全国土地利用类型、面积、分布和利用状况的同时，调查各种土地类型的所有权、使用权并绘制土地权属边界分幅图等，作为建立农村地籍档案的主要资料。城镇地籍调查(包括农村居民点地籍调查，即村庄内部的地籍调查)，要查清每一宗土地的位置、权属、界线、数量和用途等基本情况，形成数据、图件及表册等调查成果，以满足土地登记、发证的要求。

地籍调查根据调查时间及任务不同又可分为初始地籍调查和变更地籍调查。初始地籍调查是指对调查区范围全部土地在初始登记之前进行的一次普遍地籍调查。变更地籍调查是为了保持地籍的现势性，及时掌握土地信息和土地权属、利用状况的动态变化，在初始地籍调查结束之后进行的地籍调查。变更地籍调查是地籍管理的日常工作。

2.1.3　地籍调查的基本程序

地籍调查因其种类不同，调查的程序也有所差别，基本程序如下：

(1) 拟订调查计划。明确调查任务、范围、方法、时间、步骤，人员组织以及经费预算。然后组织专业队伍，进行技术培训与试点。

(2) 物质方面准备。印刷统一制定的调查表格和簿册，准备仪器与绘图的各种工具、交通工具和生活、劳保用品等。

(3) 调查底图的选择。根据需要和已有的图件，选择调查底图。一般要求使用近期测绘的地形图、航片、正射影像图等。农村地籍调查使用底图比例尺一般为1∶1万～1∶2.5万；城镇地籍调查使用底图比例尺为1∶1000～1∶2000。

(4) 资料的收集、分析和处理。地籍调查前除要收集地形图、航片、正射影像图外，还应收集能确定土地所有权、使用权的证明资料，收集有关土地利用状况、影响土地质量方面的资料。对这些收集来的资料应进行分析研究，确定其现势性和实用价值，并分类装袋、登记造册，供被调查时使用。

(5) 发放通知书。实地调查前，要向土地所有者或使用者发出通知书，同时对其四至发出指界通知。按照工作计划，分区分片通知，并要求土地所有者或使用者(法人或法人委托的指界人) 及其四至的合法指界人，按时到达现场。

(6) 实地调查。根据资料收集、分析和处理的情况，制定实地调查方案和实施步骤，按地籍调查的要求逐宗地(城镇)、逐村、逐地块(农村)进行外业调查，填写调查簿册，绘制宗地草图(城镇)，填写《边界协议书》或《边界争议原由书》(农村)。

(7) 室内调查资料整理、图件编制、报告编写。对实地调查获得的资料经必要的处理、整理，编制地籍图(城镇)和土地利用现状图和分幅土地权属界线图(农村)，撰写调查工作报告和技术总结报告，建立地籍档案等。

(8) 调查成果资料的检查验收。在有关部门的主持下，组织专家教授对调查成果进行检查验收，不合格者应重新调查或进行补充调查。

2.1.4 地籍调查单元的划分与编号

1. 农村地籍调查单元的划分与编号

农村地籍调查单元为地块或称图斑。在实地是指由线状地物、面状地物轮廓线、土地权属界、地类界所包围的同一类的地块，在地图上称为图斑。图斑的编号是以行政村为单位，自上而下，由左至右的顺序统一编号。同一图斑被分割在不同图幅上时，称为破图斑。破图斑编号在其左上角的一幅图上编排编号，在其他相邻图幅上，使用编号加注脚注号即可，如$2_{右}$或$2_{右下}$等。

2. 城镇地籍调查单元的划分与编号

1) 宗地单元的划分

城镇地籍调查的单元是以宗地为基本单元，即被权属界线所封闭的一个地块。一般情况下，由一个土地使用者所使用的土地，称为独立宗。当难以划分土地权属界线时，例如，一幢楼房一层为某一单位使用，二层、三层为其他单位使用，可划为一宗地，称为共用宗或混合宗。

划编宗地要根据权属性质、土地使用者、土地利用现状及地籍调查的要求进行，一般可按如下方法划编宗地：

(1) 一个使用者有完整的权属界线封闭的地块，可单独编宗。

(2) 同一个土地使用者，使用不连接的若干地块，则每一块编一宗。

(3) 一个土地使用者，使用两种所有权的土地，则必须按国有土地和集体所有土地分别编宗。

(4) 土地所有权不同或土地使用者不同的土地，应分别编宗。

(5) 由几个土地使用者共同使用某一块土地，其难以划分各自的使用范围者，可编为一宗，并称为“混合宗”。

(6) 一院多户、各自有使用范围，应分别编宗。共用部分按各自建筑面积分摊。

(7) 凡被河流、道路、行政境界线等分割的土地，不论其是否为同一个使用者，一律分别编宗。

(8) 市政道路、共用道路用地等不编入宗地内，也不单独编宗。

(9) 城镇郊区及农村居民利用集体所有的土地经审批建房的宅基地，则可按上述宗地划分的原则进行编宗。并可反映在整幅地籍图上，但这些是集体使用权的土地。

(10) 城镇以外的独立工矿、铁路、公路等单位使用的国有土地使用权界线经常与集体土地所有权界线相接或相重合，它们可单独划宗。镶嵌在另一土地所有权地块中的飞地亦可单独划宗。

2) 宗地地籍号的编制

为了地籍管理的方便和减少地籍图上的负载，宗地、街坊、街道均要编码。在地籍调查前逐宗预编地籍号，通过调查再正式确定地籍号。目前我国常用的地籍号的编制方法如下：

(1) 城市以行政区为单位，按街道、宗地两级编码；较大城市可按区(县)街道、街坊(或居委会)、宗地四级编码。农村一般以县为单位，按乡(或镇)、行政村、宗地三级编码。其中街道(乡、镇)、街坊(行政村)的编号分别为两位码，宗地号为三位码。

(2) 街道(乡、镇)号以区(县)为单位顺序编码；街坊(行政村)号以街道(乡、镇)为单位编码；宗地号以街坊(行政村)为单位编码。

(3) 街道、街坊号应与全省统一编码体系相一致。在一个县级行政区内，地籍编号不用本级以上的编码，需要时再增加有关编码。

(4) 宗地号在街坊范围内，由左至右，自上而下，由1号开始，顺序编码，如图2.1所示。

(5) 按图幅编号时，如果一宗地被分割在几幅图上，该宗称为破宗。破宗在左上角一幅图内编号，其他图幅只注明该宗地的编号和左上角图幅的图号即可。

在地籍图上，街道编号用较大的阿拉伯数字在图上相应位置注出，街坊号用带括号的阿拉伯数字标注，宗地号用分式的分子表示(分母为地类号)。街道、街坊的编号分别用宋体和等线体，如街道为3，街坊为(5)，宗地为12/45，即为第3街道，第5街坊中的第12宗地，45说明用地者为医药单位。

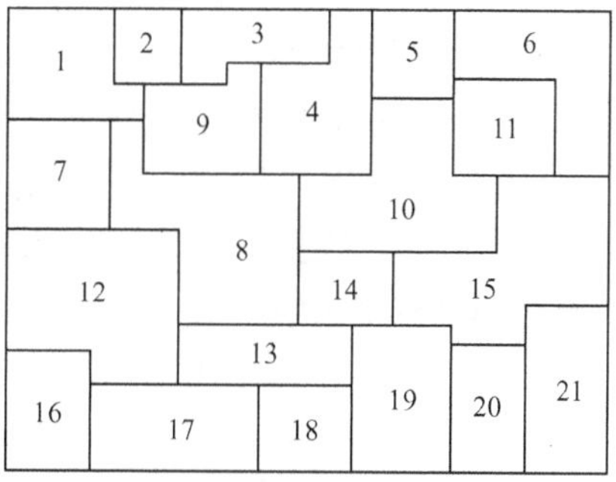

图2.1 宗地号编排示意图

3) 界址点编号

界址点指权属界线(边界线)的拐点(转折点)，界址点的空间位置和编号是宗地界址管理的基础。界址点编号的方式有以下三种：

(1) 按图幅统一编号。若能收集到与施测的地籍图同比例尺、相同分幅、相同坐标系统且现势性较好的地形图作为工作底图时，可将宗地草图的界址点位转绘到工作底图上，然后按宗地顺序从左至右，从上而下统一编号，并在编号前冠以“J”。

(2) 按宗地编号。若调查区内没有现势性好的大比例尺地形图，则可按宗地进行界址点编号，如果界址点被两宗以上宗地共用时，则可在界址点前加宗地号来区别。

(3) 按街坊统一编号。如果调查区内有现势性好，且能清晰区分宗地关系的大比例尺地形图(或航片)作为工作底图，可按权属调查时测量的宗地草图，将每宗地都勾绘在该街坊的工作底图上，将界址点统一编号。

2.2　土地分类体系及其含义

2.2.1　土地分类的基本概念

土地分类的任务是划分土地类型，并研究、分析各类土地的特点以及它们之间的共同性和差异性，其土地分类成果可直接用于生产和土地科学的研究，为科学的管理提供技术依据。

因为土地的组成、所在的环境和地域不同，所以在形态、色泽和肥力等方面也千差万别，加之人类的开发对土地的影响，导致了土地生产力和利用方式上的差异。根据一定的分类目标，将土地类型构成各要素按一定次序放在不同的分类等级上作为分类标准，将土地分成相对于分类标准而言是性质相同的土地单元(这样的土地分类单元即为土地类型)就是土地分类。按照统一规定的原则和分类标准，将分类土地有规律分层次地排列组合在一起，即为土地分类系统。

因为土地不仅具有自然属性，而且还具有社会经济属性。所以，根据土地的属性及人们对土地利用的目的和要求的不同，就形成不同的土地分类系统。

1. 土地自然分类系统

土地自然分类系统又称土地类型分类体系。它主要是依据土地在自然属性上的差异性分类，既可以依据土地的某一自然属性分类，又可以依据土地的自然综合属性分类。例如，按土地的地貌特征分类，可分为平原、丘陵、山地、高山地；还可按土壤、植被等进行分类，或按土地的自然综合特征分类。

2. 土地评价分类系统

土地评价分类系统(土地评价类型分类体系)，主要是根据土地经济属性分类，例如，根据土地的生产力水平、土地质量、土地生产潜力等进行分类。土地评价分类系统也是划分土地评价等级的基础，其主要用于生产管理方面。

3. 土地利用分类系统

土地利用分类系统则是根据土地的综合属性分类。土地综合属性的差异，导致了人类在长期利用、改造土地的过程中所形成的土地利用方式、土地利用结构、土地用途和生产利用方面的差异。土地利用现状分类就是属于其中的一种分类形式。土地利用分类系统具有生产的实用性，利用它可以分析土地利用现状，预测土地利用发展方向。

土地利用现状分类，主要是根据土地用途、经营特点、利用方式和覆盖特征等因素对土地进行的一种分类。

在地籍调查工作中，要求查清每块地(农村)每宗地(城镇)的用途，因此采用的是土地利用分类系统。

2.2.2　土地利用分类原则

为了保证土地利用分类的科学性、合理性，并且有利于合理开发、利用和管理，在进行土地利用分类时，应遵循以下三个原则。

1. 统一性

在《土地利用现状调查技术规程》中，对土地现状分类及其含义做了明确的规定，全国统一定为 8 个一级类，46 个二级类及其编码，均不能随意更改、增删及合并。各地可根据实际需要，在不打乱全国统一的编码顺序及一级、二级地类的前提下，可续分三级、四级地类，而且应报全国土地资源调查办公室备案，确保全国土地的统一管理和调查汇总统计及应用。

2. 科学性

全国土地利用现状分类体系，主要是以调查时的实际用途为分类标志，归纳共同性，区分差异性，采用从大到小，从粗到细，从综合到单一的逐级细分法——多层次续分法。

(1) 按土地利用综合性的差异划分大类，再按单一性的差异逐级细分。

(2) 同一级的类型要坚持同一分类标准。

(3) 分类层次应鲜明，从属关系应清楚。

(4) 同一种地类，只能在1个大类中出现，不能在2个大类中同时并存。

3. 实用性

为了便于实际应用，土地分类应简单明了，标志易于掌握，含义应该准确，层次尽量减少，命名应在科学性的基础上兼顾人们的习惯称呼。为此，在全国土地利用现状分类体系中，一级分类主要依据土地的实际用途，而二级分类则应侧重土地的利用方式、经营特点及覆盖特征。同时，应尽量与计划、统计及有关生产部门使用的分类名称及含义协调一致，以利于多部门利用。

2.2.3 土地利用分类体系的调整

土地利用分类是在自然、经济和技术条件的综合影响下，经过人类的劳动所形成的产物，在一定的空间分布上服从社会经济条件。因此，它们在地域分布上不一定连成片，而且其种类、数量、分布随着社会经济技术条件的进步而不断发生变化。

在1984年9月国家农业区划委员会颁布的《土地利用现状调查技术规程》中，把全国土地分为8个一级类和46个二级类。8个一级类型名称分别为：耕地、园地、林地、牧草地、居民点及工矿用地、交通用地、水域和未利用土地。

在1989年9月国家土地管理局颁布的《城镇地籍调查规程》中，根据土地用途差异，把城镇土地分为10个一级类，24个二级类。10个一级类型名称分别为：商业金融业用地、工业仓储用地、市政用地、公共建筑用地、住宅用地、交通用地、特殊用地、水域用地、农用地和其他用地。

2001年8月国家土地管理局以上述2个分类为基础，以最小的修改成本，在最大限度地满足土地管理和国家经济发展的需求，又给今后的发展留有足够空间的情况下，研究制定了适应全国城乡土地统一管理需要的土地分类体系。

该分类体系，采用三级划分方法，一级类设3个，即农用地、建设用地和未利用土地。二级类设15个，将原土地利用现状分类中的耕地、园地、林地、牧草地及预设“其他农用地”等5个地类共同构成农用地，将原城镇土地分类的商业及工矿仓储、公用设施、公用建筑、住宅等5个一级类及原来2个分类体系中都有的特殊用地(只在城镇分类体系中出现)，交通用地和从土地利用现状分类的水域中分离出来的水利建设用地等 8 个地类构成建设用地；将原土地利用现状的未利用土地和未进入建设用地的其他水域共同构成未利用地。三级地类设71个，是在原来2个土地分类的二级地类基础上调整、归并、增设而来的。

为了进一步查清全国土地资源及利用状况，并为土地的科学管理和宏观调控提供可靠依据，国务院从2007年7月1日起，在全国开展了第二次土地调查。

第二次土地调查的目的在于全面查清全国土地利用状况，掌握翔实的土地基础数据，并对调查成果进行信息化、网络化管理，建立和完善土地调查、统计和登记制度，实现土地资源信息的社会化服务，以满足社会经济的发展、土地宏观调控及国土资源管理的要求。

根据《国务院关于开展第二次全国土地调查的通知》(国发【2006】38 号)的要求，第二次全国土地调查的主要任务为：

(1) 开展农村土地调查，查清全国农村各类土地的利用情况。

(2) 开展城镇土地调查，掌握城市建成区、县城所在地建制镇的城镇土地状况。

(3) 开展基本农田状况调查，查清全国基本农田的状况。

(4) 建设土地调查数据库，实现调查信息的互联共享。

(5) 在调查的基础上，建立土地资源变化信息的调查统计、及时监测与快速更新机制。

为了保证第二次全国土地调查的顺利进行，专门出台了《第二次全国土地调查技术规程》行业标准。该标准是在 1984 年发布的《土地利用现状调查技术规程(试行)》规定的“土地利用现状分类”、1989 年 9 月发布的《全国土地分类(试行)》规定的“城镇土地用途分类”和 2001 年 8 月发布的《全国土地分类(试行)》的基础上，制定了《土地利用现状分类》，并由中华人民共和国国家质量监督检验检疫总局和国家标准化管理委员会联合发布，作为我国土地利用现状分类的国家标准。该标准分类的基础框架采用二级分类体系，一级类 12 个，二级类 57 个。

随着国民经济的发展，为了适应国家对土地精细化管理的要求，2017 年 11 月 1 日，由国土资源部组织修订的国家标准《土地利用现状分类》(GB/ T21010—2017)，经中华人民共和国国家质量监督检验检疫总局和国家标准化管理委员会批准发布并实施。该标准秉持满足生态用地保护需求、明确新兴产业土地类型、兼顾监管部门管理需求的思路，完善了地类含义，增加湿地归类，并应用于第三次全国国土调查。

该标准规定了土地利用的类型及含义，并将土地利用类型分为耕地、园地、林地、草地、商服用地、工矿仓储用地、住宅用地、公共管理与公共服务用地、特殊用地、交通运输用地、水利及水利设施用地、其他用地等 12 个一级类、72 个二级类，适用于土地调查、规划、审批、供应、整治、执法、评价、统计、登记及信息化管理等。土地利用分类的地类编码及含义见表 2.1。第三次全国国土调查土地分类采用《第三次全国国土调查工作分类》，工作分类以 GB/ T21010—2017 为基础，对园地、林地、草地、公园与绿地等地类进行了细化，对商服用地、特殊用地等地类进行了归纳合并，具体分类的编码、名称及含义见附录Ⅰ。城市、建制镇、村庄等用地按附录Ⅱ归纳合并。

表 2.1　土地利用现状分类

一级类		二级类		含义
编码	名称	编码	名称	
01	耕地			指种植农作物的土地，包括熟地,新开发、复垦、整理地，休闲地(含轮歇地、休耕地)；以种植农作物(含蔬菜)为主，间有零星果树、桑树或其他树木的土地；平均每年能保证收获一季的已垦滩地和海涂。耕地中包括南方宽度<1.0m，北方宽度<2.0m 固定的沟、渠、路和地坎(埂)；临时种植药材、草皮、花卉、苗木等的耕地，临时种植果树、茶树和林木且耕作层未破坏的耕地，以及其他临时改变用途的耕地
		0101	水田	指用于种植水稻、莲藕等水生农作物的耕地。包括实行水生、旱生农作物轮种的耕地

续表

一级类		二级类		含义
编码	名称	编码	名称	
01	耕地	0102	水浇地	指有水源保证和灌溉设施，在一般年景能正常灌溉，种植旱生农作物(含蔬菜)的耕地。包括种植蔬菜的非工厂化的大棚用地
		0103	旱地	指无灌溉设施，主要靠天然降水种植旱生农作物的耕地，包括没有灌溉设施，仅靠引洪淤灌的耕地
02	园地			指种植以采集果、叶、根、茎、汁等为主的集约经营的多年生木本和草本作物，覆盖度大于50%或每亩株数大于合理株数70%的土地。包括用于育苗的土地
		0201	果园	指种植果树的园地
		0202	茶园	指种植茶树的园地
		0203	橡胶园	指种植橡胶树的园地
		0204	其他园地	指种植桑树、可可、咖啡、油棕、胡椒、药材等其他多年生作物的园地
03	林地			指生长乔木、竹类、灌木的土地，以及沿海生长红树林的土地。包括迹地，不包括城镇、村庄范围内的绿化林木用地，铁路、公路征地范围内的林木，以及河流、沟渠的护堤林
		0301	乔木林地	指乔木郁闭度≥0.2的林地，不包括森林沼泽
		0302	竹林地	指生长竹类植物，郁闭度≥0.2的林地
		0303	红树林地	指沿海生长红树植物的林地
		0304	森林沼泽	以乔木森林植物为优势群落的淡水沼泽
		0305	灌木林地	指灌木覆盖度≥40%的林地，不包括灌丛沼泽
		0306	灌丛沼泽	以灌丛植物为优势群落的淡水沼泽
		0307	其他林地	包括疏林地(0.1≤树木郁闭度、<0.2的林地)、未成林地、迹地、苗圃等林地
04	草地			指以草本植物为主的土地
		0401	天然牧草地	指以天然草本植物为主，用于放牧或割草的草地，包括实施禁牧措施的草地，不包括沼泽草地
		0402	沼泽草地	指以天然草本植物为主的沼泽化的低地草甸、高寒草甸
		0403	人工牧草地	指人工种植牧草的草地
		0404	其他草地	指树木郁闭度<0.1，表层为土质，不用于放牧的草地
05	商服用地			指主要用于商业、服务业的土地
		0501	零售商业用地	以零售功能为主的商铺、商场、超市、市场和加油、加气、充换电站等的用地
		0502	批发市场用地	以批发功能为主的市场用地
		0503	餐饮用地	饭店、餐厅、酒吧等用地
		0504	旅馆用地	宾馆、旅馆、招待所、服务型公寓、度假村等用地
		0505	商务金融用地	指商务服务用地，以及经营性的办公场所用地。包括写字楼、商业性办公场所、金融活动场所和企业厂区外独立的办公场所；信息网络服务、信息技术服务、电子商务服务、广告传媒等用地
		0506	娱乐用地	指剧院、音乐厅、电影院、歌舞厅、网吧、影视城、仿古城以及绿地率小于65%的大型游乐等设施用地
		0507	其他商服用地	指零售商业、批发市场、餐饮、旅馆、商务金融、娱乐用地以外的其他商业、服务业用地。包括洗车场、洗染店、照相馆、理发美容店、洗浴场所、赛马场、高尔夫球场、废旧物资回收站、机动车、电子产品和日用产品修理网点、物流营业网点，以及居住小区及小区级以下的配套的服务设施等用地

续表

一级类		二级类		含义
编码	名称	编码	名称	
06	工矿仓储用地			指主要用于工业生产、物资存放场所的土地
		0601	工业用地	指工业生产、产品加工制造、机械和设备修理及直接为工业生产等服务的附属设施用地
		0602	采矿用地	指采矿、采石、采砂(沙)场，砖瓦窑等地面生产用地，排土(石)及尾矿堆放地
		0603	盐田	指用于生产盐的土地，包括晒盐场所、盐池及附属设施用地
		0604	仓储用地	指用于物资储备、中转的场所用地，包括物流仓储设施、配送中心、转运中心等
07	住宅用地			指主要用于人们生活居住的房基地及其附属设施的土地
		0701	城镇住宅用地	指城镇用于生活居住的各类房屋用地及其附属设施用地，不含配套的商业服务设施等用地
		0702	农村宅基地	指农村用于生活居住的宅基地
08	公共管理与公共服务用地			指用于机关团体、新闻出版、科教文卫、公用设施等的土地
		0801	机关团体用地	指用于党政机关、社会团体、群众自治组织等的用地
		0802	新闻出版用地	指用于广播电台、电视台、电影厂、报社、杂志社、通讯社、出版社等的用地
		0803	教育用地	指用于各类教育的用地，包括高等院校、中等专业学校、中学、小学、幼儿园及其附属设施用地，聋、哑、盲人学校及工读学校用地，以及为学校配建的独立地段的学生生活用地
		0804	科研用地	指独立的科研、勘察、研发、设计、检验检测、技术推广、环境评估与监测、科普等科研事业单位及其附属设施用地
		0805	医疗卫生用地	指医疗、保健、卫生、防疫、康复和急救设施等用地，包括综合医院、专科医院、社区卫生服务中心等用地；卫生防疫站、专科防治所、检验中心和动物检疫站等用地；对环境有特殊要求的传染病、精神病等专科医院用地；急救中心、血库等用地
		0806	社会福利用地	指为社会提供福利和慈善服务的设施及其附属设施用地，包括福利院、养老院、孤儿院等用地
		0807	文化设施用地	指图书、展览等公共文化活动设施用地，包括公共图书馆、博物馆、档案馆、科技馆、纪念馆、美术馆和展览馆等设施用地；综合文化活动中心、文化馆、青少年宫、儿童活动中心、老年活动中心等设施用地
		0808	体育用地	指体育场馆和体育训练基地等用地，包括室内外体育运动用地，如体育场馆、游泳场馆、各类球场及其附属的业余体校等用地；溜冰场、跳伞场、摩托车场、射击场，以及水上运动的陆域部分等用地，以及为体育运动专设的训练基地用地，不包括学校等机构专用的体育设施用地
		0809	公用设施用地	指用于城乡基础设施的用地，包括供水、排水、污水处理、供电、供热、供气、邮政、电信、消防、环卫、公用设施维修等用地
		0810	公园与绿地	指城镇、村庄范围内的公园、动物园、植物园、街心花园、广场和用于休憩、美化环境及防护的绿化用地
09	特殊用地			指用于军事设施、涉外、宗教、监教、殡葬、风景名胜等的土地
		0901	军事设施用地	指直接用于军事目的的设施用地
		0902	使领馆用地	指用于外国政府及国际组织驻华使领馆、办事处等的用地
		0903	监教场所用地	指用于监狱、看守所、劳改场、戒毒所等的建筑用地

续表

一级类		二级类		含义
编码	名称	编码	名称	
09	特殊用地	0904	宗教用地	指专门用于宗教活动的庙宇、寺院、道观、教堂等宗教的用地
		0905	殡葬用地	指陵园、墓地、殡葬场所用地
		0906	风景名胜设施用地	指风景名胜景点(包括名胜古迹、旅游景点、革命遗址、自然保护区、森林公园、地质公园、湿地公园等)的管理机构，以及旅游服务设施的建筑用地。景区内的其他用地按现状归入相应的类
10	交通运输用地			指用于运输通行的地面线路、场站等的土地。包括民用机场、汽车客货运场站、港口、码头、地面运输管道和各种道路以及轨道交通用地
		1001	铁路用地	指用于铁道线路及场站的用地，包括征地范围内的路堤、路堑、道沟、桥梁、林木等用地
		1002	轨道交通用地	指用于轻轨、现代有轨电车、单轨等轨道交通用地，以及场站的用地
		1003	公路用地	指用于国道、省道、县道和乡道的用地，包括征地范围内的路堤、路堑、道沟、桥梁、汽车停靠站、林木及直接为其服务的附属用地
		1004	城镇村道路用地	指城镇、村庄范围内公用道路及行道树用地，包括快速路、主干路、次干路、支路、专用人行道和非机动车道，以及其交叉口等
		1005	交通服务场站用地	指城镇、村庄范围内交通服务设施用地，包括公交枢纽及其附属设施用地、公路长途客运站、公共交通场站、公共停车场(含设有充电桩的停车场)、停车楼、教练场等用地，不包括交通指挥中心、交通队用地
		1006	农村道路	在农村范围内，南方宽度大于等于1.0m但小于等于8.0m，北方宽度大于等于2.0m但小于等于8.0m，用于村间、田间交通运输，并在国家公路网络体系外，以服务于农村农业生产为主要用途的道路(含机耕道)
		1007	机场用地	指用于民用机场、军民合用机场的用地
		1008	港口码头用地	指用于人工修建的客运、货运、捕捞及工程、工作船舶停靠的场所及其附属建筑物的用地，不包括常水位以下部分
		1009	管道运输用地	指用于运输煤炭、矿石、石油、天然气等管道及其相应附属设施的地上部分用地
11	水域及水利设施用地			指陆地水域，包括滩涂、沟渠、沼泽、水工建筑物等用地，不包括滞洪区和已垦滩涂中的耕地、园地、林地、城镇、村庄、道路等用地
		1101	河流水面	指天然形成或人工开挖河流常水位岸线之间的水面，不包括被堤坝拦截后形成的水库区段水面
		1102	湖泊水面	指天然形成的积水区常水位岸线所围成的水面
		1103	水库水面	指人工拦截汇集而成的总设计库容≥10万m^3的水库正常蓄水位岸线所围成的水面
		1104	坑塘水面	指人工开挖或天然形成的蓄水量<10万m^3的坑塘常水位岸线所围成的水面
		1105	沿海滩涂	指沿海大潮高潮位与低潮位之间的潮浸地带，包括海岛的沿海滩涂，不包括已利用的滩涂
		1106	内陆滩涂	指河流、湖泊常水位至洪水位间的滩地；时令湖、河洪水位以下的滩地；水库、坑塘的正常蓄水位与洪水位间的滩地。包括海岛的内陆滩地，不包括已利用的滩地
		1107	沟渠	指人工修建，南方宽度≥1.0m、北方宽度≥2.0m用于引、排、灌的渠道，包括渠槽、渠堤、护堤林及小型泵站
		1108	沼泽地	指经常积水或渍水，一般生长湿生植物的土地，包括草本沼泽、苔藓沼泽、内陆盐沼等，不包括森林沼泽、灌丛沼泽和沼泽草地

续表

一级类		二级类		含义
编码	名称	编码	名称	
11	水域及水利设施用地	1109	水工建筑用地	指人工修建的闸、坝、堤路林、水电厂房、扬水站等常水位岸线以上的建(构)筑物用地
		1110	冰川及永久积雪	指表层被冰雪常年覆盖的土地
12	其他土地			指上述地类以外的其他类型的土地
		1201	空闲地	指城镇、村庄、工矿范围内尚未使用的土地，包括尚未确定用途的土地
		1202	设施农用地	指直接用于经营性畜禽养殖生产设施及附属设施用地；直接用于作物栽培或水产养殖等农产品生产的设施及附属设施用地；直接用于设施农业项目辅助生产的设施用地；晾晒场、粮食果品烘干设施、粮食和农资临时存放场所、大型农机具临时存放场所等规模化粮食生产所必需的配套设施用地
		1203	田坎	指梯田及梯状坡地耕地中，主要用于拦蓄水和护坡，南方宽度≥1.0m、北方宽度≥2.0m的地坎
		1204	盐碱地	指表层盐碱聚集，生长天然耐盐植物的土地
		1205	沙地	指表层为沙覆盖、基本无植被的土地，不包括滩涂中的沙地
		1206	裸土地	指表层为土质，基本无植被覆盖的土地
		1207	裸岩石砾地	指表层为岩石或石砾，其覆盖面积≥70%的土地

2.3 土地权属调查

2.3.1 土地权属

目前我国实行土地的社会主义公有制，即全民所有制和劳动群众的集体所有制。土地产权是土地制度的核心，而土地制度对于土地权利的种种约束表现为对土地产权的约束。当然，土地产权同其他产权一样，应有法律的认可，并得到法律的保护。土地权属是指土地产权的归属，是存在于土地之中的排他性完全权利。它包括了土地所有权、土地使用权、土地租赁权、土地抵押权、土地继承权及地役权等多项权利。

1) 土地所有权

所有权是所有制在法律上的表现，是从法律上来确认人们对生产资料及生活资料所享有的权利。土地所有权是土地所有制在法律上的表现，具体是指土地所有者在法律规定的范围内对土地占有、使用、收益和处理的权利，包括与土地相连的生产物、建筑物的占有、支配、使用的权利。当然，土地所有者除了上述权力之外，同时还具有对土地的合理利用、改良、保护、防止土地污染及荒芜的义务。

1949 年以来，我国土地所有权关系经历以下三个阶段：第一阶段为 1949～1957 年，建立了土地国有和农民劳动者私有并存的土地所有权关系；第二阶段为 1958～1978 年，建立了土地全民所有和农村劳动群众(农业社、人民公社)集体所有制并存的土地所有权关系；第三阶段为 1978 年以后，我国城乡进行了经济体制改革，并建立了土地全民所有和农村集体所有的土地所有权关系，明确了土地所有权与土地使用权分离的土地使用制度。

总而言之，现在我国土地所有权有 2 种形式，即国家所有和农民集体所有。城市市区的土地属于国家所有；农村和郊区的土地除法律规定属于国家所有的外，其余均属农民集体所有；宅基地、自留地及自留山均属农民集体所有。土地所有权受国家法律保护。

2) 土地使用权

土地使用权是指依照法律对土地加以利用，并从土地上获得合法收益的权利。按照有关规定，我国的政府、企业、团体、学校、农村集体经济组织以及其他企事业单位和公民，根据法律的规定并经有关单位批准，可以有偿或无偿使用国有土地或集体土地。

土地使用权是根据社会经济活动的需要由土地所有权派生出来的一项权能，两者的登记人可能一致，也可能不一致。当土地所有权人同时是使用权人的时候，称为所有权人的土地使用权；当土地使用权人不是土地所有权人的时候，称为非所有权人的土地使用权。二者的权利和义务是有区别的。土地所有权人可以在法律规定的范围内对土地的归宿做出决定。例如，征用、划拨、调整和承包等，必须经土地所有权人的同意和认可，而土地使用权人只有使用、支配这块土地从而获得利益的权利。所以，土地使用权也称土地支配权或收益权，受法律和所有权的束缚。

2.3.2　土地所有权调查

土地所有权调查是指以地块或宗地为单位，对土地的所有权、位置等属性的调查和确认。在我国，初始土地所有权调查与土地利用现状调查一起进行，同时也调查城镇以外的国有土地使用权，如铁路、公路、独立工矿企事业单位、军队、水利、风景区的用地和国有农场、林场、苗圃的用地等。

1. 土地所有权调查内容

(1) 查清每宗土地所有权的权属状况，包括宗地权属性质、权属来源和土地所有者名称等。

(2) 查清城镇以外的国有土地使用权宗地的权属状况，包括宗地权属性质、权属来源、取得土地时间和土地使用者或所有者名称等。

(3) 查清以上两种宗地的位置、界线、四至关系等。

(4) 查清行政村界线、乡(镇)界线、区界线以及相关的地理名称等。

2. 权源调查

集体土地所有权的权属来源主要有以下七种。

(1) 土改时分配给农民并颁发了土地证书，土改后转为集体所有。

(2) 农民的宅基地、自留地、自留山及小片荒山、荒地、林地、水面等。

(3) 城市郊区依照法律规定属于集体所有的土地。

(4) 凡在 1962 年 9 月《农村人民公社工作条例修正草案》颁布时确认的生产经营的土地和以后经批准开垦的耕地。

(5) 城市市区内已按法律规定确认为集体所有的农民长期耕种的土地、集体经济组织长期使用的建设用地、宅基地。

(6) 按照协议，集体经济组织与国营农、林、牧、渔场相互调整权属地界或插花地后，归集体所有的土地。

(7) 国家划拨给移民并确定为移民拥有集体土地所有权的土地。

国家所有权的土地主要有以下七种。

(1) 城市市区范围内的土地。

(2) 根据国家有关规定未划入农民集体范围的土地。

(3) 国家建设征用的土地。

(4) 开发利用的国有土地，开发利用者依法享有土地使用权，但土地所有权归国家所有。

(5) 国有铁路、车站、货场用地及县级以上公路交通用地。

(6) 河道堤防内的土地和堤防外的护堤地，或河道历史最高水位以下的土地；县级以上(含县级)水利部门直接管理的水库，水渠等水利工程用地。

(7) 军事用地、国有电力、通信设施用地等。

在调查土地权属来源时，应注意被调查单位(即土地登记申请单位)与权源证明中单位名称的一致性。发现不一致时，需要对权属单位的历史变革、使用土地的变化依据法律进行细致调查，并在地籍调查表的相应栏目中填写清楚。

3. 与土地所有权相关要素的调查

1) 权属主名称

权属主名称是指土地使用者或土地所有者的全称。有明确权属主的为权属主全称；共有宗地要调查清楚全部权属主全称和份额；无明确权属主的间隙地，则为该宗地拥有管辖权的人民政府全称或地理名称、建筑物的名称，如××水库等。

2) 取得土地所有权的时间

取得土地的时间是指获得土地所有权的起始时间，主要来自权源材料。

3) 土地位置

调查核实宗地四至，所在乡(镇)、村的名称以及宗地预编号及编号。

4) 土地所有权性质

我国土地所有权有两种性质：国有和集体所有。

4. 土地所有权属界线调查、审核与调处

土地所有权属界线包括：乡(镇)集体土地、行政村集体土地的权属界线和国有农场、林场、苗圃等土地的权属界线，公路、铁路、水利、风景区、军队和独立的工矿企事业单位等用地的国有土地的权属界线。

土地所有权界线调查时，按调查计划(必要时应与权属单位协商)向土地权属单位发放指界通知书，明确土地权属单位代表到场指界时间、地点和需带的证明与权源材料。

外业调查完成后，要对其结果进行审核和调查处理。使用国有土地的单位，要将实地标绘的界线与权源证明文件上记载的界线相对照。若两者一致，则可认为调查结束；否则需查明原因，视具体情况做进一步处理。对集体所有土地，若其四邻对界线无异议时应签字盖章，此时调查才算结束。

有争议的权属界线，调查人员应先进行协调解决，在协调解决不了的情况下，及时报乡(镇)土管所，乡(镇)土管所应在 10 天内进行协调解决。短期内确实难以解决的，调查人员填写《土地争议原由书》一式五份，权属双方各执一份，市、县(区)、乡(镇)各一份。

调查人员根据实际情况，选择双方实际使用的界线或争议地块的中心线或权属双方协商的临时界线作为现状界线，并用红色虚线将其标注在提供给市、区的《土地争议原由书》和航片(或地形图)上。争议未解决之前，任何一方不得改变土地利用现状，不得破坏土地上的附着物。

5. 界址标注和调查表的填写

一个乡(镇)权属调查结束后，在乡(镇)境界内形成的土地所有权界线、国有土地使用权界线、无权属主或权属主不明确的土地权属界线、争议界线、城镇范围线构成无缝隙、无重叠的界线关系，这些界址点、线均应标注在调查用图上。

土地所有权调查表与地籍调查表相同。它们是权属调查确定权属界线的原始记录，是处理权属争议的依据之一，必须按规定的格式和要求认真填写。

2.3.3 土地使用权调查

1. 调查内容

城镇土地使用权调查是指以土地使用权宗地为单位，对宗地的权利、位置等属性的调查和确认(土地登记前具有法律意义的初步确认)。土地使用权调查一般与土地所有权调查同步进行，调查内容有：

(1) 查清每一宗地的土地使用权的权属、权属来源、取得土地使用权的时间和土地使用期限、土地使用者名称等。

(2) 查清每一宗地的位置、界线、四至关系以及相关的行政界线、地理名称等。

(3) 查清每一宗地的利用状况和土地级别。

农村土地使用权调查，一般以行政村为单位进行。重点调查行政村界，土地的位置，使用农村土地的行政村名称、地理名称和相邻行政村名称等。

2. 土地使用权源调查

土地权属来源(简称权源)是指土地使用权单位依照国家法律获取土地使用权的方式。迄今为止，我国土地权属来源主要分两种情况。

一种是1982年5月《国家建设征用土地条例》颁布之前权属主取得的土地权属，通常称为历史用地。

另一种是1982年5月《国家建设征用土地条例》颁布之后权属主取得的土地。其具体表现为以下三种情况。

(1) 经人民政府批准征用的土地，叫行政划拨用地，一般是无偿使用的。

(2) 1990年5月19日中华人民共和国国务院令第55号《中华人民共和国城镇国有土地使用权出让和转让暂行条例》发布后权属主取得的土地，叫协议用地，一般是有偿使用的。

(3) 没有按照国家有关法律、法规取得土地使用权的土地，叫违法用地。

当然，在土地权属调查时，具体的情况可能较复杂，各个地方的情况也有所差别。

在调查土地使用权来源时，应注意被调查单位(即土地登记申请单位)与权源证明中单位名称的一致性。发现不一致时，需要对权属单位的历史沿革、使用土地的变化及其法律依据进行细致调查，并在地籍调查表的相应栏目中填写清楚，或制作专门的宗地现状历史情况记载表，作为地籍调查表的附页，用于记载土地权属来源的有关情况。宗地现状历史情况记载表用于记载宗地演变的历史过程，是确定权属的重要依据。这些关键信息非常重要，可以辅助宗地查询，提高宗地数据的可靠性，为房地产登记提供重要参考资料，必须填写清楚。

3. 与土地使用权相关要素的调查

1) 权属主名称

权属主名称是指土地使用者的全称。调查方法与要求同土地所有权调查。

2) 取得土地使用权的时间和土地年期

取得土地使用权的时间是指获得土地使用权的起始时间。土地年期是指获得土地使用权的最高年限。在我国，土地使用权出让的最高年限规定如下：

(1) 住宅用地为 70 年。

(2) 工业用地为 50 年。

(3) 教育、科技、文化、卫生、体育用地 50 年。

(4) 商业、旅游、娱乐用地 40 年。

(5) 综合或者其他用地 50 年。

3) 土地位置

调查核实土地坐落，宗地四至，所在区、街道、门牌号，宗地预编号及编号。

4) 土地利用状况调查

土地利用状况调查包括土地的批准用途和实际用途的调查，按《土地利用现状分类》标准调查至三级分类。

2.4 土地利用现状调查

2.4.1 土地利用现状调查的目的、任务及原则

1. 土地利用现状调查的目的

土地利用现状调查具有以下三个目的。

1) 为国民经济计划和政策的制定提供科学依据

国民经济各部门的发展都离不开土地。土地利用现状调查所获得的准确土地信息资料可为编制国民经济和社会发展长远规划、中期计划及年度计划提供科学的依据，同时可服务于国家各项政策方针的制定及重大的决策问题。

2) 为农业生产提供科学依据

农业生产是最大的用地户，也是国民经济的基础，土地又是农业的基本生产资料。因此，土地利用现状调查可为编制农业区划、土地利用总体规划和农业生产规划提供土地基础数据，并服务于农业生产计划和农田基本建设。

3) 为全面科学的管理土地服务

它可为地籍管理、土地利用管理、土地权属管理、建设用地管理和土地监察等提供基础土地数据及信息，为建立农村地籍档案奠定基础。

2. 土地利用现状调查任务

土地利用现状调查的任务是，分县清查全国各种土地利用分类面积、分布和利用状况，为制订国民经济计划和有关政策，进行农业区划、规划，因地制宜地指导农业生产，建立土地统计、登记制度，全面管理土地等项目服务。

3. 土地利用现状调查的原则

1) 实事求是

为了查实土地资源家底，在调查过程中一定要坚持实事求是的原则，必须防止来自任何方面的干扰。

2) 全面调查

土地利用现状调查必须严格按《土地利用现状调查技术规程》(以下简称《规程》)的规定和精度要求进行，并实施严格的检查、验收制度。

3) 一查多用

所谓一查多用，就是应充分发挥土地利用现状调查成果的作用，不仅应服务于土地管理部

门，而且也应为其他部门——农业、林业、水利、城建、统计、计划、交通运输、民政、工业、财政、能源、税收、环保等部门提供服务，成为多用途地籍信息系统中的重要内容。

4) 科学的调查方法

土地利用现状调查中运用何种技术手段，都应当在保证精度要求的前提下，兼顾技术领先和经济合理性原则。为了保证和提高精度，应逐步把现代科技手段运用到土地利用现状调查中去。

5) 以改进土地利用，加强土地管理为宗旨

土地利用现状调查的目的是为了管好用好土地，因而管好、用好土地是考虑一切问题的基本点。土地利用现状调查中对土地分类应同土地利用方式密切联系，应当满足土地管理的需求。

6) 以“地块”为单位调查

土地利用现状调查中，在所有权管辖范围内，按土地利用现状分类标准的二级类为依据划分出的一块地，称为分类地块，或称为图斑。

4. 土地利用现状调查成果

(1) 县、乡、村各类土地面积统计表。

(2) 县、乡土地利用现状图。

(3) 县土地利用现状调查报告，乡土地利用现状调查说明书。

(4) 县、乡土地边界接合图表。

(5) 分幅土地权属界线图。

在调查中的野外记录、调绘航片、计算数据、图件等原始资料，亦应整理装订成册，由县土地管理部门统一归档管理。

2.4.2 土地利用现状调查的主要工作

由于土地利用现状调查工作是一项庞大而复杂的系统工程，为确保调查工作符合技术规程的要求，应按照《规程》，并结合县级土地利用详查工作特点，将其工作划分为准备工作、外业工作、内业工作和成果检查验收归档等四个工作阶段，工作流程如图 2.2 所示。

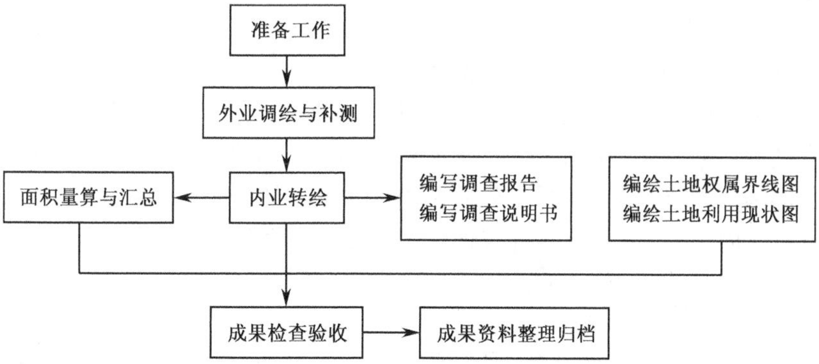

图 2.2 土地利用现状调查工作程序框图

1. 调查准备工作

1) 调查申请

凡具备开展调查条件的区(县)，由区(县)级土地管理部门编写《土地利用现状调查任务申

请书》，其主要内容包括：本区、县基本情况；调查工作所需的图件和技术条件；调查工作的组织、实施步骤与方法；时间安排和经费预算。《土地利用现状调查任务申请书》应经县级以上人民政府同意，然后再报上级土地管理部门审批。

2) 组织准备

调查任务书批准后，调查县应组建专业队伍，确定调查队领导和技术负责人，队以下设作业组，作业组再设检查员。

在正式调查工作开展之前，应进行技术培训与试点调查工作，以便使全体专业队伍熟悉技术规程及作业要求，明确调查方法，掌握操作要领，提高技术水平。

3) 资料准备

包括收集、整理、分析各种图件资料、权属证明文件以及社会经济统计资料。

土地利用现状调查，从准备工作到外业调绘、内业转绘，都是为了获得真实反映土地现势的工作底图，工作底图又是由基础图件形成的。由于各地提供的基础图件的情况不一，常见的基础图件有以下两种形式：

(1) 航片与地形图相结合。以近期地形图作为工作底图，结合最新航片进行外业调绘，并将变化了的各种界线准确转绘到工作底图上，然后在底图上量算面积。

(2) 影像平面图。它是以航片平面图为基础，在图面上配合以必要的符号、线划和注记的一种新型地图。它既具有航片信息丰富的优点，又可使图廓大小与图幅理论值基本保持一致，因此，直接利用影像平面图可进行外业调查、补测。

4) 仪器设备的准备

在调查前应准备好调查所必需的仪器、工具和设备，包括测绘仪器、转绘仪器、面积量算仪器、绘图工具、计算工具等；同时，印制各种调查手簿、表格；准备必要的生活及工作用品等。

2. 外业工作

土地利用现状调查外业的主要工作就是外业调绘，内容包括境界和土地权属界的调查、地类和线状地物调绘等。通过外业调绘及补测，将地类界线、权属界线、行政界线、地物界线以及线状地物等调绘到航片上，再经过清绘、整饰，检查验收合格后，方可进行内业工作。

1) 准备工作

调绘前的准备工作包括航片调绘面积的划分、预求航片平均比例尺和航片室内预判等。调绘面积(亦称作业面积)是指单张航片的作业面积，一般是在与相邻航片的重叠部分内划定。划定的调绘面积线不应切割居民地和其他重要地物，避免与道路、沟渠、管线等线状地物重合。在平坦地区常利用地形图求航片比例尺；在丘陵、山区，因单张航片各部位比例尺变化较大，需分带求出局部的平均比例尺。为减少外业调绘工作量，在外业调绘前，应先邀请熟悉当地情况的人一起进行室内预判。在山区、丘陵地区，一般对照地形图，在立体镜下进行预判，还要在预判的基础上，制定外业调绘路线。

2) 境界和土地权属界的调绘

所谓境界是指国界及各行政区界。土地权属界是指行政村界和居民点以外的厂矿、机关、团体、学校、部队等单位的土地所有权和使用权界线。进行权属调查时，要事先约定相邻土地单位的法人代表或群众代表到现场指界。双方指界相同时，视无争议界线；双方指界不同时，则两界之间的土地视为有争议土地，并将各方认为的界线一并标记于外业调绘图件上。在图上还应标清土地权属界线的拐点，用半径 1mm 的圆圈在图上标记并用文字说明其位置。当实地拐点无固定标志时，则应补界标。当线状地物为权属界线时，则应标明其归属。

对于双方无争议的土地权属界线，应按规定格式填写土地权属界线协议书一式 3 份，权属的双方及土地管理部门各执一份。其内容包括：权属界线拐点及界线位置的附图，拐点及权属界线真实位置的文字说明，权属双方指界人、调查人签字盖章及上级主管部门盖章等。双方有争议的权属界线，应填写土地争议原由书一式 5 份，权属单位双方及土地管理部门各执一份。其内容包括：标清各方自认界线拐点及界线的附图；说明拐点及权属界线的真实位置、争议理由及提供凭证的文字说明；双方代表及调查人的签字盖章等。

对于有争议土地的界线，可由上级主管部门暂做技术处理，其界线仅供量算面积时使用，待确权后再调整面积。

3) 地类调绘

地类调绘按《规程》中的“土地利用现状分类及含义”，在土地所有权管辖范围内，实地利用航片逐一判读、调绘，并填写外业手簿。地类调绘应认真掌握分类含义，要结合实地询问确定，按《规程》规定的图例符号注记在航片上。对小于《规程》规定的上图面积的图斑(居民地为 $4mm^2$，耕地、园地为 $6mm^2$，其他地类为 $15mm^2$)，作零星地类处理，实际勘丈其面积记入调查手簿，待面积量算时再从大图斑中扣除。当地类界与线状地物或土地权属界、行政界重合时，可省略不绘。调绘的地类图斑以地块为单位统一编号。能清晰判读的地类界线的位移不应超过 1mm。

4) 线状地物调绘

线状地物包括河流、铁路、公路以及固定的沟、渠和农村道路等。《规程》规定，线状地物的宽度北方大于 2m、南方大于 1m 时，都要进行调绘并实地丈量宽度，丈量精确到 0.1m。对宽度变化较大的线状地物，还应分段丈量，如较大的河流等。线状地物调绘时，要查明线状地物的归属，实量宽度及归属填写在外业调查手簿中。

5) 补测

为了保持图件的现势性对新增地物进行的野外测量，称为补测。补测可在航片上进行，也可在工作底图上进行。补测的方法有截距法、距离交会法、坐标法等。对新增地物较多地段，可采用单张航片测图方法进行。

6) 航片清绘整饰

经外业调绘和外业补测的航片应及时清绘整饰，经检查验收合格后，才能转入内业工作阶段。

3. 内业工作

土地利用现状调查的内业工作，包括航片转绘、面积量算、成果整理等。航片转绘和面积量算是内业工作的核心内容。成果整理包括面积的汇总统计、土地利用现状图、分幅土地权属界线图的编制及土地利用现状调查报告或说明书的编写等。

航片转绘可以用航片平面图或影像地图作为底图，也可以用地形图作为底图。目前大多数地区的土地利用现状调查工作是以地形图作为底图进行转绘的。

航片转绘的方法很多，根据转绘手段的不同，大致可归纳为图解转绘法和仪器转绘法两大类。图解转绘法是根据航片和地形图上已知同名地物点，利用直尺、圆规等作图工具，通过图解来进行转绘的方法。仪器转绘法是将航片外业调绘、补测的内容，通过仪器转绘到底图上。两种方法各有其优缺点：图解转绘法的优点是费用少、方法简单、易于操作及普及，缺点是精度不高，较费工；仪器转绘法则具有速度快、精度高的特点，但费用大，不易普及。在土地利用现状调查中常用的图解转绘法和仪器转绘法，如图 2.3 所示。

- 转绘方法
  - 图解转绘法
    - 图解格网法
      - 任意格网法
      - 极点格网法
      - 相似形格网法
      - 中心线格网法
      - 辐射格网法
      - 自然格网法
    - 交会法
      - 共线图解交会法
      - 距离交会法
      - 辐射交会法
    - 其他方法
      - 平行尺转绘法
      - 单辐射分带转绘法
      - 全能转绘法
      - 单辐射计算转绘法
  - 仪器转绘法
    - 单投影仪分带转绘法
    - 多倍仪立体转绘法
    - 微型数字化仪和绘图仪结合的解析转绘法
    - GCZ-02 型简易仪器转绘法

图 2.3　常用的图解转绘法和仪器转绘法

各地可根据自己的实际情况，选择适合自己的转绘方法。面积量算将于第 4 章中介绍。

4. 土地利用现状调查报告的编写

1) 编写要求

乡级应编写土地利用现状调查说明书，县级要编写调查报告。县级调查报告应着重归纳土地利用现状调查成果，分析土地利用的特点，并从宏观上提出开发、利用、整治、保护土地意见。

2) 调查报告的主要内容

(1) 调查地区的自然、经济与社会概况。

(2) 调查工作情况，包括人员组成、日程安排、经费、资料、技术、工作经验与存在的问题。

(3) 调查成果及质量。

(4) 土地利用的经验与问题，合理利用土地的建议等。

5. 土地利用现状调查成果检查、验收及评价

为了保证调查成果质量，每道工序都要进行认真检查，采取自检与互检相结合，建立作业小组和检查员检查制度、杜绝错误的发生。在工序检查合格后，检查员签字，此时工作可转入下道工序，对不合格的应区别情况予以补调或返工。

土地利用现状调查成果验收，是在县级检查的基础上，报省(自治区、直辖市)土地现状调查主管部门验收。

成果质量评价采取计算质量合格率的方法进行，凡合格率在 80%以上者为合格，低于 80%者为不合格。合格率超过 95%为优秀。

2.4.3　土地利用变更调查

土地在利用过程中，其用途会发生变化，为及时反映这种变化，保持原有土地利用调查资料的现势性，为土地管理和规划服务，必须调查和记载土地用途的变化。土地利用变更调查是指在完成土地利用现状初始调查之后，为适应日常土地管理工作的需要进行的土地权属、用途、数量的变更调查。通过变更调查，不仅可以使地籍资料保持现势性，而且还可以提高数据精度，修正以前的错误，逐步完善充实地籍内容。

土地利用变更调查的基本技术和方法与前面讲述的一致。因为日常土地管理工作已积累了丰富的资料，而测绘技术比初始土地利用现状调查时有了很大的进步，加之计算机的普及和应用(要求日常的土地管理和规划工作尽可能地运用计算机技术和信息技术)，所以，在进行土地利用变更调查时，可以收集和运用更丰富的资料，应用测绘新技术和信息管理技术，使我们的调查工作更快捷、更方便。土地利用变更调查的作用和特点与变更地籍调查的作用和特点是一致的，详细内容见第 7 章。下面就土地利用变更调查的两个关键问题进行简要论述。

1. 可使用的资料

(1) 原土地利用现状调查资料：包括土地利用现状图、分幅土地权属界线图、各种文件资料等。

(2) 近期的航空摄影像片、正射像片等。

(3) 初始和日常城镇村庄地籍调查资料。

(4) 土地复垦资料、土地开发资料、土地征用资料和土地整理资料等。

2. 变更调查的技术流程

近年来，摄影测量技术、GIS 技术、GNSS 动态定位技术的迅速发展，为土地调查与管理技术增添了新的技术手段。GNSS 动态定位技术的飞速发展导致了 GNSS 辅助航空摄影测量技术的出现和发展。实践表明，该技术可以极大地减少地面像片控制点的数量，缩短成图周期，降低成本。目前，该技术已进入实用阶段，北京市、海南省和中越边境等地区就相继成功实施了 GNSS 辅助航空摄影测量。

借用已有的 GIS 平台和数字摄影测量技术，开发和建立土地信息方面的管理系统，实现数据的采集、处理、分析、应用的信息流过程，减少了中间环节，降低了错误发生率，提高了精度和效益，并为今后的变更调查提供了极大的方便。例如，根据收集到的资料，建立土地利用数据库、土地权属数据库和航空摄影数据库(栅格)等。把土地利用现状线划图形与影像数据叠加，采用自动分析或人工分析技术，可自动或半自动地判定和提取地类变更区域，并输出正射影像图用于外业调绘和修测。然后利用数字摄影测量技术测制数字土地利用现状图和分幅土地权属界线图，并建立更新数据库，从而实现面积的自动量算和汇总。基本工作流程如下：

(1) 航空摄影、像片控制测量。

(2) 已有资料数据库的建立。

(3) 图形叠加、分析，正射影像的输出。

(4) 外业地类调绘、权属调查。

(5) 内业修测编辑及检查。

(6) 图形精编、面积计算与汇总。

(7) 坡度图及坡度、坡向数据库建立。

(8) 编写各项技术报告、说明书、成果资料等。

(9) 土地利用变更调查成果输出及成果归档。

(10) 检查、验收。

2.5 城镇地籍调查

2.5.1 城镇地籍调查的目的、内容及成果

地籍调查是国家采用科学的方法，根据有关法定程序，通过权属调查和地籍测量，查清每一宗土地的位置、权属、界线、数量和用途的基本情况，以图、簿表示，并建成地籍调查数据库，在此基础上进行土地登记。

1. 城镇地籍调查的目的

城镇地籍调查的主要目的是：①核实宗地的权属和确认宗地界址的实地位置，并掌握土地利用状况。②通过地籍测量获得宗地地界的平面位置、宗地形状及其面积的准确数据，为土地登记、核发土地权属证书奠定基础。③为完善地籍管理服务，做好技术准备，提供法律凭证。

2. 城镇地籍调查的内容

目前我国实行的土地登记制度，城镇地籍调查的内容如下：

(1) 调查每宗土地的权利人状况。包括权属单位名称或个人姓名、地址、单位法人代表、个人身份证明等。

(2) 调查宗地的界址、面积、坐落、用途、等级等；绘制宗地草图，填写地籍调查表，签定土地权属界线协议书或填写土地权属争议原由书。

(3) 调查土地权利限制情况。即土地及其上的建筑物、构筑物的其他权利限制。

地籍调查的内容要求能反映宗地的权属界线，有助于土地争议的裁决、处理，保护土地所有者和使用者的合法权益，也有利于国家对土地使用的管理和监督。

3. 地籍区和地籍子区的划分

(1) 在县级行政管辖区内，以乡(镇)、街道办的界线为基础结合明显的线性地物划分地籍区。

(2) 在地籍区内，以行政村、居委会或街坊界线为基础结合明显的线性地物划分地籍子区。

(3) 地籍区、地籍子区划定后，其数量和界线应保持稳定，原则上不随所依附界线或线性地物的变化而调整。

4. 调查单元

地籍调查的基本单元是宗地。

(1) 在地籍子区内，划分国有土地使用权宗地和集体土地所有权宗地，在集体土地所有权宗地内，划分集体建设用地使用权宗地、宅基地使用权宗地等。

(2) 两个或两个以上农民集体共同所有的地块，且土地所有权界线难以划分清楚的，则应设为共有宗。

(3) 两个或两个以上权利人共同使用的地块，且土地所有权界线难以划分清楚的，则应设为共有宗。

(4) 土地权属有争议的地块可设为一宗地。

(5) 公用广场、停车场、市政道路、公共绿地、市政设施用地、城市（镇、村）内部公用地、空闲地等单独设立宗地。

5. 城镇地籍调查的成果资料

初始城镇地籍调查成果资料包括以下几项：

(1) 地籍调查技术设计书。

(2) 地籍调查表。

(3) 地籍平面控制测量原始记录、控制点网图、平差计算资料等。

(4) 地籍测量原始记录。

(5) 解析界址点成果表。

(6) 分幅地籍图、宗地图及地籍图分幅结合表。

(7) 面积量算表及原始记录。

(8) 宗地面积汇总表，土地分类面积统计表。

(9) 技术报告及检查验收报告等。

2.5.2 城镇地籍调查方法与步骤

地籍调查是一项综合性的系统工程，必须在充分准备、周密计划的基础上进行。一般应结合本地具体情况，提出任务，确定调查范围、方法、经费、人员安排、时间及实施步骤。

初始地籍调查的实施可大体分为五个阶段。

1. 准备工作

1) 组织准备

开展地籍调查的区、县有必要成立以主管区(县)长为首的地籍调查、土地登记领导小组。领导小组负责人领导地籍调查、登记工作，研究处理地籍调查、土地登记中的重大问题，特别是研究、确定、仲裁土地权属问题。在土地管理机构中设立专门办公室，负责组织实施。

2) 收集资料

收集、整理的土地权属来源资料主要包括：土地审批、征收、转用、划拨或出让、转让、登记和土地勘测定界等相关资料；履行指界程序所形成的地籍调查表、土地权属界线协议书等相关地籍调查成果；县级以上人民政府国土资源主管部门的土地权属争议调解书；县级以上人民政府或相关行政主管部门的批准文件、处理决定；人民法院的判决书、裁定书或者调解书。

收集、整理的相关测绘资料主要包括：航空正射影像、航天正射影像、地形图、测量控制点及其他图件资料等。

收集、整理的土地调查、土地规划资料包括：土地调查及土地规划的文字报告、图件（土地利用现状图、地籍图、土地利用总体规划图及城市总体规划图等相关资料）、地籍数据库等有关资料。

收集、整理的其他资料包括：行政区划、自然地理、社会经济、房屋普查、标准地名及道路水系等相关资料。

3) 确定调查范围

城镇、村庄地籍调查范围要与土地利用现状调查范围相互衔接，不重不漏，所以调查范围应以明显地物为界，并在 1∶2000～1∶10000 比例尺地形图上标绘出来。若有较新大比例尺航片，也可在航片上勾画调查范围。

4) 地籍调查技术设计

技术人员应根据已有资料和实地调查的情况进行地籍调查项目技术设计。主要内容包括：

调查地区的地理位置和用地特点；地籍调查工作程序及组织实施方案；地籍控制网点的布设和施测方法，以及坐标系统的选择；地籍图的规格、比例尺和分幅方法的选定；地籍测量方法的选用；地籍调查成果的质量标准、精度要求和依据的确定。

5) 表册、仪器、工具准备

包括所需表格及簿册(如地籍调查表、野外测量手簿等)的准备。所需仪器和用品取决于所采用的地籍测量方法，若有新拍摄的大比例尺航片或新测的大比例尺地形图，地籍测量任务比较简单时，可以准备较简单的工具(如钢尺或皮尺、卡规、比例尺等)。在无图或图已较陈旧的情况下，要采用精度较高的地籍测量方法(如解析法)，此时需要准备高精度经纬仪、光电测距仪及全站仪等。

6) 人员培训

培训的主要内容是：组织地籍调查人员学习有关地籍的政策、法规、技术规程，明确调查任务，学习调查方法、调查要求、操作要领。这是确保地籍调查质量的关键之一。

在全面开展地籍调查之前，可先进行小面积试点。通过试点，发现问题，总结经验，培训干部，推动地籍调查工作的顺利进行和圆满完成。

2. 土地权属调查

1) 工作底图的选择与制作

制作底图的比例尺及坐标系统宜与测绘制作的地籍图成图比例尺和坐标系统一致；已有的土地利用现状图、地籍图、地形图及航空航天正射影像图等图件均可作为调查的工作底图；无图件的地区，可在地籍子区范围内绘制所有宗地的位置关系图形成调查工作底图；工作底图上应标绘地籍区和地籍子区的界线。

2) 预编宗地代码

根据土地登记申请书及土地权属来源证明材料，将每一宗地标绘到工作底图上，在地籍子区范围内，应从西到东、从北到南统一预编宗地代码，并填写到地籍调查表及土地登记申请书上。然后，通过实地调查正式确定宗地代码。

3) 土地权属状况调查

土地权利人调查：调查核实土地权利人的姓名或者土地权利人的名称、单位性质、行业代码、组织机构代码、法定代表人(或负责人)姓名及其身份证明、代理人姓名及其身份证明等。

土地权属性质及来源调查：调查核实土地的权属来源证明材料、土地权属性质、使用类型、使用期限等。

土地位置调查：对土地所有权宗地，调查核实宗地四至，所在乡(镇)、村的名称，所在图幅等信息；对土地使用权宗地，调查核实土地坐落、宗地四至及所在图幅等信息。

土地用途调查：调查核实土地的批准用途和实际用途。对土地使用权宗地，根据土地权属来源的材料或用地批准文件确定批准用途，并应在现场调查确定实际用途；对于集体土地使用权宗地，则无须调查其批准用途和实际用途，宗地内各种地类的面积及其分布可直接引用已有土地利用现状调查成果。

其他情况调查：主要包括土地的共有共用、土地权利的限制等情况调查。

3. 界址调查

(1) 对于土地权属来源资料合法，界址明确，经实地核实界址无变化的宗地，可直接利用已有资料填写地籍调查表，并将原土地权属来源资料复印件作为地籍调查表的附件。

(2) 对土地权属来源资料中界址不明确的宗地，以及界址与实地不一致的宗地，需要现场指界，不但应将实际用地界线和批准用地界线标绘到工作底图上，而且还应在地籍调查表的权属调查记事栏中予以说明。

(3) 无土地权属来源资料，根据法律法规及有关政策规定，经核实为合法拥有或使用的土地，可根据双方协商、实际利用状况和地方习惯现场指界。

4. 内业工作

在外业工作基础上，进行室内工作，包括：面积量算；绘制地籍图和宗地图；补填地籍调查表；编写技术报告和工作报告；整理地籍档案资料等。

5. 成果检查验收、归档

通过地籍调查获得的大量成果资料要按照有关规定整理成卷(册)，形成地籍数据库归档保存并按照成果验收办法及评定标准进行检查验收，不符合要求者应即时返工。变更地籍调查是根据变更登记申请的变更项目进行的权属调查和地籍测量，其实际工作虽有一定特点，但程序和方法与初始地籍调查基本相同。

地籍调查工作程序和内容见图2.4。

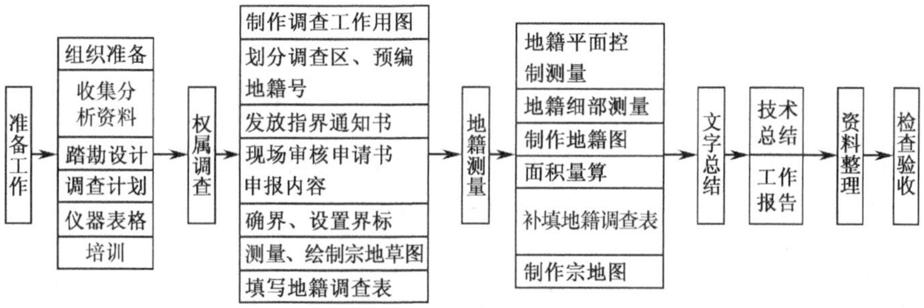

图2.4 地籍调查工作程序框图

2.6 土地质量调查

2.6.1 土地质量调查的目的与内容

土地作为资源被人类加以利用，主要是由于土地具有一定的质量表现。不同质量水平的土地被人们利用的程度也不同。因而，认识土地质量，实际上是人们合理利用开发土地资源的基础。

1. 土地质量调查的目的

土地质量调查的目的主要体现在以下五个方面。

(1) 为制定各项计划、规划及土地政策提供主要的基础资料。

(2) 为编制农业区划及农业生产服务。

(3) 为城乡土地资源的优化配置提供科学依据。

(4) 为城乡土地分等定级、土地经济、土地税收提供可靠资料。

(5) 充分发挥土地资源的生产潜力。

在摸清土地质量状况的基础上，使城乡土地做到因地制宜、合理利用，充分发挥土地潜力。

2. 土地质量调查的基本内容

土地质量调查包括土地的自然条件调查和社会经济条件调查两部分。土地自然条件主要内容为：气候、地形地貌、土壤、水资源、植被等自然条件；土地社会经济条件主要是城乡土地的区位、交通情况和土地投入产出状况等社会经济条件，如表 2.2 所示。

表 2.2　土地质量调查的主要内容

自然条件调查内容		社会经济条件调查内容	
气候条件	太阳辐射、降水、土温、气温、作物基点温度、农业界限温度及积温	城市土地	城市规划、繁华程度、区位、交通、运输条件、基础设施条件、环境条件、公建设施条件、人口状况
地形地貌条件	山地、丘陵、平原、高山、盆地	农用土地	地理位置、交通、运输条件、耕作制度、土地经济效果指标
土壤条件	土壤类型、土壤剖面、pH、土地养分状况、盐碱地		
水资源条件	地表水、地下水、水质		
植被条件	植被类型、植被覆盖率、产草量、载畜量		

2.6.2　土地性状调查要点

土地性状调查是指对土地性状指标的调查，包括土地自然属性及土地利用的社会经济属性的调查。土地性状调查是土地质量调查的主要手段。

1. 土地自然属性调查

在土地自然属性方面，包括面非常广，每个方面都包含着许多具体的项目指标，每个方面也都有专门的调查知识和方法，有专门的论著可以借鉴。在此仅就其地形、土壤、农业气候、植被的调查内容作简要介绍。

1) 地形地貌调查

主要应当查清地貌类型、地面坡度、坡向、绝对高度、相对高度等。

(1) 地貌类型。从大的方面，划分为山地、丘陵、平原。它们在土地性状方面表现出极大的差异。有时为了较细地考虑土地性状，从地形特征的角度还可再细分，如滩地、阶地、冲积扇等。

(2) 坡度。坡度大小对土地性状影响很大，它与土壤厚度、质地、土壤水分及肥力都直接相关，制约着土壤中水分、养分、盐分的运动规律，是各类农业生产用地适宜性的重要指标。坡度的测定方法有很多，主要是确定两点间高差与水平距离的比值。

(3) 坡向。坡地的朝向是坡地接受太阳辐射的基本条件。坡向对地面气温和土温，对土壤水分状况都有直接的影响，对于某些农业生产(果树病害、作物适种性)尤为重要，对于居民住房建设也有很大的影响。坡向可从地形图上或实地判断。

(4) 绝对高度(海拔高程)。地面高度通常是农业生产的先决条件，尤其是一些农作物适宜种植的临界指标，对于农林牧发展也极为重要。我国的海拔高度起始面为黄海平均海水面，称为黄海高程系。根据地形图上的高程点注记及等高线，可直接从地形图上查得任意位置土地的绝对高度。

(5) 高差。表示地面上两点间的高程上的差值。因为地面各点的绝对高度可以从地形图上查到，所以高差同样可以从地形图上推算而知。高差为区分地形特征、考虑灌排条件以及为农业技术的运用提供依据。

2) 土壤调查

土壤性状是土地性状的主要构成部分，特别是对于农业土地利用来讲，土地的生产性能主要取决于土壤肥力，即土壤供给和调节作物所需水分、养料、空气和热量的能力，因而土壤调查的中心应当是反映土地的肥力水平。应当承认，农作物产量是反映土地质量水平的重要标志，但单纯从农作物产量来考察土壤质量性状，有较大的局限性，而且需要一系列附加条件。

土壤调查的项目很多，其中一些项目，针对不同地点和不同用途，其调查的价值相差极大，在调查前需要认真选择。调查的项目主要是土壤质地、土层厚度及土层构造、土壤养分、土壤酸碱度和土壤侵蚀等。

3) 农业气候调查

农业气候调查的主要内容为光照、热量、水分等要素。

光的强度只在个别地区才会有过大或过小的情况。光照的显著差异，通常是小气候的特征之一，在考虑小气候条件时有必要调查这方面的资料。

热量对农作物发育有着十分重要的影响。热量以温度表示，常用指标有农业界限温度的通过日期、持续日数、活动积温(大多数作物均以大于等于10℃的活动积温为指标)、霜冻特征等。

水分条件与作物生长尤其是作物的生产率关系很大。过多过少的水分都会抑制作物的生命活力。主要调查内容为年降水量、干燥指数等，尤其是农作物生长需水季节的降水量。有条件时最好统计降水量高于或低于某作物需水值的累计总频率，即降水保证率。对于空气中的水分，可通过测定空气相对湿度、测算湿润指数(或干燥指标)或者计算干燥度来调查。

4) 植被调查

主要查清植被群落、覆盖度、草层高度、产草量、草质以及利用程度等。

群落通常以优势植物命名，覆盖度则以植被的垂直投影面积与占地面积的百分比来表示。它们共同反映了当地对植物生长的适宜程度及适宜种类，是土地质量多种因素的综合反映指标。

草地调查在荒地及草原等地区尤为重要。草层高度是其首要指标，主要是指各草种的生长高度，其营养枝的高度称为叶层高度。它们是草层生产能力的重要指标。按植株的生长高度、健壮程度等可将草被的生活力按强、中、弱加以分别调查。草被更为有效的反映指标是草被质量和产草量。对于草被质量，主要是调查可被食用的草的数量和营养价值，以及其中有毒有害植物的种类及分布。

2. 土地利用的社会经济属性调查

土地利用从来不是一项只受自然规律制约的人类活动，土地利用方向和效果在更大程度上受社会经济因素的制约。这方面的有关项目指标非常多，有许多是社会经济与农业经济调查的内容，这里仅就主要调查指标进行介绍。

1) 地理位置与交通条件

从地理分布来讲，重要的在于反映土地与城市、集镇的相对位置，反映土地与行政、经济中心的相关位置以及与河流、主要交通道路的相对关系。调查时可以通过对地图的分析和调查，查清上述要素的分布、相互距离、各自规模、利用(效益)程度等。对于城市用地，位置优势往往是衡量土地质量的主要因素。对于农业利用来说，虽然位置的作用具体表现上与城市不完全一样，但它依然十分重要，是决定土地利用方向、节约利用程度和土地生产力的重要因素。交通条件方面除对道路分布、等级、宽度、路面质量、车站、码头等有必要调查外，对当地货流关系的调查有时也很有必要，因为它对于开发产品，疏通流通环节，充分发挥土地资源优势，都是十分重要的。在交通条件调查中，有时也需要对运输手段、运输量做出调查。

2) 人口和劳动力

人口和劳动力对提高土地利用集约化水平是重要的因素。应当查清人口、劳动力数量，以及构成情况。尤应调查统计人均土地、劳均耕地等直接关系到土地利用集约程度的指标。此外，人口增长率、人口流动趋势也可作为调查的指标。

3) 农业生产及农业生产环境条件

农、林、牧、渔生产结构与布局，反映了当地土地利用的方向，应当加以查明。作物品种、布局、轮作制度、复种指数、农产品成本、用工量、投肥量、单产、总产、产值、纯收入，林木积蓄量、草地载畜量、牲畜品种、出栏率、鱼种类等，根据研究土地资料的目的，可有选择地加以调查。农业生产条件方面，水利(灌溉、排水)条件，包括水源、渠系、水利工程、机电设备，这些往往是对土地质量水平有关键作用的因素，应加以调查。此外与农业结构有关的机械设备，机械作业经济效益等指标在机械化作业地区也是很重要的。

4) 土地利用水平

上述不少指标与土地利用水平有关。除已叙述的项目外，主要有土地开发利用和土地组织利用方面的项目。土地开发利用方面可以对反映当地土地质量水平的指标做调查，如土地垦殖率、土地农业利用率、森林覆盖率、田土比、稳产高产农田比重、水面养殖利用率等；土地组织利用方面主要有农、林、牧用地结构和地段形态特征的调查。

5) 地段形态特征

在机械化作业的情况下是很重要的调查项目，是指一定范围土地的外形及内部利用上的破碎情况，是影响土地高效利用的因素。调查具体项目指标按需要选取，小到每一个地块的耕作长度，外部形状，大到一定范围内土地的破碎情况，甚至整个土地使用单位在整体上土地片的规整程度。土地范围规整程度可用规整系数、紧凑系数或伸长系数来衡量。

2.6.3　土地分等定级概述

1. 城镇土地分等定级概述

1) 城镇土地等级体系

为正确反映土地质量的差异，土地分等定级采用“等”和“级”两个层次的划分体系。

城镇土地“等”反映城镇之间土地的地域差异。它是将各城镇看做是一个点，研究整个城镇在各种社会、自然、经济条件影响下，从整体上表现出的土地差异，土地“等”的顺序是在各城镇间进行排列的。

城镇土地“级”反映城镇内部土地的区位条件和利用效益的差异。通过分析投资于土地上的资本、自然条件、经济活动程度和频率条件得到收益的差异，并据此划分出土地的级别高低。土地级的顺序是在各城镇内部统一排列的。土地级的数目，根据城镇的性质、规模及地域组合的复杂程度，一般规定：大城市，5～10 级；中等城市，4～7 级；小城市以下，3～5 级。

2) 城镇土地分等定级方法体系

城镇土地分等定级方法目前主要有三种，即多因素综合评定法、级差收益测算评定法和地价分区定级方法。

(1) 多因素综合评定法。它是通过对城市土地在社会经济活动中所表现出来的各种特征进行综合考虑，揭示土地的使用价值或价值及其在空间分布的差异性，划分土地级别的方法。多因素综合评定法的指导思想是从影响土地使用价值或质量的原因着眼，采用由原因到结果，由投入到产出的思维方法，即通过系统地、综合地分析各类因素和因子对土地的作用强度，推论土地在空间分布上的优劣差异。

(2) 级差收益测算评定法。它是通过级差收益确定土地级别的方法，指导思想是从土地的产出(企业利润)入手，认为土地级别由土地的级差收益体现，级差收益又是企业利润的一部分，所以由土地的区位差异所产生的土地级差收益完全可以通过企业利润反映出来。级差收益测算评定方法主要对发挥土地最大使用效益的商业利润进行分析，从中剔除非土地因素如资金、劳力等带来的影响，建立适合的经济模型，测算土地的级差收益，从而划分土地级别。

(3) 地价分区定级方法。它的指导思想是直接从土地收益的还原量——地价出发，根据地价水平高低在地域空间上划分地价区块，制定地价区间，从而划分土地级别。

由于上述三种方法各有优缺点，在实际土地定级中，应根据实际情况将各种方法结合使用。

2. 农用土地分等定级概述

我国古代对农用土地进行评价就有三等九级，新中国成立后土壤普查时，又把全国的土地分成八等(某些地方的做法除外)。但如何在全国范围内统一对农用土地进行分等定级工作，还缺乏十分成熟的实践经验和方法。目前我国对农用土地分等定级也是采用“等”和“级”两层次划分体系。

农用土地的“等”反映不同质量农用地在不同利用水平、不同利用效益条件下收益的差异。土地“等”的顺序按全国农用地间的相对差异进行比较划分。

农用土地的“级”反映土地等影响下的土地的差异。级的划分是根据土地质量和易变的自然条件的差别，以及利用水平、利用效益的细小差异。级的数目、级差及排列顺序在县、区范围内按相对差异评定。

农村土地等级由土地部门实施，提供等级资料。

1) *农用土地的特点*

土地是农业的主要生产资料，其质量的优劣直接决定农作物的产量和经济收益，农用地具有四个特点。

(1) 影响农用土地质量的诸因素区域差异较大。

(2) 土地的自然肥力是农用土地质量的基础。

(3) 农用土地的农作物具有多种适宜性和利用上的多变性。

(4) 影响农用土地质量的因素可以分为长期稳定因素和短期易变因素。

2) *农用土地分等的方法*

土地分等采用自然和经济评定的方法。首先，按土地的自然条件计算土地的潜力，以反映土地质量的优劣和土地对作物生长适宜程度和本质差异；其次，用体现社会平均开发利用水平的土地利用系数，将土地潜力订正为现实产出水平；最后，在现实产出水平的基础上，用土地经济系数衡量在目前社会平均产出水平上土地收益的差异。土地分等采用的主要方法有以下六点。

(1) 各指定作物气候产量的计算采用农业生态带法。

(2) 土地质量的衡量采用参数法。

(3) 不同土地上各作物理论产量值采用分估-理论产量对照法。

(4) 各作物产量之间的换算采用标准粮产量比值折算法。

(5) 土地潜力采用标准粮食产出总量比较法。

(6) 土地利用系数和土地经济系数的计算采用相对值法。

3) 农用土地定级的方法

土地定级因为所要达到的目的和土地分等有所差异，所以其工作方法和土地分等比较具有一定的差别，如不必考虑全国横向比，不必计算光温生产力、气候、产量等；选择的因素也多为易变因素。但两类工作过程仍有很多相似工作步骤及方法，如根据土地自然、经济差异规律，采用评分法、指数法等进行土地评定；同样采用标准产出量作为经济指标等。因此，土地定级除原则上要遵循土地分等的原则及方法外，还要注意做好下列三项工作。

(1) 准备工作。土地定级同样包括组织工作人员队伍、收集资料和野外调查，但要广泛吸收当地有经验的农民参加。对影响土地生产率起主导作用的某种因素，要进行更加仔细的补充调查，或取样进行化验分析，还要充分利用现有土肥、农经资料。定级的工作底图，一般使用县、乡 1∶1 万地形图、土地利用现状图等。

(2) 定级基本单元的划分。定级的基本单元要结合承包地块的现界，按划分土地评价单元的基本原则进行。属于同一个定级单元的地块，其地形、坡向、坡度、土种(或土属)及其土质、肥力、农田水利设施等主要因素的指标要基本一致，否则，还要进行细分。定级基本单元的划分，既要考虑土地因素的一致性，也要注意保持承包户地块的完整性。

(3) 定级因素指标的选择。农用土地定级是在土地分等的基础上进行的土地质量的细分。在选择反映土地定级指标时，凡已用于土地分等的土地属性指标，不能再用于土地定级。同时，土地定级的指标一般可能选择受人为影响大、易变化的要素，如地块离居民点的距离，土壤中氮、磷、钾含量，地块离灌溉水源的距离，地块大小，地块平整状况等。

思 考 题

1. 土地利用现状分类时遵循的原则是什么?
2. 什么是土地权属? 请说明土地所有权与土地使用权的区别。
3. 土地所有权、土地使用权调查的内容包括哪些?
4. 土地利用现状调查的目的是什么?
5. 土地利用现状调查的原则包括哪些内容?
6. 城镇地籍调查的目的是什么?
7. 土地质量调查的目的及内容是什么?

第 3 章　地籍控制测量

3.1　国家大地测量与城市控制测量

3.1.1　国家控制网

在全国范围内建立的大地测量控制网称为国家大地测量控制网。它是全国各种比例尺测图(包括地籍图)的基本控制，并为确定地球的形状和大小提供研究资料，亦是城市测量控制网和城市地籍测量控制网的基础。

国家大地测量控制网是为精密仪器施测而建立的，按照施测精度分为一等、二等、三等、四等共 4 个等级。它的低级点受高级点的逐级控制。

1. 一等三角锁布设方案

一等三角锁是国家大地控制网的骨干，主要作用是控制二等以下各级大地测量和控制测量，并为研究地球形状和大小提供资料。

一等三角锁应尽可能沿经纬方向布设纵横锁，且交叉构成网状图形，如图 3.1 所示。

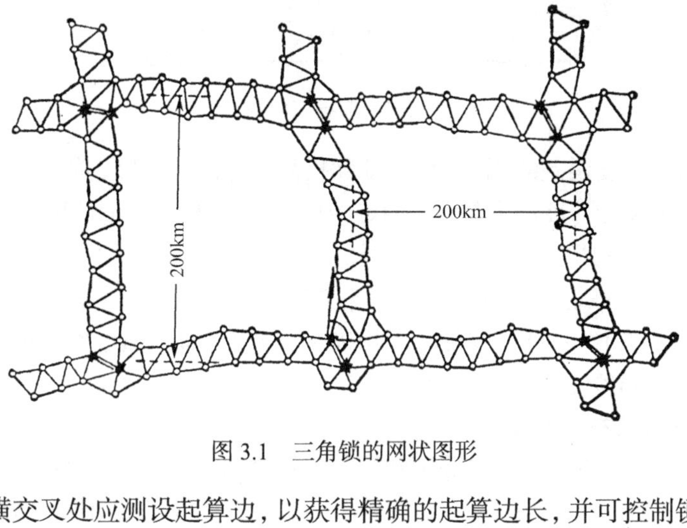

图 3.1　三角锁的网状图形

一等锁在纵横交叉处应测设起算边，以获得精确的起算边长，并可控制锁中边长误差的积累。起算边长度测定的相对中误差 $m_b/b \leqslant 1:350000$。

以往起算边的长度采用基线测量的方法求得，随着电磁波测距技术的发展，起算边的测定已被电磁波测距法所代替。

一等锁在起算边两端点应精密测定天文经纬和天文方位角，以获得起算方位角，并可控制锁、网中方位角误差的积累。一等天文点测定的精度：纬度测定中误差 $m_\varphi \leqslant \pm 0.3''$；经度测定中误差 $m_\lambda \leqslant \pm 0.02''$。天文方位角测定的中误差 $m_\alpha \leqslant \pm 0.05''$。

一等锁两起算边之间的锁段长度一般为 200km 左右，锁段内的三角形个数一般为 16～20 个。角度观测的精度，按一锁段三角形闭合差计算所得的测角中误差应小于 0.7″。

一等锁一般采用单位三角锁，根据地形条件，也可组成大地四边形或中点多边形，但对于不能显著提高精度的长对角线应当尽量避免，在一等锁交叉处，一般应布设中点多边形，避免两条锁邻接边相交成锐角。一等锁的平均边长，山区一般约为25km，平原区一般约为20km。每一段锁图形权倒数之和应不超过100。

2. 二等三角网布设方案

二等三角网是在一等锁控制下布设的，它是国家三角网的全面基础，同时又是地形图的基本控制。因此，必须兼顾其精度和密度2个方面的要求。

二等网以连续三角网的形式布设在一等锁环内，四周与一等锁衔接，如图3.2所示。

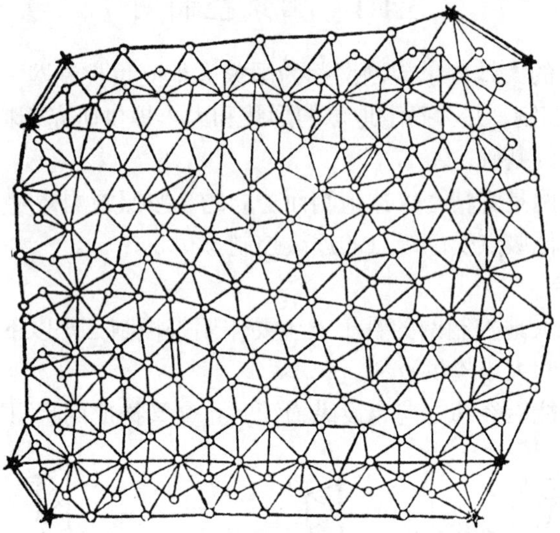

图3.2　连续三角网

为了控制边长和角度误差的积累，以保证和提高二等网的精度，应在二等网中央处测定起算边及其两端点的天文经纬度和方位角，测定的精度与一等点相同，当一等锁环过大时，还要在二等网的适当位置，酌情加测起算边，使任一条二等边离最近的一等或二等起算边不多于12个二等三角形；或距最近的一等边不多于7个二等三角形。

二等网的边长可在10～18km变通，平均边长应为13km左右。由三角形闭合差计算所得的测角中误差应小于±1.0″。

3. 三等、四等三角网的布设方案

三等、四等三角网是在一等、二等锁网控制下布设的，是为了加密控制点，以满足测图和工程建设的需要。三等、四等点以高等级三角点为基础，尽可能采用插网方法布设，但也可采用插点方法布设，还可以越级布网，即在二等网内直接插入四等全面网，而不经过三等网的加密。

三等网的平均边长为8km，四等网的边长可在2～6km变通。由三角形闭合差计算所得的测角中误差：三等三角网为±1.8″；四等三角网为±2.5″。

三等、四等插网的图形结构如图3.3所示。图3.3(a)边长较长，与高级网接边的图形大部分为直接相接；图3.3(b)边长较短，低级网只闭合于高级点而不直接与高级边相接。

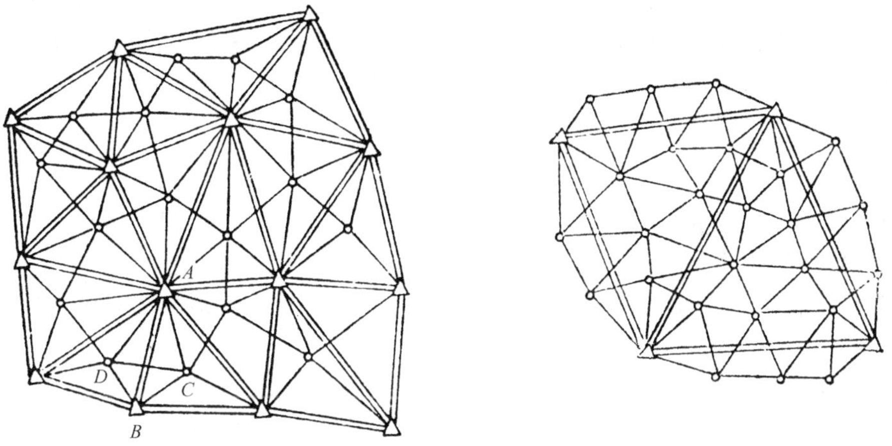

(a)　　(b)

图 3.3　三等、四等插网图形结构

三等、四等三角点也可采用插点的形式加密，其图形结构如图 3.4 所示。图中，插入 *A* 点的图形叫做三角形内插一点的典型图形；插入 *B*、*C* 两点的图形是三角形内外各插一点的典型图形。

《国家三角测量规范》中规定，采用插网法(或插点法)布设三等、四等网时，因故未作联测的相邻点间的距离(如图 3.4 中的 *AB* 边)，三等应大于 5km，四等应大于 2km，否则必须联测。因为不联测的边，当其边长较短时，边长相对中误差较大，会给进一步加密造成困难，为了克服上述缺点，所以当 *AB* 边小于上述限值时必须联测。

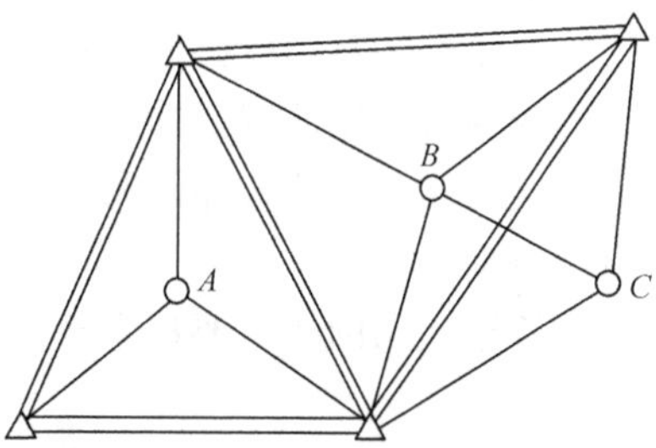

图 3.4　三等、四等三角点

国家三角锁、网的布设规格及其精度要求见表 3.1 所示。表中所列推算元素的精度，是在最不利情况下三角网应达到的最低精度。

表 3.1　国家三角锁、网的布设规格及其精度

等级	边长		图形强度限制				测角中误差/(″)	三角形最大闭合差/(″)	起算元素精度		最弱边边长相对中误差 $\frac{m_S}{S}$
	边长范围/km	平均边长/km	单三角形任意角/(°)	中点多边形任意角/(°)	大地四边形任意角/(°)	个别最小角/(°)			起算边长相对中误差 $\frac{m_b}{b}$	天文观测	
一	15～45	平原 20 山区 25	40	30	30		±0.7	2.5	1∶350000		1∶150000
二	10～18	13				25	±1.0	3.5	1∶350000		1∶150000
三		8	30	30		25	±1.8	7.0			1∶80000
四	2～6		30	30		25	±2.5	9.0			1∶40000

表中所列数据是《国家三角测量规范》所规定的布设规格及其精度，是区别质量的数量界线，是最低指标。在建立三角网时，应严格执行规范的规定，一丝不苟地进行操作，以求得高质量的成果。

3.1.2　城市测量控制网

城市测量是城市建设的基础，它为城市规划、市政工程、工业和民用建筑设计、施工，城市管理以及科研等方面提供各种测绘资料，以满足现代化市镇建设发展的需要。

城市测量控制网无一等。控制网的二等、三等、四等和国家大地测量控制网二等、三等、四等的体系是一致的。

建立城市测量控制网，可采用三角测量(三角网)、三边测量(三边网)和导线测量(导线网)等方法，亦可采用边角网。

城市测量控制网等级的划分，依次为：二等、三等、四等，一级、二级小三角，一级、二级小三边或一级、二级、三级导线。根据城市的规模，各级城市测量控制网均可作为首级控制。

1. 三角网的布设方案及技术要求

首级网应布设为近似等边三角形的网(锁)。一般三角形的内角不应小于 30°，如受地形限制时，个别角亦不应小于 25°。

当三角网估算精度偏低时，宜适当加测对角线或增设起始边，以提高网的精度。

加密网可采用插网或插点的方法。一级、二级小三角可布设成线形锁。无论采用插网或插点，因故未作联测的相邻点的距离，三等不应小于 3.5km，四等不应小于 1.5km，否则，应改变设计方案。

各等级三角网的主要技术要求，应符合表 3.2 的规定。

表 3.2　各等级三角网的主要技术要求

等级	平均边长/km	测角中误差/(″)	起始边边长相对中误差	最弱边边长相对中误差
二等	9	± 1	1/30 万	1/12 万
三等	5	± 1.8	1/20 万(首级) 1/12 万(加密)	1/8 万
四等	2	± 2.5	1/12 万(首级) 1/8 万(加密)	1/4.5 万
一级小三角	1	± 5	1/4 万	1/2 万
二级小三角	0.5	± 10	1/2 万	1/1 万

注：当测区测图的最大比例尺为 1∶1000 时，一级、二级小三角的边长可适当放长，但最长不应超过上表规定的 2 倍。

2. 三边网的布设方案及技术要求

各等级三边网的设计应和三角网的规格取得一致，在设计选点时，也必须重视图形结构，以边长接近该等级平均边长的近似正三角形为理想图形。各三角形的内角不应大于 120°和不宜小于 30°，个别角度也不应小于 25°。

为了加强三边网的图形强度和增加检核，宜在适当的图形中增测对角线。此时角度大小的限制可按短对角线组成的三角形内角衡量。

对于测边网中的中点多边形、大地四边形，应根据各项改正后的观测值进行圆周角条件及组合角条件的检核。

以测边法进行插点的交会定点时，至少应有一条多余观测的边。根据多余观测与必要观测算得插点纵横坐标差值，不应大于 3.5cm。

各等级三边网的主要技术要求应符合表 3.3 的规定。

表 3.3　三边网的主要技术要求

等级	平均边长/km	测距中误差/mm	测距相对中误差
二级	9	± 30	1/300000
三级	5	± 30	1/160000
四级	2	± 16	1/120000
一级小三边	1	± 16	1/60000
二级小三边	0.5	± 16	1/30000

3. 导线的布设方案及技术要求

导线宜布设成直伸等边形，相邻边长之比不宜超过 1∶3，其图形可布设成单线、单结点或多结点网等形式。导线用做首级控制时，宜布设成多边形网。

当导线与三角点连接而需要布设三角副点传算网时，一般选设两条基线，构成双三角形或大地四边形。基线长度不宜短于副点至三角点距离的 1/2，传算网内角不得小于 30°。

一级、二级、三级导线可用光电测距或用钢尺量距。三角副点传算网角度观测的测回数，应较相应级别导线增加 1～2 测回。三角形闭合差：一级不得大于±15″；二级不得大于±25″；三级不得大于±40″。

传算网中基线应比导线量距时增加一次往返观测，各次观测较差的相对误差：一级不得大于 1∶28000；二级不得大于 1∶21000，三级不得大于 1∶14000。

表 3.4 规定了三等、四等及一级、二级、三级电磁波测距导线的主要技术要求，一级、二级、三级钢尺量距导线的主要技术要求则应按表 3.5 的规定。

表 3.4　电磁波测距导线的主要技术要求

等级	附合导线长度/km	平均边长/m	每边测距中误差/mm	测角中误差/(″)	导线全长相对闭合差
三等	15	3000	± 18	± 1.5	1/60000
四等	10	1600	± 18	± 2.5	1/40000
一级	3.6	300	± 15	± 5	1/14000
二级	2.4	200	± 15	± 8	1/10000
三级	1.5	120	± 15	± 12	1/6000

表 3.5　钢尺量距导线的主要技术要求

等级	附合导线长度/km	平均边长/m	往返丈量较差相对误差	测角中误差/(″)	导线全长相对闭合差
一级	2.5	250	1/20000	± 5	1/10000
二级	1.8	180	1/15000	± 8	1/7000
三级	1.2	120	1/10000	± 12	1/5000

3.2 地籍控制测量概述

3.2.1 地籍控制测量的含义及目的

地籍控制测量是地籍图件的数学基础，是关系到界址点精度的带全局性的技术环节。它是根据界址点及地籍图的精度要求，结合测区范围的大小、测区内现有控制点数量和等级情况，按控制测量的基本原则和精度要求进行技术设计、选点、埋石、野外观测、数据处理等的测量工作。

地籍控制测量包括地形控制测量和图根控制测量，前者为测区的首级控制点，后者则为用于直接测图服务的扩展控制点，两者构成了测区控制网的两个不同层次。这样，既可保证测区控制点精度分布均匀，又可满足测区设站的实际要求。

地形控制网点一般只用于测绘地形图，而地籍控制网点不但要满足测绘地籍图的要求，而且要以厘米级的精度用于土地权属界址点坐标的测定和满足地籍变更测量。因此，地籍控制测量除具有一般地形控制测量的特点之外，在精度要求和密度要求上都有别于地形控制测量。

地籍控制测量具有如下主要特点：

(1) 因地籍图的比例尺一般较大(1∶500～1∶2000)，故平面控制测量精度要求高，以保证界址点和图面地籍元素的精度要求。

(2) 地籍元素之间的相对误差限制较严，如相邻界址点间距、界址点与邻近地物点间距的误差不超过 0.3mm。因此，应保证平面控制点有较高的精度。

(3) 城镇地籍测量由于城区街区街巷纵横交错，房屋密集，视野不开阔，故一般采用导线测量建立平面控制网。

(4) 为了保证实地测量的需要，基本控制和图根控制点必须有足够的密度，以满足细部测量要求。

(5) 《规程》中规定界址点的中误差为 ± 5cm，因此，高斯投影的长度变形是可以忽略不计的。当城市位于 3°带的边缘时，则可按《城市测量规范》采取适当的措施。

(6) 地籍图根控制点的精度与地籍图的比例尺无关。地形图控制点的精度一般用地形图的比例尺精度来要求(地形图根控制点的最弱点相对于起算点的点位中误差为 0.1mm × 比例尺分母 M)。界址点坐标精度通常以实地具体的数值来标定，而与地籍图的精度无关。一般情况下，界址点坐标精度要等于或高于其他地籍图的比例尺精度，如果地籍图根控制点的精度能满足界址点坐标精度要求，则也可满足测绘地籍图的精度要求。

现代地籍的一个重要用途，就是其资料能用于城市规划、土地利用总体规划和各类工程设计。因此，为了达到这个目的，所有的地籍数据和图在大区域内能进行拼接并且不发生矛盾，否则，不但给管理带来不便，而且其数据也难以用于规划设计。所以，要求控制测量应有较高绝对定位精度和相对定位精度，同时其精度指标应有极高的可靠性。

3.2.2 地籍控制测量原则

地籍控制点是进行地籍测量和测绘地籍图的依据。平面控制测量按其测区范围、精度要求及用途的不同，可分为国家控制测量(大地测量)、工程控制测量和地籍控制测量。

国家控制测量是从全国的需求出发，在全国范围内布设的控制网，以满足国民经济建设和国防建设的需要，同时也为与地学有关的科学研究(如研究地球形状和大小，大陆块的漂移、地震预测预报等)提供必要的数据资料。国家控制测量、工程控制测量及地籍控制测量都应遵循从整体到局部，由高级到低级分级控制(逐级布网，也可越级布网)的原则。

地籍控制测量可分为基本控制测量和地籍控制测量两种。基本控制测量分一等、二等、三等、四等，它可布设成相应等级的三角网(锁)、测边网、边角网、导线网和 GPS 相对定位测量网。在等级测量控制网的基础上可进行地籍控制测量工作。地籍控制网又可分为一级、二级，可利用相应级别的三角网、测边网、边角网、导线网和 GPS 控制网来完成。

3.3　地方坐标系与国家坐标系

3.3.1　地方独立坐标系

在我国许多城市和工程测量中，若直接采用国家坐标系，可能会因为远离中央子午线或测区平均高程较大，而导致长度投影变形较大，难以满足工程上或实用上的精度要求。另外，对于一些特殊性质的测量，如大桥施工测量、水利水坝测量、滑坡变形测量等，若采用国家坐标系在实际使用中极不方便。因此，根据限制变形、方便、实用、科学的目的，常常会建立适合本地区的地方独立坐标系。

建立地方独立坐标系，实际上就是通过一些元素的确定来决定地方参考椭球与投影面。地方参考椭球一般选择与当地平均高程相对应的参考椭球，该椭球的中心、轴向和扁率与国家参考椭球相同，其椭球半径 α 增大为

$$\begin{cases}\alpha_1 = \alpha + \Delta\alpha_1 \\ \Delta\alpha_1 = H_m + \zeta_0\end{cases}$$

式中，H_m 为当地平均海拔高程；ζ_0 为该地区的平均高程异常。

而在地方投影面的确定中，选取过测区中心的经线或某个起算点的经线作为独立中央子午线，以某个特定使用的点和方位为地方独立坐标系的起算原点和方位，并选取当地平均高程面 H_m 为投影面。

3.3.2　国家坐标系

目前我国常用的 1954 年北京坐标系和 1980 年西安坐标系，均为参心坐标系。

1. 1954 年北京坐标系

1954 年北京坐标系采用了苏联的克拉索夫斯基椭球体，其参数是：长半轴 a 为 6378245m，扁率 f 为 1/298.3，其原点位于俄罗斯的普尔科沃。1954 年北京坐标系虽然是苏联 1942 年坐标系的延伸，但也还不能说它们完全相同。因为该椭球的高程异常是以苏联 1955 年大地水准面重新平差结果为起算数据，按我国天文水准路线推算而得，而高程又是以 1956 年青岛验潮站的黄海平均海水面为基准。

2. 1980 年西安坐标系

为了解决 1954 年北京坐标系存在的缺点，1978 年我国决定建立新的国家大地坐标系统，并且在该系统中进行全国天文大地网的整体平差，该坐标系统取名为 1980 年西安大地坐标系统。其原点位于我国中部——陕西泾阳县永乐镇。该坐标系椭球参数采用 1975 年国际大地测

量与地球物理联合会推荐值：椭球长半轴a=6378140m；重力场二阶带谐系数$J_2=1.08263\times10^{-3}$；地心引力常数 GM=$3.986005\times10^{14}m^3/s^2$；地球自转角速度$\omega=7.292115\times10^{-5}$rad/s。

根据以上参数可得 1980 年西安坐标系大地椭球的几何参数为：a=6378140m；f=1/298.257。

椭球定位按我国范围高程异常值平方和最小为原则求解参数。椭球的短轴平行于由地球质心指向 1968.0 地极原点(JYD)的方向，起始大地子午面平行于格林尼治天文台子午面。长度基准与国际统一长度基准一致。高程基准以青岛验潮站 1956 年黄海平均海水面为高程起算基准，水准原点高出黄海平均海水面 72.289m。

1980 年西安大地坐标系建立后，利用该坐标系进行了全国天文大地网平差，提供了全国统一的、精度较高的 1980 年国家大地坐标系，据分析，它完全可以满足 1/5000 测图的需要。

3. 新 1954 年北京坐标系

因为 1980 年西安坐标系与 1954 年北京坐标系的椭球参数和定位原点均不同，所以大地控制点在两坐标系中的坐标存在较大差异，最大的达 100m 以上，这将引起成果换算的不便和地形图图廓及方格线位置的变化，且已有的测绘成果大部分是 1954 年北京坐标系下的。因此，作为过渡，产生了所谓的新 1954 年北京坐标系。

新 1954 年北京坐标系是通过将 1980 年西安坐标系的三个定位参数平移至克拉索夫斯基椭球中心，长半径与扁率仍取克拉索夫斯基椭球几何参数，而定位与 1980 年大地坐标系相同(即大地原点相同)，定向也与 1980 年椭球相同。因此，新 1954 年北京坐标系的精度和 1980 年坐标系精度相同，而坐标值与旧 1954 年北京坐标系的坐标接近。

4. 2000 国家大地坐标系

20 世纪 80 年代以来，国际上通行以地球质心为大地坐标的原点，从而可更好地阐明地球上各种地理和物理现象，特别是空间物体的运动。目前利用空间技术所得到的定位和影像成果，均是以地心坐标系为参照系。

2000 国家大地坐标系是全球地心坐标系在我国的具体体现，其原点为包括海洋和大气的整个地球的质量中心。该坐标系经国务院批准，自 2008 年 7 月 1 日起全面起用，国家测绘局授权组织实施。

2000 国家大地坐标系采用的地球椭球参数为：长半轴 a=6378137m；扁率 f=1/298.257222101；地心引力常数 GM=$3.986004418\times10^{14}m^3/s^2$；自转角速度$\omega=7.292115\times10^{-5}$rad/s。

5. 1985 年国家高程基准

1987 年 6 月 25 日，我国测绘主管部门发布通告，决定启用“1985 国家高程基准”。1985 国家高程基准与 1956 年黄海高程系的原点基本未变，只是后者更为精密。它是采用了 1952～1979 年的验潮资料，推算出验潮井口的横安铜丝距平均海面的高度为 3.571m，即该横安铜线以下 3.571m 为黄海平均海水面。1980 年采用精密水准测量得到它与青岛水准原点的高差为 68.689m，则水准原点的高程为

$$H_0=3.571+68.689=72.260(m)$$

该系统被定名为“1985 国家高程基准”。1956 年黄海高程系统的水准原点高程为 72.289m，两者相差 29mm。

3.3.3　坐标系统转换

为了建立各种比例尺地形图的控制及工程测量控制，一般应将椭球面上各点的大地坐标，按照一定的规律投影到平面上，并以相应的平面直角坐标表示。

因为地球椭球面是不可展的曲面，无论采用何种数学模型进行投影都会产生变形。所以，只能根据具体的需要与用途，对一些变形加以限制，以满足需求。按变形性质，我们可以将投影分为等角投影、等面积投影、等距离投影以及任意投影。

目前世界各国常采用的是高斯投影和 UTM 投影。这两种投影具有下列特征：

(1) 椭球面上任一角度，投影到平面上后保持不变。

(2) 中央子午线投影为纵坐标轴，并且是投影点的对称轴。

(3) 高斯投影的中央子午线长度 $m_0=1$，而 UTM 投影的 $m_0=0.9996$。

在上述条件下，椭球面投影到高斯平面的数学模型为

$$\begin{cases} x = X + \dfrac{1}{2}N\cdot t\cdot\cos^2 B\cdot l^2 + \dfrac{1}{24}N\cdot t(5-t^2+9\eta^2+4\eta^4)\cos^4 B\cdot l^4 \\ \qquad + \dfrac{1}{720}N\cdot t(61-58t^2+t^4+330\eta^2t^2)\cos^6 B\cdot l^6 \\ y = N\cdot\cos B\cdot l + \dfrac{1}{6}N(1-t^2+\eta^2)\cos^3 B\cdot l^3 \\ \qquad + \dfrac{1}{120}N(5-18t^2+t^4+14\eta^2-58\eta^2t^2)\cos^5 B\cdot l^5 \end{cases} \tag{3.1}$$

式中，B 为投影点的大地纬度；$l=L-L_0$，L 为投影点的大地经度，L_0 为轴子午线的大地经度；N 为投影点的卯酉圈曲率半径；$t=\tan B$；$\eta=e'\cos B$，e' 为椭球第二偏心率。

X 为当 $l=0$ 时，从赤道起算的子午线弧长。其计算公式的一般形式已知为

$$X = a(1-e^2)(A_0B + A_2\sin 2B + A_4\sin 4B + A_6\sin 6B + A_8\sin 8B) \tag{3.2}$$

其中系数

$$\begin{aligned} A_0 &= 1+\frac{3}{4}e^2+\frac{45}{64}e^4+\frac{350}{512}e^6+\frac{11025}{16384}e^8 \\ A_2 &= -\frac{1}{2}\left(\frac{3}{4}e^2+\frac{60}{64}e^4+\frac{525}{512}e^6+\frac{17640}{16384}e^8\right) \\ A_4 &= +\frac{1}{4}\left(\frac{15}{64}e^4+\frac{210}{512}e^6+\frac{8820}{16384}e^8\right) \\ A_6 &= -\frac{1}{6}\left(+\frac{35}{512}e^6+\frac{2520}{16384}e^8\right) \\ A_8 &= +\frac{1}{8}\left(+\frac{315}{16384}e^8\right) \end{aligned}$$

式中，e 为椭球第一偏心率。

上述根据大地坐标计算高斯平面坐标的公式，通常也称为高斯投影公式，其反算公式的形式为

$$
\begin{cases}
B = B_f - \dfrac{t_f}{2M_f N_f} y^2 + \dfrac{t_f}{24M_f N_f^3}(5 + 3t_f^2 + \eta_f^2 - 9\eta_f^2 t_f^2) y^4 \\
\quad - \dfrac{t_f}{720M_f N_f^5}(61 + 90t_f^2 + 45f_f^4) y^6 \\
l = \dfrac{1}{N_f \cos B_f} y - \dfrac{1}{6N_f^3 \cos B_f}(1 + 2t_f^2 + \eta_f^2) y^3 \\
\quad + \dfrac{1}{120N_f^5 \cos B_f}(5 + 28t_f^2 + 24t_f^4 + 6\eta_f^2 + 8\eta_f^2 t_f^2) y^5
\end{cases}
\tag{3.3}
$$

式中，B_f 为底点纬度，下标“f”表示与 B_f 有关的量；M_f 为子午圈曲率半径；N_f 为卯西圈曲率半径。底点纬度 B_f 是高斯投影反算公式的重要量，其数学模型的一般形式为

$$
B_f = B_0 + \sin 2B_0 \{K_0 + \sin^2 B_0 [K_2 + \sin^2 B_0 (K_4 + K_6 \sin^2 B_0)]\} \tag{3.4}
$$

其中符号：

$$
B_0 = \frac{X}{a(1-e^2)A_0}
$$

$$
K_0 = \frac{1}{2}\left[\frac{3}{4}e^2 + \frac{45}{64}e^4 + \frac{350}{512}e^6 + \frac{11025}{16384}e^8\right]
$$

$$
K_2 = -\frac{1}{3}\left[\frac{63}{64}e^4 + \frac{1108}{512}e^6 + \frac{58239}{16384}e^8\right]
$$

$$
K_4 = +\frac{1}{3}\left[\qquad \frac{604}{512}e^2 + \frac{68484}{16384}e^8\right]
$$

$$
K_6 = -\frac{1}{3}\left[\qquad\qquad \frac{26328}{16384}e^8\right]
$$

X 为当 y=0 时，x 值所对应的子午线弧长，式(3.3)是计算底点纬度数学模型的普遍形式。当椭球的几何参数确定后，公式中的系数便成为常数。数学分析表明，如果要求底点纬度的计算精度不高于 $1'' \times 10^{-4}$，则式中含 e^8 的项便可忽略。

目前，我国对区域性控制测量的数据处理与结果的表示，各种比例尺地形图以及数字化电子地图的制作，一般均普遍应用上述平面直角坐标系统。

3.3.4 城镇地籍控制测量的坐标系统

1. 与国家坐标系统或城市坐标系统一致

在城镇地区开展地籍测量，有条件时应尽量利用城市已有的各种测绘成果，如果已有的城市各种测绘成果与国家坐标系统一致，这时地籍测量所采用的坐标系也应一致，这样有利于测绘资料的使用。

如果遇到城市坐标系统与国家坐标系统不一致，即城市采用的是地方独立坐标系统，这时应分析原因，搞清来龙去脉，正确选用地籍测量坐标系统。在选择坐标系统时，首先应考虑与国家坐标系一致，如果不可能，再考虑与城市的地方坐标系统一致，如果没有充分理由，一般

不再单独选择地籍测量的坐标系。

2. 独立坐标系的选择

如上所述，城镇地区的地籍测量应尽可能沿用该地区已有的国家坐标系或城市坐标系，若无法利用，则可根据测区地理位置和平均高程，以投影长度变形不大于 2.5cm/km 的原则选择独立坐标系，并在有条件时与国家坐标系联测。

长度投影变形有如下两个过程：一是将实地的长度投影到椭球面上时所产生的变形；二是将椭球面上的长度投影到高斯平面上时所产生的变形，其计算公式分别为

$$\delta_H = -\frac{H}{R_A} S_H \tag{3.5}$$

$$\delta_L = \frac{y_m^2}{2R^2} S \tag{3.6}$$

式中，H 为观测长度所在高程面相对该椭球面的高差；R_A 为观测长度所在法截面上的参考椭球的曲率半径；S_H 为实际观测值化成平距后的长度；y_m 为观测长度两端点横坐标的平均值；R 为测区处的参考椭球平均曲率半径；S 为投影到参考椭球面上的边长值。

将式(3.5)和式(3.6)相加，并令 $R=R_A$=6371km，$S=S_H$，即可计算长度投影变形比 m，即

$$\begin{aligned} m &= \frac{\delta_H + \delta_L}{S} = \frac{y_m^2}{2R^2} - \frac{H}{R} \\ &= (0.0123 y_m^2 - 15.7H) \times 10^{-6} \end{aligned} \tag{3.7}$$

式中，y_m、H 应以公里为单位计算。

依照式(3.7)，可以计算出每个城市的长度投影变形比 m。

例如，某城市的地理位置 $y_m = 30\text{km}$，地面平均高程 $H = 200\text{m}$，试计算该城市的长度投影变形是否超过规定。

解：依式(3.7)可得

$$\begin{aligned} m &= (0.0123 \times 30^2 - 15.7 \times 0.2) \times 10^{-6} \\ &= 1/125000 \end{aligned}$$

由计算可知，投影变形比没有超过规定 1/40000。

如果计算超过规定值，即可考虑选择独立坐标系。

3. 独立坐标系的选择方法

选择独立坐标系时，一般有以下四种方法。

1) 抵偿高程面法

由式(3.7)可以看出：长度投影变形比 m 与 y_m 和 H 有关，当城市的地理位置距国家坐标系中的中央子午线不远(图 3.5)，即 y_m 值不大时，投影变形主要由高程引起，此时可选用抵偿高程面法。这个方法的关键是如何确定抵偿高程面的高程值。

例如，某城市的平均横坐标值 $y_m = 10\text{km}$，地面平均高程 $H = 1000\text{m}$，试求抵偿面高程。

根据式(3.5)和式(3.6)的抵偿关系，可以得出抵偿面的地面高差公式为

$$h = \frac{y_m^2}{2R} \tag{3.8}$$

现以该城市的数据代入，即得

$$h=\frac{y_m^2}{2R}=\frac{10^2}{2\times 6371}\approx 8(\mathrm{m})$$

抵偿面高程应为

$$H=1000-8=992(\mathrm{m})$$

2) 抵偿子午线法

当城市位于国家坐标系投影带的边缘，即 y_m 值较大(图 3.6)，长度投影变形主要是由 y_m 引起的，此时可选择抵偿子午线法。

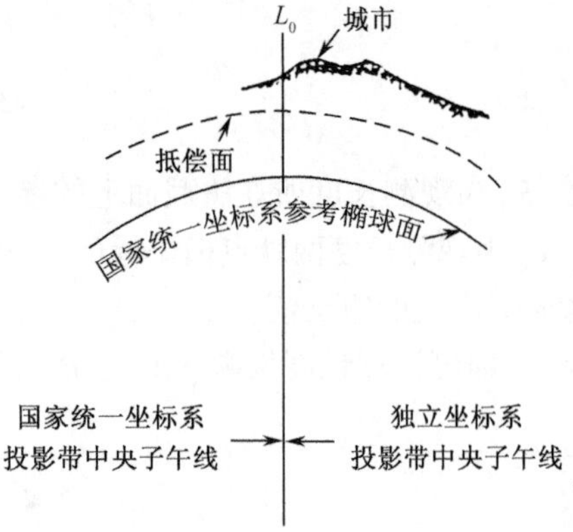

图 3.5 城市位于国家坐标系投影带附近

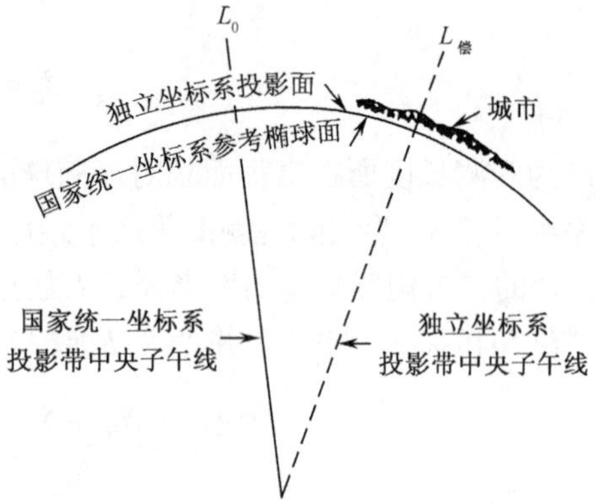

图 3.6 城市位于国家坐标系投影带边缘

这一方法的关键是：如何确定该城市的抵偿子午线的位置，使长度投影到该投影带所产生的变形恰好抵偿其投影到椭球面上所产生的变形。由高斯投影公式知

$$y=\frac{l}{p}N\cos\beta \tag{3.9}$$

若将式(3.9)代入式(3.8)并经整理，可得

$$l=7.36\times 10^8\times\frac{\sqrt{H}}{H\cos\beta} \tag{3.10}$$

于是抵偿子午线为

$$L_{偿}=L-l \tag{3.11}$$

式中，N 为城市中心处的卯酉圈曲率半径；β 为城市中心纬度；L 为城市中心经度；l 为城市中心经度与所选抵偿子午线之经差。

利用式(3.10)和式(3.11)即可确定抵偿子午线的位置。

例如，某市中心经度为 118°20′，平均高程 H=200m，纬度 B=36°30′，试求抵偿子午线位置。

解：因 N=6385811m，按式(3.10)得

$$\begin{aligned}l&=\frac{7.36\times 10^8\times\sqrt{200}}{6385811\times\cos 36°30''}\\&=2028''\\&=33'48''\end{aligned}$$

故有：
$$l_{偿} = L - l = 118°20' - 33'48'' = 117°46'12''$$

3) 以城市中心处的子午线为投影带中央子午线，以城市平均高程面为投影面法

这一方法是综合以上两种方法，既改变投影面又改变投影带的方法来限制长度变形。

4) 直接在平面上计算法

当城市面积小于 25km^2，且又无发展远景时，可采用此种方法。此方法是将测区平均高程面视为平面，直接在该平面上进行计算。

以上几种独立坐标系的坐标值，与国家坐标或城市坐标系进行联系时，应注意其间的换算。

3.4 地籍控制测量的要求

3.4.1 地籍控制网布设

1. 控制网的布设原则

平面控制点的布设，应遵循从整体到局部、从高级到低级，分级布网的原则，同时也可越级布网。

2. 地籍控制点等级及密度要求

地籍控制点包括基本控制点和地籍图根控制点。基本控制点包括一等、二等、三等、四等控制点；地籍图根控制点包括一级、二级、三级控制点。

城镇地区地籍控制点的密度一般为每隔 100～200m 布设一点，郊区或建筑物稀疏地区地籍控制点的密度一般为每隔 200～400m 布设一点，农村地区地籍控制点的密度一般为每隔 400～500m 布设一点。

地籍测量控制点均应埋设固定标志，有条件时宜设置保护点，保护点的个数不应少于 3 个，并应绘制地籍控制点的点之记。

所谓点之记，就是用图示和文字描述控制点位置同四周地形与地物之间的相互关系，以及点位所处的地理位置文件。

3. 控制测量方法

地籍平面控制测量可选用三角测量、三边测量、导线测量、GNSS 定位测量方法等。

3.4.2 地籍控制测量的精度要求

地籍控制测量的精度是以界址点的精度和地籍图的精度为依据来制定的。精度指标是控制网设计重要的量化指标，其量值的大小直接影响布网方案、观测计划及观测数据的处理方法。根据《地籍测量规范》规定，其控制点相对于起算点中误差不超过 0.05m。

1. 三角测量

各等级三角网应符合表 3.6 中的规定。

表 3.6　各等级三角网主要技术要求

等级	平均边长/km	测角中误差/(″)	起算边边长相对中误差	最弱边边长相对中误差	水平角观测测回数			三角形最大闭合差/(″)
					DJ_1	DJ_2	DJ_6	
二等	9	±1.0	1/300000	1/120000	12			±3.5
三等	5	±1.8	1/200000(首级) 1/120000(加密)	1/80000	6	9		±7.0

续表

等级	平均边长/km	测角中误差/(″)	起算边边长相对中误差	最弱边边长相对中误差	水平角观测测回数			三角形最大闭合差/(″)
					DJ_1	DJ_2	DJ_6	
四等	2	± 2.5	1/120000(首级) 1/80000(加密)	1/45000	4	6		± 9.0
一级	0.5	± 5.0	1/60000(首级) 1/45000(加密)	1/20000		2	6	± 15.0
二级	0.2	± 10.0	1/20000	1/10000		1	3	± 30.0

注：一般情况下三角形内角不应小于 30°；确有困难时，个别角可放宽至 25°。

2. 三边测量

各等级三边网主要技术要求应符合表 3.7 的规定。

表 3.7　各等级三边网主要技术要求

等级	平均边长/km	测距相对中误差	测距中误差/mm	使用测距仪等级	测距测回数	
					往	返
二等	9	1/300000	± 30	Ⅰ	4	4
三等	5	1/160000	± 30	Ⅰ、Ⅱ	4	4
四等	2	1/120000	± 16	Ⅰ	2	2
				Ⅱ	4	4
一级	0.5	1/33000	± 15	Ⅱ	2	
二级	0.2	1/17000	± 12	Ⅱ	2	

注：一般情况下三角形内角不应小于 30°；确有困难时，个别角可放宽至 25°。

3. 导线测量

各等级导线测量主要技术指标应符合表 3.8 的规定。

一般情况下，导线应尽可能布设成直伸导线，并构成导线网。当导线布设成结点网时，结点与结点、结点与高级点之间的附合导线长度，不应超过表 3.8 中的附合导线长度的 0.7 倍。当附合导线长度短于规定长度的 1/2 时，导线全长闭合差可放宽至±0.12m。

表 3.8　各等级测距导线主要技术要求

等级	平均边长/km	附合导线长度/km	每边测距中误差/mm	测角中误差/(″)	导线全长相对闭合差	水平角观测的测回数			方位角闭合差/(″)
						DJ_1	DJ_2	DJ_6	
三等	3.0	15	± 18	± 1.5	1/60000	8	12		$\pm 3\sqrt{n}$
四等	1.6	10	± 18	± 2.5	1/40000	4	6		$\pm 5\sqrt{n}$
一级	0.3	3.6	± 15	± 5.0	1/14000		2	6	$\pm 10\sqrt{n}$
二级	0.2	2.4	± 12	± 8.0	1/10000		1	3	$\pm 16\sqrt{n}$
三级	0.1	1.5	± 12	± 12.0	1/6000		1	2	$\pm 24\sqrt{n}$

4. GNSS 静态相对定位测量

各等级 GNSS 静态相对定位测量的主要技术要求应符合表 3.9 和表 3.10 的规定。

表 3.9　各等级 GNSS 静态相对定位测量主要技术规定（一）

等级	平均边长 D /km	GNSS 接收机性能	观测量	接收机标称精度优于	同步观测接收机数量
二等	9	双频(或单频)	载波相位	10mm+2ppm	>2
三等	5	双频(或单频)	载波相位	10mm+3ppm	>2
四等	2	双频(或单频)	载波相位	10mm+3ppm	>2
一级	0.5	双频(或单频)	载波相位	10mm+3ppm	>2
二级	0.2	双频(或单频)	载波相位	10mm+3ppm	>2

注：1ppm=10^{-6}。

表 3.10　各等级 GNSS 静态相对定位测量主要技术规定（二）

等级	卫星高度角/(°)	有效观测卫星总数	时段中任一卫星有效观测时间/min	观测时段数	数据时段长度/min	数据采样间隔/s	点位几何图形强度因子(PDOP)
二等	>15	>6	>20	>2	>90	15～60	≤6
三等	>15	>4	>5	>2	>60	15～60	≤6
四等	>15	>4	>5	>2	>60	15～60	≤6
一级	>15	>3					≤6
二级	>15	>3					≤6

一般情况下，GNSS 网应布设成三角形或导线网形，或构成其他独立检核条件可以检核的图形。但 GNSS 网点与原有控制网的高级点重合不应少于 3 个点，当重合不足 3 个点时，则应与原控制网的高级点进行联测，其重合点与联测点的总数不得少于 3 个。

3.5　地籍控制测量的方法

3.5.1　利用 GNSS 测定控制点坐标

1. GNSS 定位技术相对于常规测量技术的特点

目前，GNSS 定位技术已高度自动化，其所达到的定位精度及潜力(图 3.7)，使广大测量工作者产生了极大的兴趣。尤其从 1982 年第一代测量型无码 GNSS 接收机 Macrometer V-1000 投入市场以来，在应用基础研究、应用领域的开拓、硬件和软件的开发等方面，都得到蓬勃发展。广泛的实验活动为 GNSS 精密定位技术在测量工作中的应用展现了广阔的前景。

相对于经典的测量技术来说，GNSS 定位技术主要有六个特点。

1) 观测站之间无须通视

既要保持良好的通视条件，又要保障测量控制网的良好结构，始终是经典测量技术在实践应用方面的困难之一。而 GNSS 测量不需要观测站之间互相通视，因而不再需要建造觇标。这一优点既可大大减少测量工作的经费和时间(一般造标费用约占总经费的 30%～50%)，同时也使点位的选择变得较为灵活。

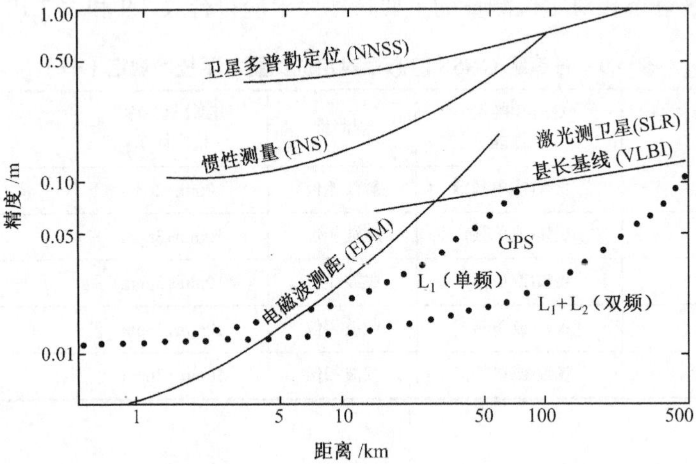

图 3.7　几种定位方法的精度比较

不过也应指出，GNSS 测量虽不要求观测站之间相互通视，但必须保持观测站的上空开阔(净空)，以使接收 GNSS 卫星的信号不受干扰。

2) 定位精度高

大量实验表明，目前在小于 50km 的基线距离上，其相对定位精度可达 1×10^{-6}～2×10^{-6}m，而在 100～500km 的基线上可达 10^{-6}～10^{-7}m，随着观测技术与数据处理方法的改善，可望在大于 1000km 的距离上，相对定位精度优于 10^{-8}m。

3) 观测时间短

目前，利用经典的静态定位方法，完成一条基线的相对定位所需要的观测时间，根据要求的精度不同，一般约为 1～3h。利用 GNSS，采用短基线(不超过 20km)快速相对定位法，其观测时间仅需数分钟。

4) 提供三维坐标

GNSS 测量，在精确测定观测站平面位置的同时，可以精确测定观测站的大地高程。GNSS 测量的这一特点，不仅为研究大地水准面的形状和确定地面点的高程开辟了新途径，同时也为其在航空物探、航空摄影测量及精密导航中的应用，提供了重要的高程数据。

5) 操作简便

GNSS 测量的自动化程度很高，在观测中测量员的主要任务只是安装并开关仪器、量取仪器高、监视仪器的工作状态和采集环境的气象数据，而其他观测工作，如卫星的捕获、跟踪观测和记录等均由仪器自动完成。另外，GNSS 用户接收机一般重量较轻、体积较小，例如，NovAtel RPK-L_1/L_2 型 GNSS 接收机，重量约为 1.0kg，体积为 1085cm^3，携带和搬运都很方便。

6) 全天候作业

GNSS 测量工作，可以在任何地点，任何时间连续地进行，一般也不受天气状况的影响。所以，GNSS 定位技术的发展，对于经典的测量技术是一次重大的突破。一方面，它使经典的测量理论与方法产生了深刻的变革；另一方面，也进一步加强了测量学与其他学科之间的相互渗透，从而促进了测绘科学技术的现代化发展。

2. GNSS 定位技术应用于城镇地籍控制测量

根据我国《地籍测量规范》和《城市测量规范》的规定，城市最高等级的平面控制网为二等网，平均边长为 9km；三角网起始边的边长相对中误差及三边网的边长测量相对中误差均为 1∶300000。我国已建成的城市二等(首级)导线网，其边长测量的相对中误差也与此指标相接近($S_{平均}=9\text{km}$；$m_S=\pm 7\text{mm}\pm 3\text{ppm}$ ①)，即城市二等平面控制网的边长相对精度约为 3ppm。而目前，卫星测量定位的相对定位精度，在数十公里范围内约为 1ppm。因此，从测量精度方面来看，是完全可以满足城市最高等级平面控制网的要求。对于高程控制网，用 GNSS 测量定位技术测量，再进行高程拟合后，其精度是完全可以满足地籍测量精度要求的。

3. GNSS 城镇地籍控制网布网方案

目前各个城市一般都有传统控制网的布设与控制测量资料的积累，且城市测量单位的传统测量仪器设备及技术力量仍在发挥着作用。若纯粹从技术上来考虑，四等以下的城市平面控制网大部分沿道路、街道布设，用 GNSS 来进行测量，其选点比较困难，而边长在 2km 以内的精密测距和测角，也并不比相对定位的 GNSS 测量作业复杂。

在目前情况下，用 GNSS 建立大、中城市的二等、三等首级平面控制网或用 GNSS 与传统大地测量的混合网，然后再用传统的控制测量方法进行加密，是比较可行的。

按 GNSS 相对定位技术设计城市平面控制网的方案与卫星信号接收机的数目密切相关。若只有两台接收机，则一次只能测定一条基线向量。因此，需要争取多台接收机进行同步观测，这样就能增加布网方案的灵活性。

为了确保 GNSS 观测效果的可靠性，有效地发现观测成果中的粗差，必须使 GNSS 网中的独立边构成一定的几何图形，这种几何图形，可以是由数条 GNSS 独立边构成的非同步多边形(亦称非同步闭合环)，如三边形、四边形、五边形……当 GNSS 网中有若干个起算点时，也可以是由两个起算点之间的数条 GNSS 独立边构成的附合路线。当某条基线被两个或多个时段观测时，即形成所谓的重复基线坐标闭合差条件。异步图形闭合条件及全部基线坐标条件，是衡量精度、检验粗差和系统差的重要指标。GNSS 网的图形设计，也就是根据对所布设的 GNSS 网的精度和其他方面的要求，设计出由独立 GNSS 边构成的多边形网(或称为环形网)。

对于异步环的构成，一般应按所设计的网形选定，必要时在经技术负责人审定后，也可根据具体情况适当调整。当接收机多于 3 台时，也可按软件功能自动挑选独立基线构成环路。

4. GNSS 用于城镇地籍控制测量的实施

用 GNSS 技术进行城镇地籍控制测量，从精度上看(平面相对定位精度较高，高程定位精度较低，但地籍测量的特点是对高程精度的要求亦不高)是完全可行的。

GNSS 测量同其他测量方法一样，其具体实施包括外业和内业两大部分工作。外业工作主要包括选点、建立观测标志、野外观测以及成果质量检核等；内业工作主要包括 GNSS 测量的技术设计，测后数据处理以及技术总结等。若按照 GNSS 测量实施的工作程序，可分为技术设计、选点与建立标志、外业观测、成果检核与数据处理等阶段，现对其简单介绍。

1) GNSS 控制网技术设计

GNSS 控制网技术设计是一项基础性工作，它是根据网的用途及用户需求来进行的，主要内容包括精度指标的确定、网形设计等。

a. GNSS 测量精度指标的确定

在实际工作中，精度标准的确定与用途密切相关，设计则应根据用户的实际需要和可以实现的设备条件，合理地选择 GNSS 网的精度等级。精度指标通常是以网中相邻点间基线向量

---

① $1\text{ppm}=10^{-6}$，后同。

的弦长中误差δ来表示，其表达形式为

$$\delta=\sqrt{a^2+(b\cdot d\cdot 10^{-6})^2}$$

式中，δ为基线向量的弦长中误差(mm)，亦即等效距离误差；a为接收机标称精度中的固定误差(mm)；b为接收机标称精度中的比例误差系数；d为相邻点间的距离(mm)。现将不同级别GNSS网的精度指标列于表3.11中。

表 3.11　不同级别 GNSS 网精度指标

级别	固定误差/(a/mm)	比例误差系数	级别	固定误差/(a/mm)	比例误差系数
AA	≤3	≤0.01	C	≤10	≤5
A	≤5	≤0.1	D	≤10	≤10
B	≤8	≤1	E	≤10	≤20

b. GNSS网的基准设计

GNSS测量获得的是基线向量，它属于WGS-84坐标系的三维坐标差，而实际我们需要的是国家坐标系或地方独立坐标系的坐标。所以在进行GNSS网的技术设计时，必须明确成果所采用的坐标系统和起算点，即明确GNSS网所采用的基准。

GNSS网的基准包括位置基准、方位基准和尺度基准。方位基准一般以给定的起算方位角值确定，也可以由GNSS基线向量的方位作为方位基准。尺度基准一般由地面的电磁波测距边确定，也可由两个以上的起算点坐标确定，同时也可由GNSS基线向量的距离确定。位置基准一般都是由给定的起算点坐标确定。因此，GNSS网的基准设计，主要是确定网的位置基准。

c. 网形设计

GNSS网的图形设计是根据用户要求，确定具体合理的布网方案，其核心是如何高质量低成本地完成既定的测量任务。在GNSS网形设计时应注意测站选址、卫星选择、仪器设备装置及后勤交通保障因素。当网点位置、接收机数量确定以后，网的设计就主要体现在观测时间的确定、图形结构设计、基准设计及各点设站观测的次数等方面。

在一般情况下，要求GNSS网应根据独立的同步观测边构成闭合图形(也称为同步环)，如三角形(需3台接收机)、四边形(需4台接收机)或多边形等，以增加检核条件，提高网的可靠性。然后可按点连式、边连式和网连式几种基本构网方法，将各种独立的同步环有机地连接起来。由于构网方式的不同，增加了复测基线闭合条件(即对某一基线多次观测结果之差)及非同步图形(异步环)闭合条件，从而可进一步提高GPS网的几何强度及其可靠性。对于网中各点观测次数的确定，通常应遵循“网中各点应独立设站两次以上”的基本原则。

2) 点位选择与标志设定

因为GNSS网的观测站之间不需要通视，而且图形结构灵活，所以选点工作较常规大地测量和城市测量简便的多，并且无须建立觇标，从而节省了大量费用。但将其应用于城镇地籍控制测量，有其自身的特点，因此，选点时应满足以下两个条件。

(1) 点位应选于交通方便、易于安置接收设备的地方，且视野开阔，以便与常规地面控制网的联测和加密。

(2) GNSS点应避开对电磁波接收具有强烈吸收、反射等干扰影响的金属及其他障碍物体，

如高压线、电台、电视台、高层建筑物、平滑的山坡及大范围的水面等。点位选定之后，应按要求埋置标石，以便长期保存。最后，还应绘制点之记、测站环视图及 GNSS 网选点图，作为提交的选点技术资料。

3) 外业观测

外业观测是指利用 GNSS 接收机采集来自 GNSS 卫星的电磁波信号，作业过程可分为天线安置、接收机操作及观测记录几个步骤。在进行外业观测时必须按照技术设计时所拟定的观测计划实施，以便协调好外业观测的进程，提高工作效率，保证测量成果质量。为了顺利地完成观测任务，在外业观测之前，必须对接收机及其相关设备进行严格的检验。

因为天线的安置直接关系着精密定位的精度，所以应认真安置好天线。其具体内容包括：对中、整平、定向和天线高的量取。

目前 GNSS 信号接收机的自动化程度较高，一般只需操作几个功能键，即可顺利完成测量工作，极大地简化了操作程度，降低了劳动强度。

观测记录的形式一般有两种：一种由接收机自动记录，并保存在机载存储器中，供随时调用和处理。这部分内容主要包括接收到的卫星信号、实时定位结果及接收机本身和测站的有关信息。另一种为人工记录，主要记录测站上的相关信息。观测记录是 GNSS 的原始数据，同时也是进行后续数据处理的唯一依据，必须妥善保管。

4) 成果检核与数据处理

观测成果的外业检核是确保外业观测质量，实现预期定位精度的重要环节。所以，当观测任务结束后，必须在测区内及时对外业观测数据进行严格的检核，并根据情况采取淘汰或必要的重测、补测措施。只有按照《地籍测量规范》要求，对各项检核内容严格检查，确保准确无误，才能进行后续的平差计算和数据处理。

前已述及，GNSS 测量采用连续同步观测的方法，一般 15s 自动记录一组数，其数据之多、信息量之大是常规测量方法无法相比的。同时，采用的数学模型、差分算法、整体平差等形式多样，数据处理的过程相当复杂。在实际工作中，借助于电子计算机及配套的 GNSS 测量数据处理软件，使得数据处理工作的自动化达到了相当高的程度，这也是 GNSS 能够被广泛使用的重要原因之一。限于篇幅，这里难以对数据处理和整体平差的原理及程序设计方法做详细介绍，现仅将 GNSS 测量数据处理的基本流程绘于图 3.8，以供参考。

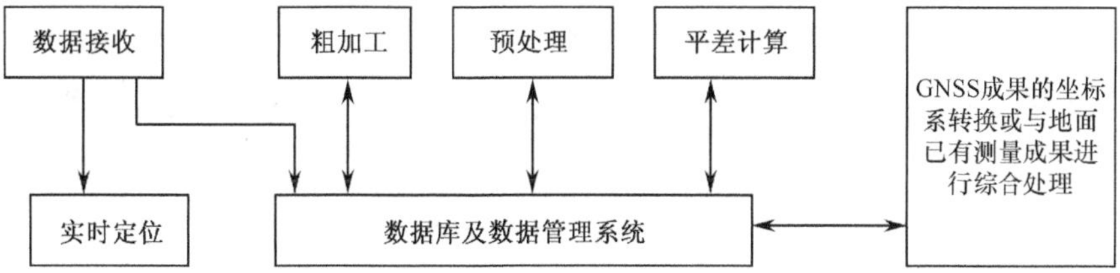

图 3.8　GNSS 测量数据处理流程

3.5.2　地籍导线测量

在城镇地籍测量中，由于某些原因，例如，三角点较稀少，或已知点遭破坏较多等缘故，往往使单导线的总长超过《地籍测量规范》中的要求而感到布点困难。假如将若干条导线相互联结成网状图形则称为导线网，它不但解决了导线超长问题，而且可以减少误差积累和提高精度，不失为地籍控制测量一种有效的方法。导线网如果采用严密平差方法，条件多，计算复杂。

本节将采用取权中数和等权代替的方法，求出结点坐标和结边方位角，并把它看成已知值，从而解出导线各未知点坐标，亦能满足地籍测量的需要。

1. 单结点导线网平差

单结点导线是一种最简单的导线网，如图 3.9 所示，图中 A、B、C 为三个已知点，AA'、BB'、CC'为已知方向，M 为结点，MN 为结边。该结点导线的计算步骤如下。

1) 结边方位角和平差角计算

a. 结边方位角求法

由图 3.9 可知，该结点导线网是由三条导线Ⅰ、Ⅱ、Ⅲ组合而成。若由三条导线的起始方位角和观测角，分别推算出 MN 的方位角为 α_{MN_1}、α_{MN_2}、α_{MN_3}，则有

$$\begin{cases}\alpha_{MN_1}=\alpha_a+[\beta]_{\text{Ⅰ}}-n_1 180° \\ \alpha_{MN_2}=\alpha_a+[\beta]_{\text{Ⅱ}}-n_2 180° \\ \alpha_{MN_3}=\alpha_a+[\beta]_{\text{Ⅲ}}-n_3 180°\end{cases} \tag{3.12}$$

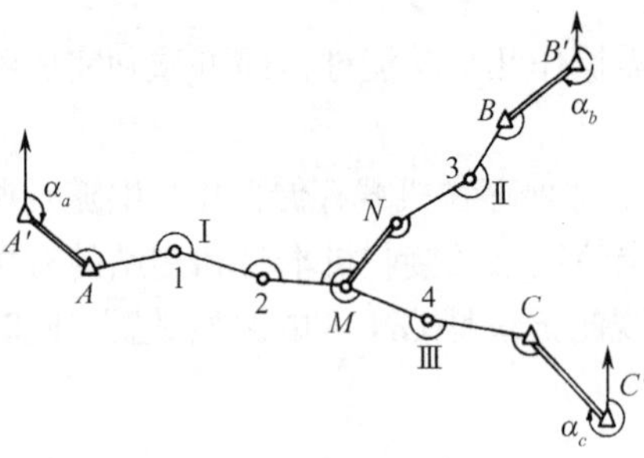

图 3.9　单节点导线网

式中，$[\beta]$为各导线的观测角之和；n_i 为转折角的个数。则三个结边方位角的权为

$$\begin{cases}P_{\alpha_1}=c/n_1 \\ P_{\alpha_2}=c/n_2 \\ P_{\alpha_3}=c/n_3\end{cases} \tag{3.13}$$

式(3.13)中的 c 为任意常数，则结边方位角的加权平均值为

$$\alpha_0=\frac{P_{\alpha_1}\alpha_{MN_1}+P_{\alpha_2}\alpha_{MN_2}+P_{\alpha_3}\alpha_{MN_3}}{P_{\alpha_1}+P_{\alpha_2}+P_{\alpha_3}} \tag{3.14}$$

b. 平差角计算

现在可将 α_0 作为 MN 边方位角的最或然值，推算各条导线的方位角闭合差 f_β，即

$$\begin{cases}f_{\beta_1}=\alpha_{MN_1}-\alpha_0 \\ f_{\beta_2}=\alpha_{MN_2}-\alpha_0 \\ f_{\beta_3}=\alpha_{MN_3}-\alpha_0\end{cases} \tag{3.15}$$

将方位角闭合差 f_{β_i} 按 $-f_{\beta_i}/n_i$ 配赋到各转折角中去，解得平差角 β_i，即可算得各导线边的坐标方位角，即

$$\alpha_i=\alpha_{i-1}+\beta_i\pm 180° \tag{3.16}$$

2) 结点坐标和各点坐标的计算

a. 结点坐标计算

按观测的导线边长和改正后的方位角，计算各边的坐标增量，并分别取和$[\Delta x]$、$[\Delta y]$。再由各起始点坐标分别推算结点 M 的坐标，即

$$\begin{cases}X_{M_1}=X_A+[\Delta x]_1,\quad Y_{M_1}=Y_A+[\Delta y]_1 \\ X_{M_2}=X_B+[\Delta x]_2,\quad Y_{M_2}=Y_B+[\Delta y]_2 \\ X_{M_3}=X_C+[\Delta x]_3,\quad Y_{M_3}=Y_C+[\Delta y]_3\end{cases} \tag{3.17}$$

因为误差的影响，三坐标并不一致，所以也要按加权平均的办法求出 M 点的坐标最或然值。按照导线的权与导线长度成反比的规律，就有

$$\begin{cases} P_1 = c/[S]_1 \\ P_2 = c/[S]_2 \\ P_3 = c/[S]_3 \end{cases} \tag{3.18}$$

那么，结点 M 坐标的最或然值为

$$\begin{cases} X_M = \dfrac{P_1 X_{M_1} + P_2 X_{M_2} + P_3 X_{M_3}}{P_1 + P_2 + P_3} \\ Y_M = \dfrac{P_1 Y_{M_1} + P_2 Y_{M_2} + P_3 Y_{M_3}}{P_1 + P_2 + P_3} \end{cases} \tag{3.19}$$

b. 各未知点坐标计算

各导线的纵横坐标闭合差分别为

$$\begin{cases} f_{x_1} = X_{M_1} - X_M, \quad f_{y_1} = Y_{M_1} - Y_M \\ f_{x_2} = X_{M_2} - X_M, \quad f_{y_2} = Y_{M_2} - Y_M \\ f_{x_3} = X_{M_3} - X_M, \quad f_{y_3} = Y_{M_3} - Y_M \end{cases} \tag{3.20}$$

将坐标闭合差配赋到坐标增量中去，最后得出各所求点的坐标为

$$\begin{cases} X_i = X_{i-1} + \Delta X_i + V_{x_i} \\ Y_i = Y_{i-1} + \Delta Y_i + V_{y_i} \end{cases} \tag{3.21}$$

式中，V_{x_i}、V_{y_i} 为坐标增量闭合差改正数。

2. 多结点导线网平差

具有两个以上结点的导线网称为多结点导线网。

我们先讨论有两个结点的导线网平差计算问题。在图 3.10 中，A、B、C、D 为已知点，AA'、BB'、CC'和 DD'为已知边，M_1、M_2 为两结点，M_1N_1 和 M_2N_2 为结边，分别可组合成五条导线 Ⅰ、Ⅱ、Ⅲ、Ⅳ、Ⅴ。双结点导线网通常采用等权代替法化简，将双结点导线网化简成单结点导线网计算。例如，在图 3.10 中，如能用一条 RM_1 导线取代 Ⅰ、Ⅱ 两条导线，那么，双结点导线就变成单结点导线了。现设导线 Ⅰ、Ⅱ 的全长和折角数分别为 S_1、S_2 和 n_1、n_2，它们的权分别为 P_{s_1}、P_{s_2} 和 P_{n_1}、P_{n_2}，并令等权导线 RM_1 的权为 P_{RS_1}、P_{Rn_1}，则有

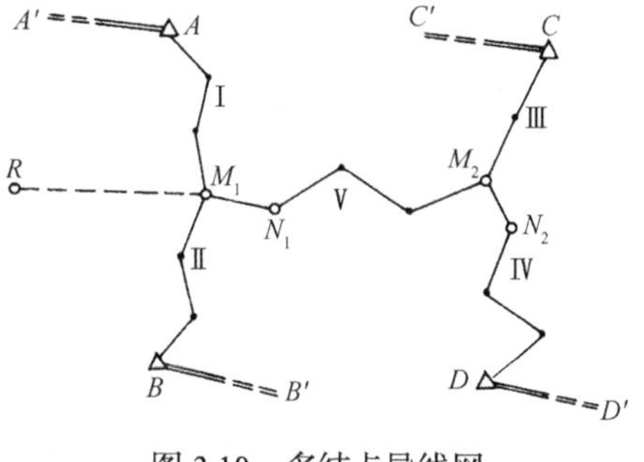

图 3.10　多结点导线网

$$\begin{cases} P_{RS_1} = P_{S_1} + P_{S_2} \\ P_{Rn_1} = P_{n_1} + P_{n_2} \end{cases} \tag{3.22}$$

则等权导线的长度和折角数为

$$\begin{cases} S_{R_1} = \dfrac{1}{P_{RS_1}} = \dfrac{S_1 S_2}{S_1 + S_2} \\ n_{R_1} = \dfrac{1}{P_{Rn_1}} = \dfrac{n_1 n_2}{n_1 + n_2} \end{cases} \tag{3.23}$$

因此，导线Ⅰ、Ⅱ就被一条长度为S_{R_1}和折角数为n_{R_1}的导线代替了，似乎存在一个已知点R，而M_1不再是结点，而只是导线RM_2中的一个所求点。现令等权导线RM_2为第2条等权导线，那么它的长度和折角数分别为

$$\begin{cases} S_{R_2} = S_{R_1} + S_5 \\ n_{R_2} = n_{R_1} + n_5 \end{cases} \tag{3.24}$$

则它们的权分别为

$$\begin{cases} P_{RS_2} = \dfrac{1}{S_{R_2}} = \dfrac{(P_{s_1} + P_{s_2})P_{s_5}}{P_{s_1} + P_{s_2} + P_{s_5}} \\ P_{Rn_2} = \dfrac{1}{n_{R_2}} = \dfrac{(P_{n_1} + P_{n_2})P_{n_5}}{P_{n_1} + P_{n_2} + P_{n_5}} \end{cases} \tag{3.25}$$

现将具有两个结点的导线网平差计算过程归纳如下：

(1) 由Ⅰ、Ⅱ两条导线分别推算M_1点坐标和M_1N_1的坐标方位角，并进而推算第Ⅴ条导线上M_2点的坐标和M_2N_2方位角的值。

(2) 将以上计算结果与导线Ⅲ、Ⅳ的计算值一并算出M_2点的坐标和M_2N_2方位角的最或然值。

(3) 将M_2的坐标和M_2N_2方位角的最或然值看成已知值，将Ⅰ、Ⅱ、Ⅲ三条导线组成单结点导线网，重新计算M_1点坐标和M_1N_1方位角的最或然值。

(4) 将M_1、M_2的坐标和方位角的最或然值作为已知数据，对各单一导线进行坐标闭合差配赋，从而得到各所求点的坐标。

具有三个以上结点的导线网称为多结点导线网，仿照此方法化简，从而解出各结点坐标，最后分别按单一导线计算各未知点坐标。

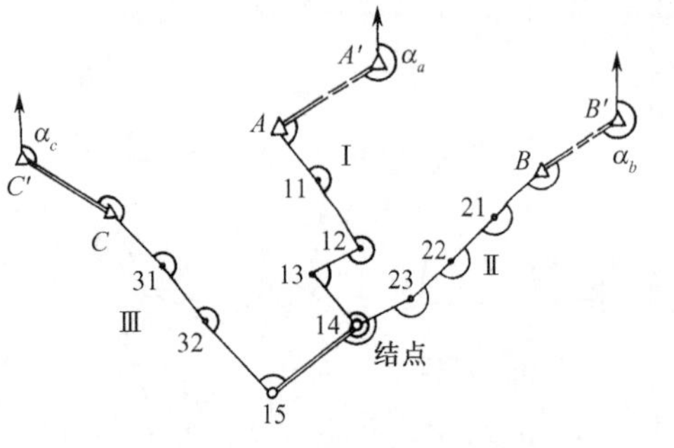

图 3.11　单结点计算示例图

3. 计算示例

单结点导线计算示例如图3.11所示，从三个已知点布设的三条导线交于结点14，边14～15为结边，现将其平差计算步骤叙述如下：

(1) 将起始点数据抄录于表3.12，并绘制导线网略图。在略图中除标出已知点和未知点的点号外，还应标出起始方位角和结边。

(2) 分别按Ⅰ、Ⅱ、Ⅲ三条单导线推算14～15边的坐标方位角(按一般单导线计算表进行)，并计算各条导线转折角之和，即$[\beta]_{\text{I}}=890°08'08''$，$[\beta]_{\text{II}}=893°52'56''$，$[\beta]_{\text{III}}=649°12'33''$。

表 3.12　起始数据

点名	X	Y	角号	方位角
A	6485.53	7064.56	α_a	235°10′43″
B	6692.54	7545.61	α_b	231°26′33″
C	6373.91	6925.62	α_c	116°06′58″

(3)在表 3.13 计算结边方位角平差值。先将已知方位角 $\alpha_{AA'}$，$\alpha_{BB'}$，$\alpha_{CC'}$ 填入相应栏内，按式(3.12)计算结边方位角的初值 α_{MN_i}，填入第五栏内(略)。

表 3.13　结边方位角计算

导线	起始边	起算方位角 α_i	$[\beta]-n180$	结边方位角 α_{MN_i}	角数 n	权 $P=C/n_i$	δ	$P\delta$	结边方位角权平均值 α_0	V	PV
1	2	3	4	5	6	7	8	9	10	11	12
								−18.0		+27	+54.0
								+58.0	225°19′18″	−11	−22.0
								+77.5		−13	−32.5
								$[P\delta]=+117.5$		$[PVV]=2122.5$	

(4) 按式(3.12)计算各方位角的权为 $P_{\alpha_i}=C/n_i$ 填入第七栏(略)。令结边方位角的近似值为 α_0'，表中指定为 225°19′00″，则 $\delta=\alpha_{MN_i}-\alpha_0'$ 填入第八栏(略)。同时，计算 $P\delta$ 和 $[P\delta]$，那么，结边方位角平差值 α_0 为

$$\alpha_0=\alpha_0'+\frac{[P\delta]}{[P]}=225°19'00''+\frac{117.5''}{6.5}=225°19'18''$$

这与式(3.14)的计算结果是一致的。但用输入近似值法计算起来就简便些。

(5) 计算导线各条边的方位角，先按式(3.15)计算各导线角闭合差为 f_{β_i}，即

$$f_{\beta_1}=\alpha_{MN_1}-\alpha_0=225°18'51''-225°19'18''=-27''$$

$$f_{\beta_2}=\alpha_{MN_2}-\alpha_0=225°19'29''-225°19'18''=+11''$$

$$f_{\beta_3}=\alpha_{MN_3}-\alpha_0=225°19'31''-225°19'18''=+13''$$

然后按式(3.16)，在一般导线计算表中算出各边的方位角。

(6) 根据各边长和方位角，依次计算各条导线相邻点的坐标增量，并取其总和，即

$$\begin{cases}[\Delta x]_1=-165.59, & [\Delta y]_1=+90.75\\ [\Delta x]_2=-372.50, & [\Delta y]_2=-390.18\\ [\Delta x]_3=-53.94, & [\Delta y]_3=+229.72\end{cases}$$

(7) 结点坐标的计算在表 3.14 中进行，上半部为纵坐标 X，下半部为横坐标 Y，按式(3.17)计算得结点坐标 X_i、Y_i。为了计算方便，也可输入近似值计算，即令 $X_0'=6319.90$，$Y_0'=7155.30$，那么

$$\begin{cases}X_M=X_0'+[P\delta]/[P]=6319.90+68.25/(9.94\times100)=6319.97\\ Y_M=Y_0'+[P\delta]/[P]=7155.30+42.13/(9.94\times100)=7155.34\end{cases}$$

这与按式(3.17)计算的结果是一致的。

表 3.14　结点 14 坐标平差计算

横坐标

导线	起始点	起始点 坐标 Y	$[\Delta Y]$	结点坐标 Y_i	$[S]$	$P=\dfrac{C}{[S]}$	δ	$P\delta$	结点坐标 平差值 Y_M	V	PV
1	2	3	4	5	6	7	8	9	10	11	12
Ⅰ	A	7064.56	+90.75	7155.31	0.21	4.76	+1	+4.76		+3	14.28
Ⅱ	B	7545.61	−390.18	7155.43	0.54	1.85	+13	+24.05	7155.34	−9	−16.65
Ⅲ	C	6925.62	+229.72	7155.34	0.30	3.33	+4	+13.32		0	0
			Y'_0=7155.30		$[P]$=9.94		$[P\delta]$=+42.13			$[PVV]$=192.69	

纵坐标

导线	起始点	起始点 坐标 X	$[\Delta X]$	结点坐标 X_i	$[S]$	$P=\dfrac{C}{[S]}$	δ	$P\delta$	结点坐标 平差值 X_M	V	PV
1	2	3	4	5	6	7	8	9	10	11	12
Ⅰ	A	6458.53	−138.59	6319.94	0.21	4.76	+4	+19.04		+3	+14.28
Ⅱ	B	6692.54	−372.50	6320.04	0.54	1.85	+14	+25.90	6319.97	−7	−12.95
Ⅲ	C	6373.91	−53.94	6319.97	0.30	3.33	+7	+23.31		0	0
			X'_0 =6319.90		$[P]$=9.94		$[P\delta]$=+68.25			$[PVV]$=133.49	

(8) 各未知点坐标计算，以 X_M、Y_M 为已知点，分别以三条单导线按式(3.20)和式(3.21)，即可算得各未知点坐标，这些计算均可在导线计算表中进行。

(9) 精度估算可按下式进行：

角单位权中误差 $\mu=\pm\sqrt{[PVV]/(N-r)}=\pm\sqrt{2122.5/(3-1)}\approx\pm 32.6''$

结边方位角平差值中误差 $\mu\alpha_0=\pm\mu/\sqrt{[P]}=\pm 32.6''/\sqrt{6.5}\approx\pm 12.8''$

式中，N 为线路总数；r 为结点数；$N-r$ 为独立条件数。

结点坐标中误差计算如下

$$\mu_x=\pm\sqrt{[PVV]/(N-r)}=\pm\sqrt{133/2}\approx\pm 8.2\text{cm}$$

单位权中误差

$$\mu_y=\pm\sqrt{[PVV]/(N-r)}=\pm\sqrt{193/2}\approx\pm 9.8\text{cm}$$

$$m_x=\pm\mu_x/\sqrt{[P]}=\pm 8.2/\sqrt{9.94}\approx\pm 2.6\text{cm}$$

纵横坐标中误差

$$m_y=\pm\mu_y/\sqrt{[P]}=\pm 9.8/\sqrt{9.94}\approx\pm 3.1\text{cm}$$

结点坐标中误差

$$m_M=\pm\sqrt{2.6^2+3.1^2}\approx\pm 4.0\text{cm}$$

3.5.3　地籍三角测量

1. 中点多边形近似平差

中点多边形是一种最简单的三角网，它包括全网[图 3.12(a)]和半网[图 3.12(b)]两种。图形的特点是有一个共用顶点，全网有一极条件，半网是在一定角中插入多点，其平差方法基本相同。

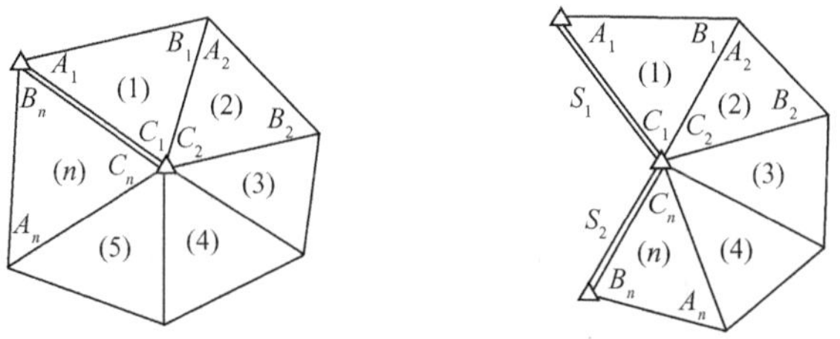

(a)　(b)

图 3.12　中点多边形

图中三角形的每个内角均需观测，三角形依顺时针方向编号，为(1)、(2)、…、(*n*)。各内角的观测值以(A_i)、(B_i)、(C_i)表示，已知边所对的角为(B_i)，推进边所对的角为(A_i)，间隔边所对的角为(C_i)。近似平差的基本思路是：将三角形条件和水平条件(固定角条件)作为第一组，根据角平差公式进行角度的第一次改正数计算；由第一次改正后角度组成的极条件方程式作为第二组，根据给定的近似关系计算角度的第二次改正数，按平差值计算各点坐标。

平差原理：

按图 3.12，假定有 n 个三角形，那么就有 $3n$ 个观测值。有 $n-1$ 个未知点，就有 $2(n-1)$个未知数，则多余条件数为

$$r = 3n - 2(n-1) = n + 2 \tag{3.26}$$

这些条件是：

第一组　n 个三角形闭合条件

　　　　1 个水平条件(或固定角条件)

第二组　1 个极条件(或边条件)

1) 求第一组改正数 V_i'

在第一组条件中，设各角改正数为 V_{a_i}' 、 V_{b_i}' 、 V_{c_i}' ，则第一组条件方程式为

$$\begin{cases} V_{a_1}' + V_{b_1}' + V_{c_1}' + W_1 = 0 \\ V_{a_2}' + V_{b_2}' + V_{c_2}' + W_2 = 0 \\ V_{a_3}' + V_{b_3}' + V_{c_3}' + W_3 = 0 \\ \cdots \\ V_{a_n}' + V_{b_n}' + V_{c_n}' + W_n = 0 \\ V_{c_1}' + V_{c_2}' + V_{c_3}' + \cdots + V_{c_n}' + (W) = 0 \end{cases} \tag{3.27}$$

式中，W_i 为三角形闭合差；(W)为水平条件闭合差。即

$$
\begin{cases} W_i = (A_i) + (B_i) + (C_i) - 180° \\ (W) = (C_1) + (C_2) + \cdots + (C_n) - 360° \end{cases} \tag{3.28}
$$

根据平差原理，设式(3.27)中的联系数为 k_1、k_2、k_3、…、k_n和(k)，则可得表 3.15，它的纵行是条件方程式系数，横列是改正数方程式系数。

表 3.15　改正数方程式系数

改正数 \ 联系数	k_1	k_2	…	k_n	(k)
V_{a_1}	1				
V_{b_1}	1				
V_{c_1}	1				1
V_{a_2}		1			
V_{b_2}		1			
V_{c_2}		1			1
⋮					
V_{a_n}				1	
V_{b_n}				1	
V_{c_n}				1	1
闭合差	W_1	W_2	…	W_n	(W)

按最小二乘法原理，用改正数方程式可组成法方程式如下

$$
\begin{cases} 3k_1 + (k) + W_1 = 0 & [1] \\ 3k_2 + (k) + W_2 = 0 & [2] \\ \cdots \\ 3k_n + (k) + W_n = 0 & [n] \\ k_1 + k_2 + k_3 + \cdots + k_n + n(k) + (W) = 0 & [m] \end{cases}
$$

从表 3.15 可看出，法方程式有些项为零，因此可用一般代数方法求解，即

$$
3[m] - \{[1] + [2] + \cdots + [n]\} = 0
$$

将各式代入化简得

$$
2n(k) + 3(W) - [W_i]_1^n = 0
$$

$$
(k) = \frac{1}{2n}\left\{[W_i]_1^n - 3(W)\right\}
$$

令

$$
W_0 = \frac{1}{2n}\left\{\left[\frac{W_i}{3}\right]_1^n - (W)\right\}
$$

则

$$(k) = 3W_0 \tag{3.29}$$

那么

$$k_i = -\left(W_0 + \frac{W_i}{3}\right) \tag{3.30}$$

将式(3.29)和式(3.30)代入表 3.15，即可求得第一次改正数为

$$\begin{cases} V'_{a_i} = V'_{b_i} = k_i - (W_0 + W_i/3) \\ V'_{c_i} = (k) + k_i = 3W_0 - (W_0 + W_i/3) \end{cases} \tag{3.31}$$

经第一次改正后的角度为

$$\begin{cases} A'_i = (A_i) + V'_{a_i} \\ B'_i = (B_i) + V'_{b_i} \\ C'_i = (C_i) + V'_{c_i} \end{cases} \tag{3.32}$$

2) 求第二次角度改正数

设第二次角度改正数 V''_{a_i}、V''_{b_i}、V''_{c_i}，用第一次改正后的角值可列出第二组的改正数条件方程

$$\sum_{i=1}^{n} \delta_{a_i} V''_{a_i} - \sum_{i=1}^{n} \delta_{b_i} V''_{b_i} + W_s = 0 \tag{3.33}$$

式(3.33)中两个“和”项分别为相应求距角的正弦对数秒差，其自由项可由下式计算

$$W_s = \sum_{i=1}^{n} \lg \sin A'_i - \sum_{i=1}^{n} \lg \sin B'_i$$

如果是半网，自由项的计算式为

$$W_s = (\lg S_1 - \lg S_2) + \left(\sum_{i=1}^{n} \lg \sin A'_i - \sum_{i=1}^{n} \lg \sin B'_i \right)$$

在求第二次角度改正数时，为了不破坏第一次改正的条件，应有一组改化了的条件方程式

$$\begin{cases} V''_{a_i} + V''_{b_i} + V''_{c_i} = 0 \\ [V''_{c_i}]_1^n = 0 \end{cases} \tag{3.34}$$

按误差理论，应将式(3.33)与式(3.34)一并解答，为了简化起见，令

$$\begin{cases} V''_{a_i} = -V''_{b_i} \\ V''_{c_i} = 0 \end{cases}$$

这是一个近似条件，将其代入式(3.33)，可得

$$\sum_{i=1}^{n} \left[(\delta_{a_i} - \delta_{b_i}) V''_{a_i} \right] + W_s = 0 \tag{3.35}$$

式(3.35)是加了附加条件而近似改化了的极条件方程，再按最小二乘原理组成法方程式

$$[(\delta_{a_i} + \delta_{b_i})^2]_1^n K_s + W_s = 0$$

那么

$$K_s = -W_s / [(\delta_{a_i} + \delta_{b_i})^2]_1^n \tag{3.36}$$

则改正数为

$$V''_{a_i} = -V''_{b_i} = (\delta_{a_i} + \delta_{b_i}) K_s \tag{3.37}$$

由此，可得最后的角度平差值为

$$A_i = A'_i + V''_{a_i}$$
$$B_i = B'_i + V''_{b_i}$$
$$C_i - C'_i$$

观测值的总改正数为两次改正之和，即

$$V_{a_i} = V'_{a_i} + V''_{a_i}$$
$$V_{b_i} = V'_{b_i} + V''_{b_i}$$
$$V_{c_i} = V'_{c_i}$$

经两次改正后，条件方程式的主要矛盾已基本消除。用平差角解算的各点坐标即为最后坐标。但由于取舍误差的影响，闭合点的末位数相差 1～2，一般无须改正。

3) 精度估算

近似平差目前尚无完整的精度估算公式，如果要进行精度估算，可按下式进行测角中误差计算

$$m_\beta = \pm\sqrt{[VV]/r}$$

或

$$m_\beta = \pm\sqrt{[WW]/3n}$$

式中，r 为条件数，当三角形个数很多时，可用菲列罗公式。极条件自由项允许值按下式计算

$$W_{s允} = \pm 2 m_\beta \sqrt{[\delta\delta]}$$

式中，δ 为求距角正弦对数秒差。如用真数计算则为

$$W_{s允} = \pm 2 m_\beta \sqrt{\sum \cot^2 \beta} \Big/ \rho''$$

水平条件自由项允许值计算式为

$$W_{\alpha允} = 2 m_\beta \sqrt{n}$$

式中，n 为方位角推算路线的测站数；β 为求距角。

2. 线形锁近似平差

连接在两已知点之间的连续三角形所组成的图形称为线形锁。线形锁之端点边与已知点边的夹角称为定向角(或称连接角)，从定向角的测定情况看，线形锁可分为测了一个定向角的单定向线形锁，观测了两个定向角的双定向线形锁，以及不测定向角的无定向线形锁。无定向线形锁需要的起始点少，观测的时候，只观测临近点所组成的三角形内角，不需要测定任何边长，也不受已知点相互通视的限制。因此，无定向线形锁不失为控制测量的一种有效方法。

1) 线形锁的布设

线形锁的布设工作包括图上设计、野外选点、埋石(打桩)插旗和检查水平方向的通视情况。

线形锁通常布设在已知点较少的地域，在这种情况下，欲使观测能顺利进行，且保持良好的图形条件，观测前的准备工作尤为重要。

(1) 图上设计，主要是在地形图上预选点位，以 1∶1 万的地形图进行为宜。图上选点时，首先要考虑到良好的图形强度(三角形内角在 30°～120°)和保证相邻点间通视，边长符合要求。在此基础上，尽量使锁上的点落在测区的必须位置上，以便发展图根点。线形锁的三角形个数以 4～10 个为佳，未知点尽可能分布在起闭点连线的两侧。经过周密的预选点后，在相应的点位上绘以红色小圆圈，以铅笔连绘成线形锁，并将点位编号。

(2) 野外选点，这项工作一般结合测区踏勘进行，需作业人员 2～3 人，持选点设计图和望远镜等，到实地审视相邻预选点间是否通视，是否便于设站观测，发展图根点的作用如何，当回答是肯定时，则打入木桩或作好记号。当回答是否定时，应在实地调整点位，使之相邻点通视并构成良好的线形锁图形为止。此项工作有时需反复多次比较才能完成。

(3) 埋石和插旗，如果是长期保存的首级控制点应该埋石，而图根点则可用木桩代替。最好用花秆作旗杆，其上扎以小测旗，固定在标石(木桩)上，并用红油漆书写点号。插旗应注意两点：旗杆要安置在点位中心，旗杆插好后必须垂直。

(4) 线形锁的观测要按事先准备好的观测略图进行，尽可能连续观测，并在较短的时间内完成。仪器要严格对中，觇标旗要严格在标志中心位置的垂线上。当观测结果的各项限差和内角符合要求后，线形锁的观测即告完成。

线形锁的平差计算是在确信野外观测无误的情况下进行的。因此，计算前一定要检查观测手簿，然后开始内业计算。

2) 计算的基本思路

无定向线形锁如图 3.13 所示，它从三角点 A 开始，经过几个连续三角形闭合到另一已知点 B。AB 是一条已知边，但野外并未测连接角。计算时，先将所有三角形的角度闭合差平均配赋给各内角，则角度改正后的整个三角形形状是一定的，锁的本身形状也已定。但是，由于整个锁没有一条已知边和一个已知点方位角，故该锁的大小和方位是不定的。如能假定某一端点边的边长和方位角，例如，图 3.13 中假定的 $A\sim N_1$ 边的边长 S'_{A_1} 和方位角 α'_{A_1}，则可依次推得 A 点以外的各点假定坐标，即在 $X'Y'$ 坐标系中的坐标，其终点为 B'。它对于 XY 坐标系来说，两坐标轴相差 θ 角。同时，从图中可以看出，由于假定的 S'_{A_1} 的影响使得整个锁拉长了(当然，在其他情况下也可能缩小)，这就产生了旋转和缩放的问题。如果利用 B 点的已知坐标计算出它对于 A 点的边长和方位角，并据此对假定坐标进行改化，就可得到各未知点在 XY 坐标系中的坐标，这就是无定向线形锁计算的基本思想。

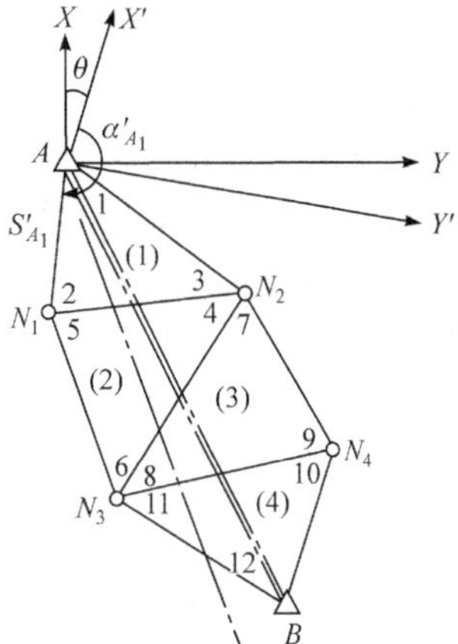

图 3.13 无定向线形锁

3) 计算步骤和公式

a. 绘制略图和抄录起始数据

将野外观测略图绘制于计算表格的适当位置，并对三角形自起始点依推进方向予以编号，然后对三角形三个内角沿起始边开始逆时针编号，例如，图 3.13 中三角形(1)的 1、2、3 逆时针编角号。图形绘好后，抄录已知点 A、B 的坐标于表格中相应位置上，即可着手三角形闭合差的配赋，求出误差改正后的角值。

b. 假定起始边长和方位角

起始边可以任选一条，但为了计算方便通常选择 AN_1 边为起始边，起始边的边长和方位角是假定的，但假定数应尽可能接近实际值。因此，这些假定数常常是从作业设计用的旧地形图上量取，长度暂取位到米，方位角暂取位到分。在图 3.13 中，假定边长为 S'_{A_1}，假定方位角为 α'_{A_1}。

c. 计算各点的假定坐标

令起始点 A 的假定坐标

$$\begin{cases} x'_A = 0 \\ y'_A = 0 \end{cases} \tag{3.38}$$

那么，N_1 的假定坐标为

$$\begin{cases} x'_1 = S'_{A_1} \cos\alpha'_{A_1} \\ y'_1 = S'_{A_1} \sin\alpha'_{A_1} \end{cases} \tag{3.39}$$

其余各点的假定坐标可用前方交会余切公式算出(也可按导线计算的方法推算)，那么，其余各点的坐标为

$$\begin{cases} x'_i = \dfrac{x'_{\text{左}} \cot\beta + x'_{\text{右}} \cot\alpha + (y'_{\text{右}} - y'_{\text{左}})}{\cot\alpha + \cot\beta} \\ y'_i = \dfrac{y'_{\text{左}} \cot\beta + y'_{\text{右}} \cot\alpha - (x'_{\text{右}} - x'_{\text{左}})}{\cot\alpha + \cot\beta} \end{cases} \tag{3.40}$$

d. u、t 变换

由于假定边长和方位角的误差，致使 B'与 B 不重合。如欲将具有假定坐标的线形锁变换成测量实用坐标，必须对锁进行旋转缩放。设实际长 $AB=S$，假定长度 $AB' = S'$，实际方位角为 α，假定方位角为 α'，则长度缩放系数

$$m = S_{AB} / S'_{AB}$$

方位角差值

$$\theta = \alpha_{AB} - \alpha'_{AB}$$

可依坐标旋转公式，按假定坐标计算的测量实用坐标为

$$\begin{cases} x = mx'\cos\theta - my'\sin\theta \\ y = mx'\sin\theta - my'\cos\theta \end{cases}$$

令

$$u = m\cos\theta, \quad t = m\sin\theta$$

则有

$$\begin{cases} x = ux' - ty' \\ y = tx' + uy' \end{cases} \tag{3.41}$$

用矩阵表示为

$$\begin{bmatrix} x_i \\ y_i \end{bmatrix} = \begin{bmatrix} u & -t \\ t & -u \end{bmatrix} \begin{bmatrix} x_i' \\ y_i' \end{bmatrix} \tag{3.42}$$

如将式(3.42)n 元交换，则有

$$\begin{bmatrix} x_B \\ y_B \end{bmatrix} = \begin{bmatrix} x_B' & -y_B' \\ y_B' & -x_B' \end{bmatrix} \begin{bmatrix} u \\ t \end{bmatrix} \tag{3.43}$$

将式(3.42)两边同乘逆矩阵，整理后则有

$$\begin{bmatrix} u \\ t \end{bmatrix} = \begin{bmatrix} x_B' & -y_B' \\ y_B' & -x_B' \end{bmatrix}^{-1} \begin{bmatrix} x_B \\ y_B \end{bmatrix} \tag{3.44}$$

求逆后经整理可得

$$\begin{bmatrix} u \\ t \end{bmatrix} = \frac{1}{(S'_{AB})^2} \cdot \begin{bmatrix} x_B' & -y_B' \\ -y_B' & -x_B' \end{bmatrix} \begin{bmatrix} x_B \\ y_B \end{bmatrix} \tag{3.45}$$

式中，$(S'_{AB})^2 = x'^2_B + y'^2_B$；$x_B = X_B - X_A$；$y_B = Y_B - Y_A$；因式(3.42)的 x_i，y_i 对于 A 点是坐标差，x_i，y_i 是假定坐标计算值，故最后坐标为

$$\begin{bmatrix} X_i \\ Y_i \end{bmatrix} = \begin{bmatrix} X_A \\ Y_A \end{bmatrix} + \begin{bmatrix} u & -t \\ t & -u \end{bmatrix} \begin{bmatrix} x_i' \\ y_i' \end{bmatrix} \tag{3.46}$$

变换后的 B 点坐标应与已知值一致，其差值不允许超过凑整误差，并以此作为计算检核。

3.5.4　利用航测法测定控制点坐标

利用航空摄影图像，采用航测法测定控制点坐标是地籍控制测量的主要手段之一。航测法测定控制点坐标的方法与技术要求详见第 9 章 9.2 节所述。

3.5.5　已有控制成果的利用

在控制测量前，应充分收集测区已有控制成果和资料，并按技术规范的规定和要求进行比较和分析，凡符合规范要求的已有控制点成果，均应充分利用，对于达不到规范要求的控制点，也应尽量利用其点位，并对有关点进行联测。当测区已有控制点的坐标系统与本次测量所采用的坐标系统不一致时，则应联测已有控制点，并进行坐标转换，使原有控制资料充分发挥作用。

思　考　题

1. 简述国家大地测量控制网与城市测量控制网的区别与联系。
2. 地籍控制测量的目的、特点及原则各是什么？
3. 结合本章内容请说明为何要建立地方独立坐标系以及如何建立地方独立坐标系？
4. 独立坐标系有哪几种选择方法？
5. GNSS 定位技术相对于常规测量技术有什么特点？
6. GNSS 点位的选择应满足什么条件？
7. 如何进行线形锁的布设？

第4章　地 籍 测 量

4.1　地籍测量概述

4.1.1　地籍测量的目的

地籍测量是地籍调查中不可分割的组成部分，一般应在地籍平面控制测量基础上进行。其目的是：核实宗地权属界址点和土地权属界线的位置，掌握宗地土地利用状况，通过测量获得宗地界址点的坐标、宗地形状及面积数据，为土地登记、核发土地权属证书奠定基础，为依法管理土地提供相关的信息和凭证。

随着人口的不断增加、经济的迅速发展，各方面对土地的需求与日俱增，并且在土地使用权、土地所有权、使用土地面积、数量等方面的纠纷时有发生。因此，准确地测定每宗地界址点的位置与形状，掌握土地的数量及其在国民经济各部门、各权属单位的分配状况，以及土地质量和使用状况是珍惜每寸土地、合理使用土地、调处土地纠纷、依法科学管理土地的一项基本任务，是搞好土地管理工作的重要措施。

4.1.2　地籍测量的特点

地籍测量与地形测量不同，其具有以下特点：

(1) 地籍测量一般只测定地籍要素和必要地形要素的平面位置，现代地籍(多用途地籍)面对城市规划、房地产管理、城市管网系统等还需要测定高程。

(2) 地籍测量成果是地籍信息和相关地形信息的集合，它包括地籍图、地籍空间信息和属性信息，以及相关的地形、地理信息。

(3) 地籍测量的成果具有明显的法律效力，因此，地籍图必须保持其准确性和现势性，在测量地籍要素时必须由土地管理人员与权属主密切配合，指界后方可进行。

(4) 地籍图是地籍成果的重要组成部分，分幅地籍图的比例尺主要取决于土地的价值和质量。

4.1.3　地籍测量的内容

地籍测量的内容包括三个方面，分别是土地权属界址点及其他地籍要素平面位置的测量，地籍图的编制、面积量算和面积统计汇总。

土地权属界址点的测量是要确定宗地界址点的位置，设置界桩并测定其坐标。其他地籍要素包括地面建筑物、构筑物、河流、沟渠、湖泊、道路等，需要通过测量的方法确定其平面位置，并以图的形式表示出来。

地籍图的编制包括基本地籍图绘制和宗地图的制作。城镇基本地籍图图幅规格为 40cm×50cm 的矩形图幅或 50cm×50cm 的正方形图幅。地图比例尺根据城镇的大小和复杂程度不同，可分别采用 1∶500、1∶1000 或 1∶2000。图上的内容包括各级行政界线、地籍平面控制点、地籍编号、宗地界址点及界址线、街道名称、门牌号、土地使用单位名称、河流、湖泊名称、必要的建筑物、构筑物、地类号、宗地面积等。宗地图是土地证和宗地档案的附图，一般用 32 开、16 开、8 开纸。宗地图从基本地籍图上摹绘或复制，宗地过大或过小时，可调整比例尺绘制。宗地图上的内容包括：本宗地号、地类号、宗地面积、界址点及界址号、界址边长、邻宗地使用者名称、邻宗地号及邻宗地界址示意线等。

面积量算工作包括量算出每宗地的实地面积，并以街道为单位进行宗地面积汇总，统计出各类土地面积并进行汇总。

4.1.4　地籍测量的基本精度要求

地籍测量的基本精度要求，包括界址点的精度要求、地籍原图的精度要求和面积量算的精度要求。

1. 界址点

表 4.1 所列为界址点的精度指标及适用范围。表中界址点对邻近图根点点位误差是指用解析法测量界址点应满足的精度要求；界址点间距允许误差及界址点与邻近地物点关系距离允许误差是指各种方法测量界址点应满足的精度要求。

表 4.1　界址点精度指标

类别	界址点对邻近图根点点位误差/cm		界址点间距允许误差/cm	界址点与邻近地物点关系距离允许误差/cm	使用范围
	中误差	允许误差			
一	±5	±10	±10	±10	城镇街坊外围界址点及街坊内明显的界址点
二	±7.5	±15	±15	±15	城镇街坊内部隐蔽的界址点及村庄内部界址点

2. 地籍原图的基本精度

(1) 图上相邻界址点间距、界址点与邻近地物点间关系距离的中误差不得大于 0.3mm。依测量数据转绘的上述距离误差在图上不得大于 0.3mm。

(2) 宗地内部与界址边不相邻的地物点，不论采用何种方法测量，其点位中误差在图上不得大于 0.5mm；邻近地物点间距中误差在图上不得大于 0.4mm。

(3) 地籍原图的内图廓长度误差不得大于 0.2mm，内图廓对角线误差不得大于 0.3mm。

(4) 图廓点、控制点和坐标网的展点误差不得超过 0.1mm，其他解析坐标点的展点误差不得超过 0.2mm。

3. 面积量算的基本精度要求

(1) 以图幅理论面积为首级控制面积，图幅内各街坊及其他区块面积之和与图幅理论面积之差应小于 $\pm 0.0025\rho$（ρ 为图幅理论面积）。

(2) 用平差后的街坊面积去控制街坊内各宗地面积时，用解析法量算街坊内各宗地面积之和与该街坊的面积之差应小于 1/200，用图解法量算应小于 1/100。

(3) 在地籍原图上量算面积时，两次量算的误差应满足下面的公式

$$\Delta\rho \leqslant 0.0003M$$

式中，ρ 为量算面积；M 为地籍原图比例尺分母。

4.2　界址点及其地籍要素的测量

4.2.1　土地权属界址的含义与界桩

1. 土地权属界址的含义

界址是土地权属的界限，界址点则是土地权属界限的拐点。一块宗地周围的界址点确定了，则这块宗地的位置、形状、面积、权属界限也将随着确定下来。界址点的确定是地籍测量的核心，因此，应充分重视界址点的测量工作。

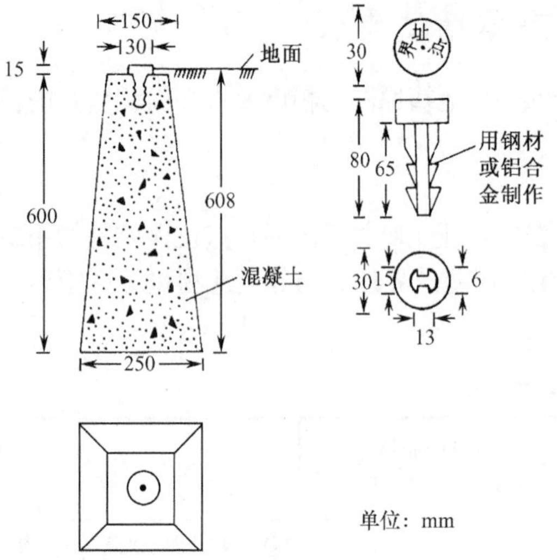

图 4.1　混凝土界桩

2. 界桩(标)的形式和选用

在地籍测量时，界址点应设立界桩或界标，以确切表示界址点的位置。界桩或界标必须坚固持久，且易于寻找、辨认。

地籍调查人员可根据指界认定的位置，设置界址点，界址点设在土地权属界线的拐点上或邻宗界址线的拐点上。对于弧形界址线，则可按弧线的曲率情况设置界址点。

界址点应按统一的规定以宗地为单位编号，从宗地西北角的界址点起算，沿顺时针方向依次用阿拉伯数字编号。界址点上应设置界桩，并根据界址点位置情况，选用不同尺寸和形式的界桩。在空旷地或面积较大的国家机关、工矿企事业单位的界址点，应埋设预制混凝土界桩或现浇混凝土界桩，其形式如图 4.1 所示。

在乡村泥土地面上的界址点，一般可埋设如图 4.2 所示的石灰界址桩。

在坚固的路面或地面上的界址点，则可钻孔浇注混凝土界桩或埋设如图 4.3 所示的界桩。

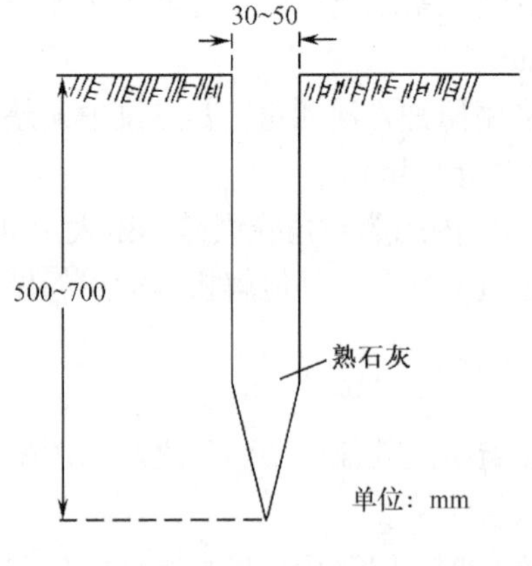

图 4.2　石灰界桩

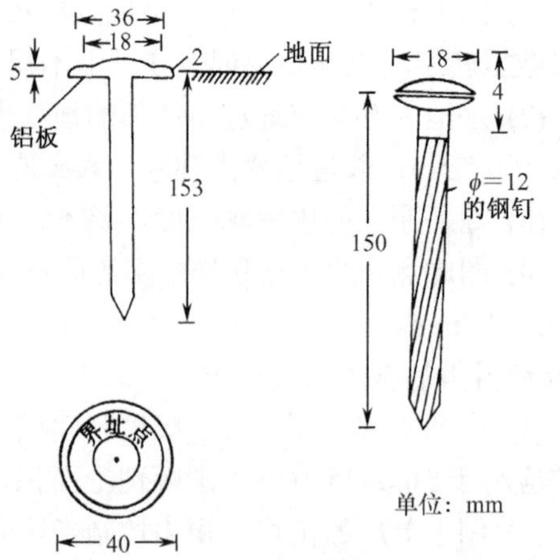

图 4.3　钢钉界桩

在坚固的房墙、围墙等永久性建筑物处的界址点，一般应采用如图 4.3 所示的界桩，或用喷漆界址点标志，如图 4.4 所示。

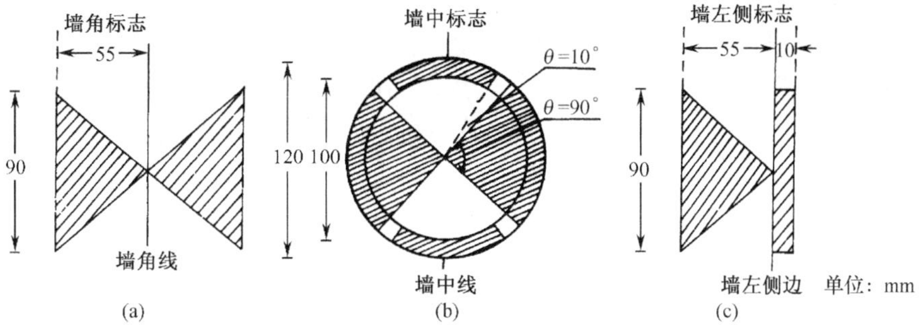

图 4.4 喷漆界址点标志

4.2.2 界址点的测量方法

界址点测量是在权属调查的基础上，根据测区平面控制网来进行的，实践证明，界址调查和界址标志位置的正确性，以及测区平面控制网的精度是保证界址点测量精度的必要条件。

界址点的测量方法主要有以下五种。

1. 解析法

根据测区平面控制网，通过测边、测角，计算界址点坐标的方法，称为解析法。

解析法是目前界址点测量的主要方法。这种方法的优点有：①每个界址点都有自己的坐标，一旦丢失或地物变化，也可使界址点点位准确复原；②有了界址点坐标即可编绘任意比例尺的地籍图，且成图精度高；③有了界址点坐标使面积的计算速度快，精度高，且便于用计算机管理；④从长远角度看，在经济上也是合算的。

解析法测得的界址点精度高，完全可以满足城镇地区的房地产地籍管理的要求，但解析法测定界址点，野外作业工作量大，生产成本高和成图周期长，如果进行大面积的地籍测量，则需要投入大量的人力、物力，但随着现代测绘技术的采用，这一问题已得到解决。

2. 图解法

图解法是以已测得的大比例尺地形图或地籍图为基础，在图上确定界址点的位置，量取界址点坐标。

图解法的野外工作量少，生产工艺简单，速度快、成本低，适合已有大比例尺地形图或地籍图的地区。但它受地形图、地籍图的现势性和成图精度的影响较大，其图上量测确定的坐标和图上量算面积的精度，均取决于原图上地物点的精度。它一般比解析法精度低。

3. 测算法

通常是以解析法施测街坊周围能够直接测量的界址点坐标，而对街坊内部隐蔽的无法直接施测的界址点，则可利用已测界址点坐标和各宗地界址点间测量值及已知条件，灵活运用各种公式，计算隐蔽界址点的坐标值。

4. 航测法

航测法是采用航测大比例尺成图技术，先外业调绘、后内业测图的方法作成大比例尺地形图或地籍图。界址点的坐标可直接从相片上量测解算、其精度一般高于图解的点位精度，而低于解析法的精度。

航测法适合于需要大面积地籍测量的地区。它既可以弥补图解法精度较低的不足，又克服了解析法效率较低、成本较高的缺点。

5. 地籍测量数据采集自动化

地籍测量数据采集自动化，一般可用全站仪或 RTK GPS 测量技术，它可以直接实现界址点坐标的测定，并可将其坐标值存入电子手簿，到室内与计算机、绘图仪连接，绘出地籍图或建立地籍数据库。这种方法不但速度快、效率高，而且便于自动化管理，是目前和今后地籍测量的主要手段。

本节重点介绍解析法测定界址点坐标的工作内容和计算方法。

4.2.3　解析法测定界址点坐标

解析法测定界址点坐标的工作分为准备工作、实测和内业整理。

1. 准备工作

进行地籍测量工作时，除了做好一般性的准备工作之外，还应充分做好界址点测定的准备工作。

1) 界址点位的确定

界址点位置的确定一般是与权属调查同时进行。地籍调查表中详细地说明了各个宗地界址点实地位置的情况，并丈量了大量的界址边长，草编了宗地号，详细地绘制了宗地草图。这些资料都是进行界址点测量所必需的。

2) 界址点位置野外踏勘

界址点位的踏勘应在地籍调查工作人员引导下进行，实地查看界址点位置，了解各宗地的用地范围，并在参考图上(最好是现势性强的大比例尺图件)用红笔清晰地标记出界址点的位置和宗地的用地范围。如无参考图件，则要绘制踏勘草图，若宗地面积较小，可在一张图纸上描绘若干个相邻宗地，并要注意界址点的共用情况。对于面积较大的宗地要注记好四至关系和共用界址点情况。在绘好的草图上标记权属主的姓名和草编宗地号。在未定界线附近可选择若干固定的地物点或埋设参考标志。测定时按界址点坐标的精度要求测定这些点的坐标，待权属界线确定后，可据此来补测确认后的界址点坐标。这些辅助点也要在草图上标注。

3) 踏勘后的资料整理

进行地籍调查或野外踏勘时草编界址点号和面积计算草图。一般不知道地籍调查区内的界址点数量，只知道每宗地有多少界址点，其界址点编号只在本宗地内进行。因此，应在地籍调查区内统一编制野外界址点观测草图，并统一编上草编界址点号。这样不但方便了外业观测记簿，而且也为内业计算带来方便。

2. 野外实测

界址点坐标的测量工作可以单独进行，也可以和地籍图的测量同时进行。界址点坐标测量时应使用预制的界址点观测手簿。记簿时，界址点的观测序号直接采用观测草图上的草编界址点号。观测用的仪器设备有 J6 级经纬仪、钢尺、测距仪、全站仪等，这些仪器设备都应进行严格的检验。测角时，采用一测回观测，测距时，距离读数至少两次，当使用钢尺量距时，其量距长度不能超过一个尺段，钢尺必须检定并对丈量结果进行尺长改正。

使用光电测距仪或全站仪测距，不仅可免去量距的工作，而且还可以隔站观测，免受距离长短的限制。当要测的界址点在墙角时，用光电测距或用全站仪测距会产生偏差，这是因为在墙角安置的是一个有体积的单棱镜。偏心有两种情况，其一为横向偏心。如图 4.5 所示，P 点为界址点的位置，P' 点为棱镜中心的位置，A 为测站点，要使 $AP = AP'$，棱镜必须安放在以

A 点为圆心的 PP' 圆弧上。其二为纵向偏心，如图 4.6 所示，P、P'、A 的含义同前，此时就要求在棱镜放置好之后，能读出 PP'，然后用实际测出的距离加上或减去 PP'，从而尽可能减少测距误差。

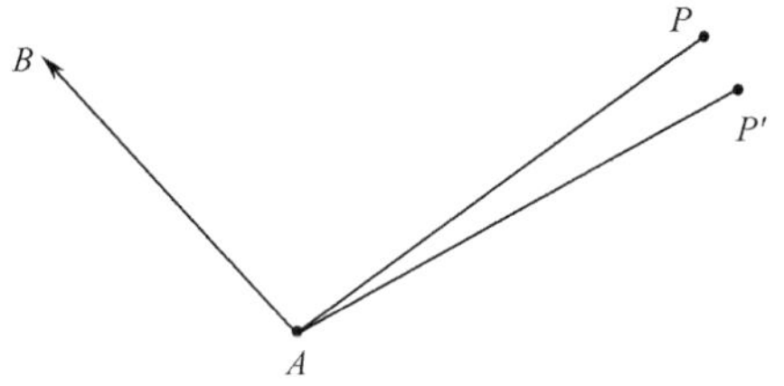

图 4.5　横向偏心

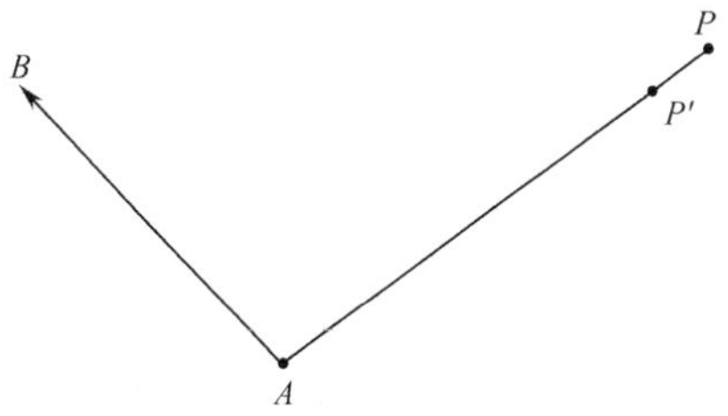

图 4.6　纵向偏心

3. 内业整理

界址点的外业观测工作结束后，应及时地计算出界址点坐标，并反算出相邻界址边长，填入界址点误差表中，计算出每条边的计算值与实测值之差 Δ_1。如 Δ_1 的值超出限差，应按照坐标计算、野外观测的顺序进行检查，发现错误，及时改正。

当一宗地的所有边长都在限差范围以内才可以计算面积。

当一个地籍调查区内的所有界址点坐标(包括图解的界址点坐标)都经过检查合格后，按界址点的编号方法编号，并计算全部的宗地面积，然后把界址点坐标和面积填入标准的表格中，并整理成册。

4.2.4　界址点坐标计算

在野外通常是利用各种测量工具来获取界址点的观测数据，在室内需利用数学公式计算出界址点的坐标。因为在野外测量过程中根据不同的情况选用了不同的方法，所以，在坐标计算时，需采用不同的数学公式计算界址点坐标。

1. 极坐标法

这种方法是根据测站上的一个已知方向，测出已知方向与界址点之间的角度和测站点至界址点的距离，来确定界址点位置的方法，如图 4.7 所示。

已知数据 $A(X_A,Y_A)$，$B(X_B,Y_B)$，观测数据 β、S，则界址点 P 的坐标 $P(X_P,Y_P)$ 为

$$\begin{cases} X_P = X_A + S\cos(\alpha_{AB}+\beta) \\ Y_P = Y_A + S\sin(\alpha_{AB}+\beta) \end{cases} \tag{4.1}$$

式中，$\alpha_{AB} = \arctan\dfrac{Y_B - Y_A}{X_B - X_A}$。

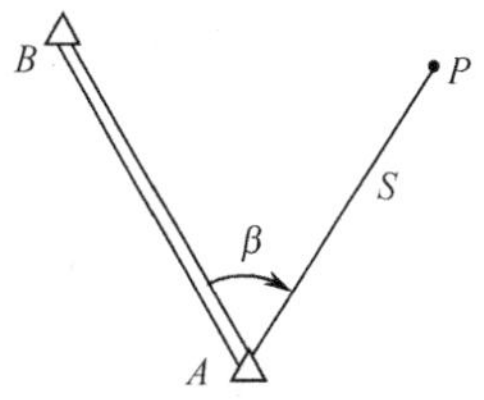

图 4.7　极坐标法

这种方法灵活，量距、测角的工作量不大，在一个测站点上通常可同时测定多个界址点，因此，它是测定界址点最常用的方法。其测站点可以是基本控制点或图根控制点。

2. 交会法

交会法可分为角度交会法和距离交会法。

1) 角度交会法

角度交会法是分别在两个测站上对同一界址点测量两个角度进行交会确定界址点坐标的

方法。如图 4.8 所示，A、B 两点为已知测站点，其坐标为 $A(X_A,Y_A)$、$B(X_B,Y_B)$；α、β 为两个观测角。界址点 P 的坐标计算公式如下

$$\begin{cases} X_P = \dfrac{X_B\cot\alpha + X_A\cot\beta + Y_B - Y_A}{\cot\alpha+\cot\beta} \\ Y_P = \dfrac{Y_B\cot\alpha + Y_A\cot\beta - X_B + X_A}{\cot\alpha+\cot\beta} \end{cases} \tag{4.2}$$

2) 距离交会法

距离交会法就是从两个已知点分别量出至一个未知界址点的距离，从而确定出未知界址点坐标的方法。如图 4.9 所示，已知 $A(X_A,Y_A)$，$B(X_B,Y_B)$，观测 $S_1=AP$，$S_2=BP$，求 P 点坐标 (X_P,Y_P)。(X_P,Y_P) 的计算公式即可用有关测量学教材所给出的公式计算，也可以用角度交会公式计算和极坐标法公式计算，其相应的参数由三角函数公式给出。

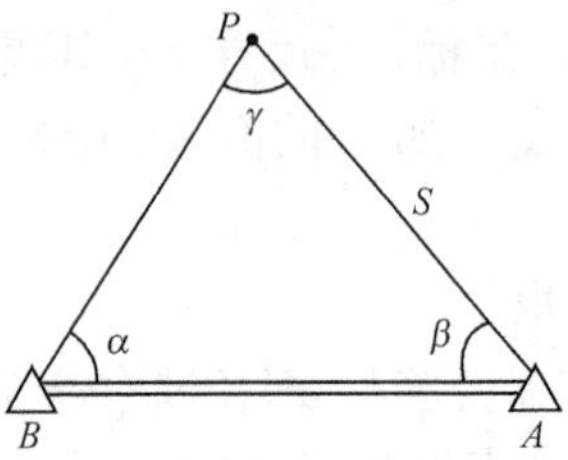

图 4.8　角度交会法

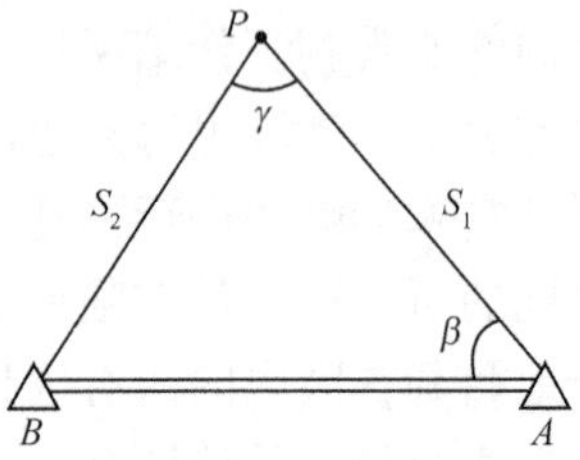

图 4.9　距离交会法

由于各类控制点有限，在使用交会法测定界址点坐标时，选用的 A、B 两已知点可采用控制点或已知的界址点或辅助点，并要求交会角 γ 在 30°～150°。

以上两种交会法的图形顶点编号应按顺时针方向排列，即按 B、P、A 的顺序。为了确保界址点坐标测量准确无误，交会时，应对同一界址点组成两组交会图形，计算出两组坐标，并比较其差值，当两组坐标的差值在允许范围以内，则取平均值作为最后界址点的坐标。

3. 内外分点法

当未知界址点在两已知点的连线上时，则分别量测出两已知点至未知界址点的距离，从而确定出未知界址点的坐标。如图 4.10 所示，已知 $A(X_A,Y_A)$，$B(X_B,Y_B)$，观测距离 $S_1=AP$，$S_2=BP$，此时可用两种公式计算出未知界址点 P 的坐标。

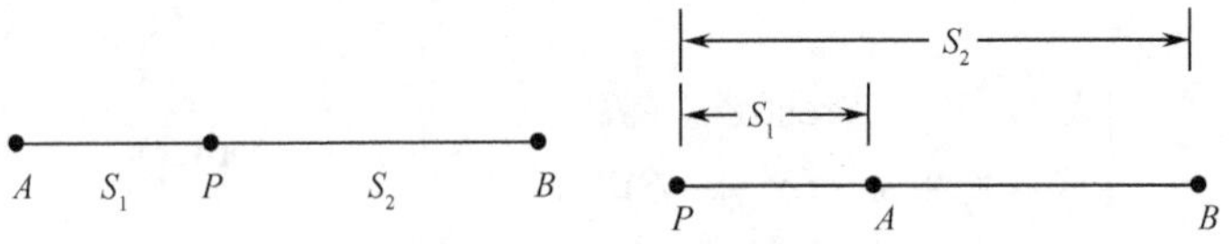

图 4.10　内外分点法

由距离交会图可知：当 $\beta=0°$，$S_2<S_{AB}$ 时可得到直线内分点图形；当 $\beta=180°$，$S_2>S_{AB}$ 时可得到外分点图形，内外分点坐标公式分别见式(4.3)、式(4.4)。

$$\begin{cases} X_P = X_A + S_1\cos\alpha_{AB} \\ Y_P = Y_A + S_1\sin\alpha_{AB} \end{cases} \tag{4.3}$$

$$\begin{cases} X_P = X_A + S_1\cos(180°+\alpha_{AB}) \\ Y_P = Y_A + S_1\sin(180°+\alpha_{AB}) \end{cases} \tag{4.4}$$

从公式中可以看出，P 点坐标与 S_2 无关，但要求作业人员量出 S_2 以供检核之用，即可以发现观测错误和已知点 A、B 两点的错误。

P 点坐标还可以直接利用内外分点公式进行计算，即

$$\begin{cases} X_P = \dfrac{X_A + \lambda X_B}{1+\lambda} \\ Y_P = \dfrac{Y_A + \lambda Y_B}{1+\lambda} \end{cases} \tag{4.5}$$

式中，内分时 $\lambda = S_1/S_2$，外分时 $\lambda = -S_1/S_2$。因为内外分点法是距离交会法的特例，所以距离交会法中的各项说明、解释和要求都适用于内外分点法。

4. 直角坐标法

直角坐标法又称截距法，通常以一导线边或其他控制线作为轴线，测出某界址点在轴线上的投影位置，量测出投影位置至轴线一端点的位置。如图 4.11 所示，$A(X_A,Y_A)$，$B(X_B,Y_B)$ 为已知点，以 A 点作为起点，B 点作为终点，在 A、B 间放上一根测绳或卷尺作为投影轴线，然后用测角器从界址点 P 引设垂线，定出 P 点的垂足 P_1 点，再用鉴定过的钢尺量出 S_1 和 S_2，则计算公式为

$$S = S_{AP} = \sqrt{S_1^2 + S_2^2}, \beta = \arctan\left(\frac{S_1}{S_2}\right) \tag{4.6}$$

将式(4.6)计算出的 S、β 和相应的已知参数代入极坐标法计算公式即可求出 P 点坐标。

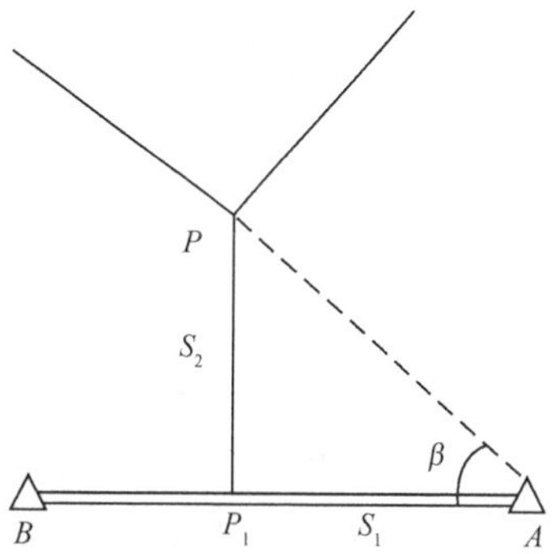

图 4.11　直角坐标法

这种方法操作简单，使用的工具价格低廉，要求的技术也不高，值得注意的是引设垂足时操作要仔细，以确保 P 点坐标的精度。

4.3　地籍图的测绘

4.3.1　地籍图概述

1. 地籍图的概念

所谓地籍图是按照特定的投影方法、比例关系和专用符号把地籍要素及其有关的地物和地貌测绘在平面图纸上的图形，是地籍的基础资料之一。

地籍图既要准确完整地表示基本地籍要素，又要使图面简明、清晰，便于用户根据图上的基本要素去增补新的内容，加工成用户各自所需的专用图。

一张地籍图，并不能表示出所有应该要表示或描述的地籍要素。在图上主要直观地表达自然的或人造的地物、地貌，各类地物所具有的属性。在地籍图上用各种符号、数字、文字注记表达制图内容并与地籍数据和地籍簿册建立了一种有序的对应关系，从而使地籍资料有机地联系在一起。这不仅是因为受到地图比例尺的限制，而且还使地籍图具有可读性和艺术性。

2. 地籍图的种类

按表示的内容可分为基本地籍图和专题地籍图；按城乡地域的差别可分为农村地籍图和城镇地籍图；按图的表达方式可分为模拟地籍图和数字地籍图；按用途可分为税收地籍图、产权地籍图和多用途地籍图。

在地籍图集合中，我国现在主要测绘制作的有：城镇分幅地籍图、宗地图、农村居民地地籍图、土地利用现状图、土地所有权属图等。

为了满足土地登记和土地权属管理需要，目前我国城镇地籍调查需测绘的地籍图有以下几种。

1) 宗地草图

宗地草图是描述宗地位置、界址点、线和相邻宗地关系的实地记录，在地籍调查的同时实地测绘，是处理土地权属的原始资料。

宗地草图的内容包括：本宗地号、坐落地址、权利人；宗地界址点、界址点号及界址线，宗地内的主要地物；相邻宗地号、坐落地址、权利人或相邻地物；界址边长、界址点与邻近地物的关系距离；确定宗地界址点位置、界址边长方位所需的建筑物或构筑物；丈量者及丈量日期、检查者及检查日期、概略比例尺及指北针。

2) 地籍图

地籍图是地籍测量的基本成果之一，是依据规范、规程的规定，采用全野外数字测量、数字摄影测量或编绘法完成的地籍测量成果。一般按矩形或正方形进行分幅，亦称分幅地籍图。

地籍图的内容包括：行政区划要素、地籍要素、地形要素、数学要素及图廓要素。

3) 宗地图

宗地图一般是以一宗地为单位绘制，是土地证书及宗地档案的附图。它以地籍图为基础，利用地籍数据编绘宗地图，依据宗地的大小确定其比例尺。

宗地图的内容包括：宗地所在图幅号、宗地代码、宗地权利人名称、面积及地类号、本宗地界址点及界址点号、界址线及界址边长、宗地内的图斑界线、建筑物及构筑物、宗地外紧靠界址点的附着物；邻宗地的宗地号及相邻宗地间的界址分割线、相邻宗地权利人、道路及街巷名称、指北方向和比例尺；宗地的编制者及制图日期、审核者及审核日期。

3. 地籍图比例尺

地籍图需要准确地表示土地权属界址及土地上附着物等的细部位置，为地籍管理提供基础资料。特别是地籍测量的成果资料将提供给很多部门使用，故地籍图应选用大比例尺进行成图。考虑到城乡土地经济价值的差别，农村地区地籍图的比例尺比城市地籍图的比例尺可小一些。

1) 选择地籍图比例尺的依据

《城镇地籍调查规程》对地籍图比例尺的选择规定了一般原则和范围。对于一个城镇而言，应选择多大的地籍图比例尺，必须根据以下的原则来考虑。

a. 繁华程度和土地价值

就土地经济而言，地域的繁华程度与土地价值是相关的，对于城市尤其如此。城市的商业繁华程度主要指商业和金融业发展状况，如西安市的东大街，上海市的南京路等是城市的商业中心。显然，城市黄金地段的土地是十分珍贵的，地籍图对宗地的情况及地物要表示的十分详细和准确，就必须选择大比例尺测图；反之，可以粗略些。

b. 建筑物密度和细部详细度

一般来说，建筑物密度大，其比例尺可大些，以便使各宗地能清晰地绘制于图上，不至于使图面负载过大，避免地物注记相互压盖。反之建筑物密度小的地方，选择的比例尺就可小一些。另外，表示房屋细部的详细程度与比例尺有关，比例尺越大，房屋的细微变化可表示得更加清楚。如果比例尺小了，细小的部分无法表示，要么省略，要么综合，这就影响到房屋占地面积量算的准确性。

c. 地籍图的测量方法

按《城镇地籍调查规程》的规定，地籍测量采用模拟测图和数字测图的方法。当采用数字地籍测量方法测绘地籍图时，界址点及其地物点的精度较高，面积精度也高，在不影响土地权属管理的前提下，比例尺可适当小一些。当采用传统的模拟法测绘地籍图(如平板仪测图)时，若实测界址点坐标，比例尺大则准确，比例尺小了则精度低。

2) 我国地籍图的比例尺系列

目前，世界上各国地籍图的比例尺标准不一，选用的比例尺最大为 1∶250，最小为 1∶5 万。例如，日本规定城镇地区比例尺为 1∶5000～1∶250，农村地区为 1∶5000～1∶1000；德国规定城镇地区为 1∶1000～1∶500，农村地区为 1∶5 万～1∶2000。

在《第二次全国土地调查技术规程》中规定基本地籍图比例尺为 1∶500 或 1∶1000，城镇宜用 1∶500，独立工矿和村庄也可采用 1∶2000。随着测绘技术的不断发展，采用数字地籍测量时，其界址点的精度已不是按照地籍图的比例尺来确定，而是由测量精度决定，与比例尺大小无关。因此，对于城镇而言，按规定城区用 1∶500 比例尺，城乡结合部独立的工矿和村庄可用 1∶1000 或 1∶2000 比例尺，而农村土地调查应以 1∶10000 比例尺为主。

4. 地籍图的分幅与编号

地籍图的分幅与编号，与相应比例尺地形图的分幅与编号方法相同。即 1∶5000 和 1∶10000 比例尺的地籍图，按国际分幅法划分图幅编号。而 1∶500、1∶1000、1∶2000 比例尺的地籍图，一般采用正方形分幅或长方形分幅。

若分幅地籍图的幅面采用 50cm×50cm 和 50cm×40cm，分幅方法采用有关规范所要求的方法，以便于各种比例尺地籍图的连接。

例如，当 1∶500、1∶1000、1∶2000 比例尺地籍图采用正方形分幅时，图幅大小均为 50cm×50cm，图幅编号按图廓西南角坐标公里数编号，*X* 坐标在前，*Y* 坐标在后，中间用短横线连接，如图 4.12 所示。

1∶2000 比例尺地籍图的图幅编号为：689.0-593.0；

1∶1000 比例尺地籍图的图幅编号为：689.5-593.0；

1∶500 比例尺地籍图的图幅编号为：689.75-593.5。

当 1∶500、1∶1000、1∶2000 比例尺地籍图采用矩形分幅时，图幅大小均为 40cm×50cm，图幅编号方法同正方形分幅，如图 4.13 所示。

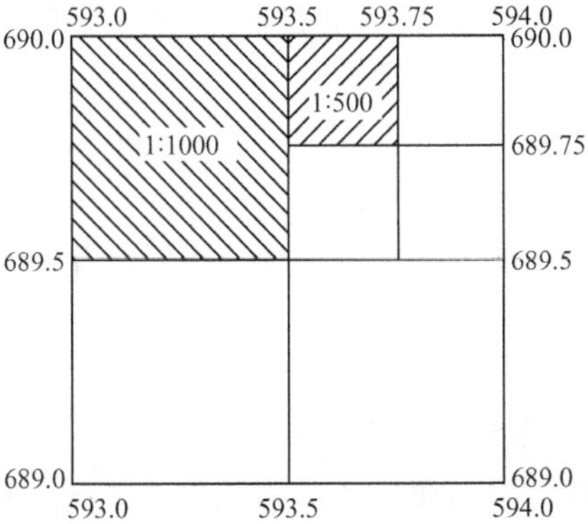

图 4.12　正方形分幅

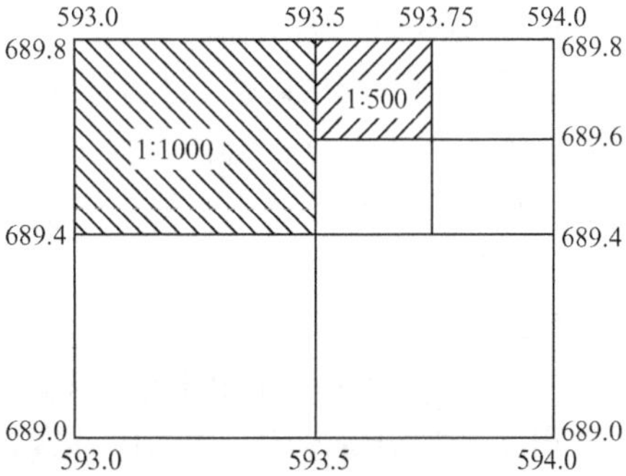

图 4.13　矩形分幅

1：2000 比例尺地籍图的图幅编号为：689.0-593.0；

1：1000 比例尺地籍图的图幅编号为：689.4-593.0；

1：500 比例尺地籍图的图幅编号为：689.6-593.5。

若测区已有相应比例尺地形图，地籍图的分幅与编号方法可沿用地形图的分幅与编号，并于编号后加注图幅内较大单位名称或著名地理名称命名的图名。

4.3.2　地籍图的内容

地籍图上应表示的内容，一部分可通过实地调查得到，如地类编号、土地等级、土地质量、地籍编号、街道名称、单位名称、门牌号、河流、湖泊名称等；另一部分内容则要通过测量得到，如各级行政界线、界址点坐标、必要的建筑物、构筑物及其他地籍、地形要素的位置等，如图 4.14 和图 4.15 所示。

1. 对地籍图内容的要求

(1) 地籍图应以地籍要素为基本内容，突出表示界址点、线。

(2) 地籍图作为基础图件应有较高的数学精度和必需的数学要素。

(3) 因为地籍图具有多功能，所以必须表示基本的地理要素如河流、交通、境界等，表示与地籍有关的地物要素如建筑物、构筑物等。

(4) 地籍图图面必须主次分明，清晰易读并便于根据多用户需要加绘相应内容。

2. 地籍要素

(1) 各级行政境界：不同等级的行政境界相重合时只表示高级行政境界，境界线在拐角处不得间断，应在转角处绘出点或线。

(2) 地籍区(街道)与地籍子区(街坊)界：地籍区(街道)是以市(县)行政建制区的街道办事处或乡(镇)的行政辖区为基础划定的；地籍子区(街坊)是根据实际情况由道路或河流等固定地物围成的包括一个或几个自然街坊或村镇所组成的地籍管理单元。

(3) 宗地界址点与界址线：当图上两界址点间距小于 1mm 时，用一个点的符号表示，但应正确表示界址线。当界址线与行政境界、地籍区(街道)界或地籍子区(街坊)界重合时，应结合线状地物符号突出表示界址线，行政界线可移位表示。

(4) 地籍号注记：包括地籍区(街道)号、地籍子区(街坊)号、宗地号、房屋栋号，分别用大小不同的阿拉伯数字注记在所属范围内的适中位置，当被图幅分割时应分别进行注记。若宗地面积太小注记不下时允许移注在宗地外空白处并用指示线标明所注宗地。

(5) 宗地坐落：由行政区名、街道名(或地名)及门牌号组成。门牌号除在街道首尾及拐弯处注记外，其余可跳号注记。

(6) 土地利用分类代码按二级分类注记。

(7) 土地权属主名称：选择较大宗地注记土地权属主名称。

(8) 土地等级：对已完成土地定级估价的城镇，在地籍图上绘出土地分级界线并注记出相应的土地级别代号。

3. 地物要素

(1) 作为界标物的地物如围墙、道路、房屋边线及各类垣栅等应表示。

(2) 房屋及其附属设施：房屋以外墙勒脚以上外围轮廓为准，正确表示占地状况，并注记房屋层数与建筑结构。装饰性或加固性的柱、垛、墙等不表示；临时性或已破坏的房屋不表示；

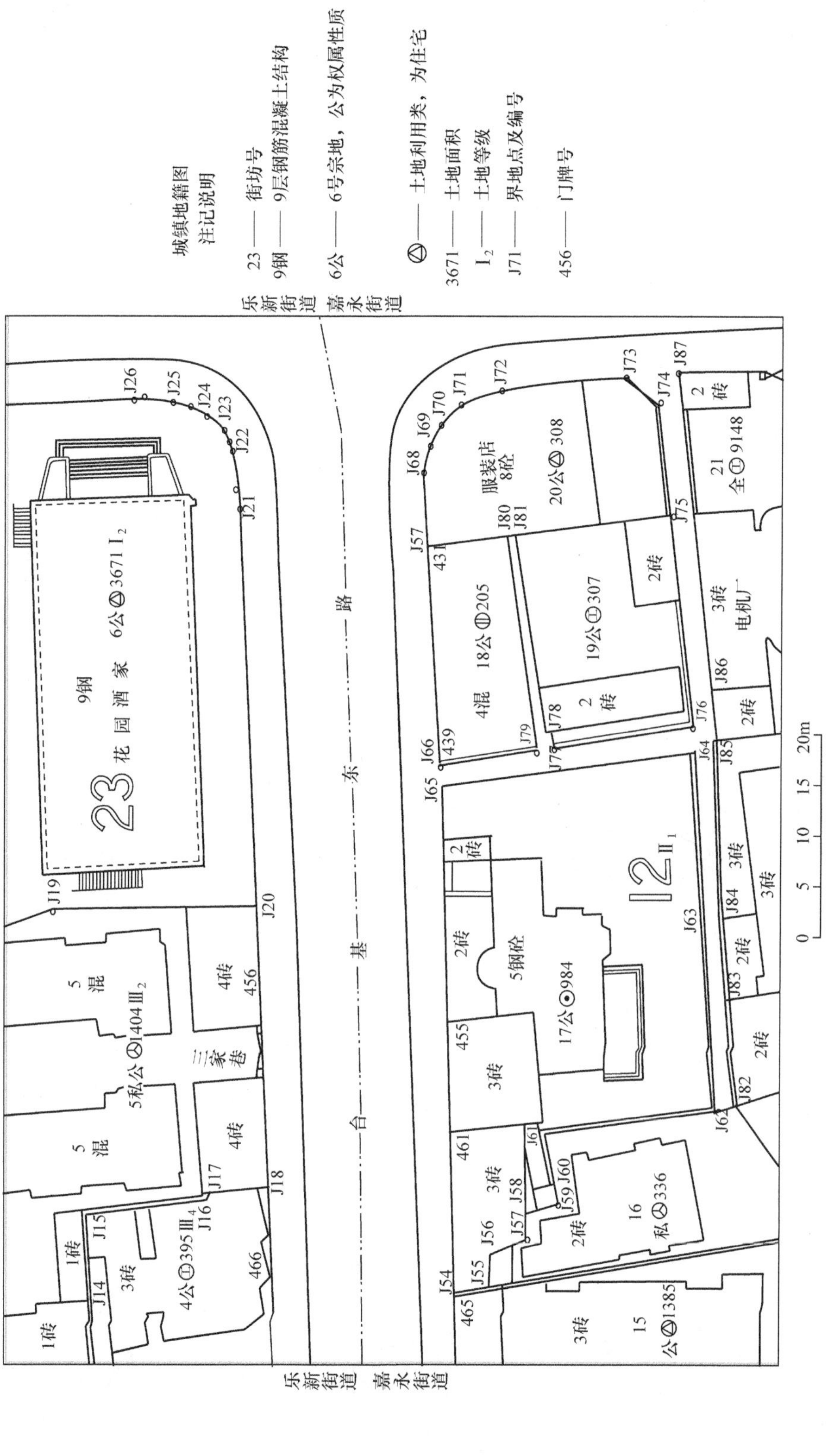
城镇地籍图
注记说明
23 —— 街坊号
9钢 —— 9层钢筋混凝土结构
6公 —— 6号宗地，公为权属性质
⊙ —— 土地利用类，为住宅
3671 —— 土地面积
I_2 —— 土地等级
J71 —— 界地点及编号
456 —— 门牌号
乐新街道
嘉永街道
东基台路
23
9钢
花园酒家
6公 3671 I_2
5混
5私公 1404 III_2
三家巷
4公 395 III_4
17公 984
5钢砼
12 II_1
18公 205
19公 307
20公 308
服装店 8砼
21 全 9148
3砖 电机厂
16 私 336
15 公 1385
0 5 10 15 20m

图4.14 城镇地籍图样

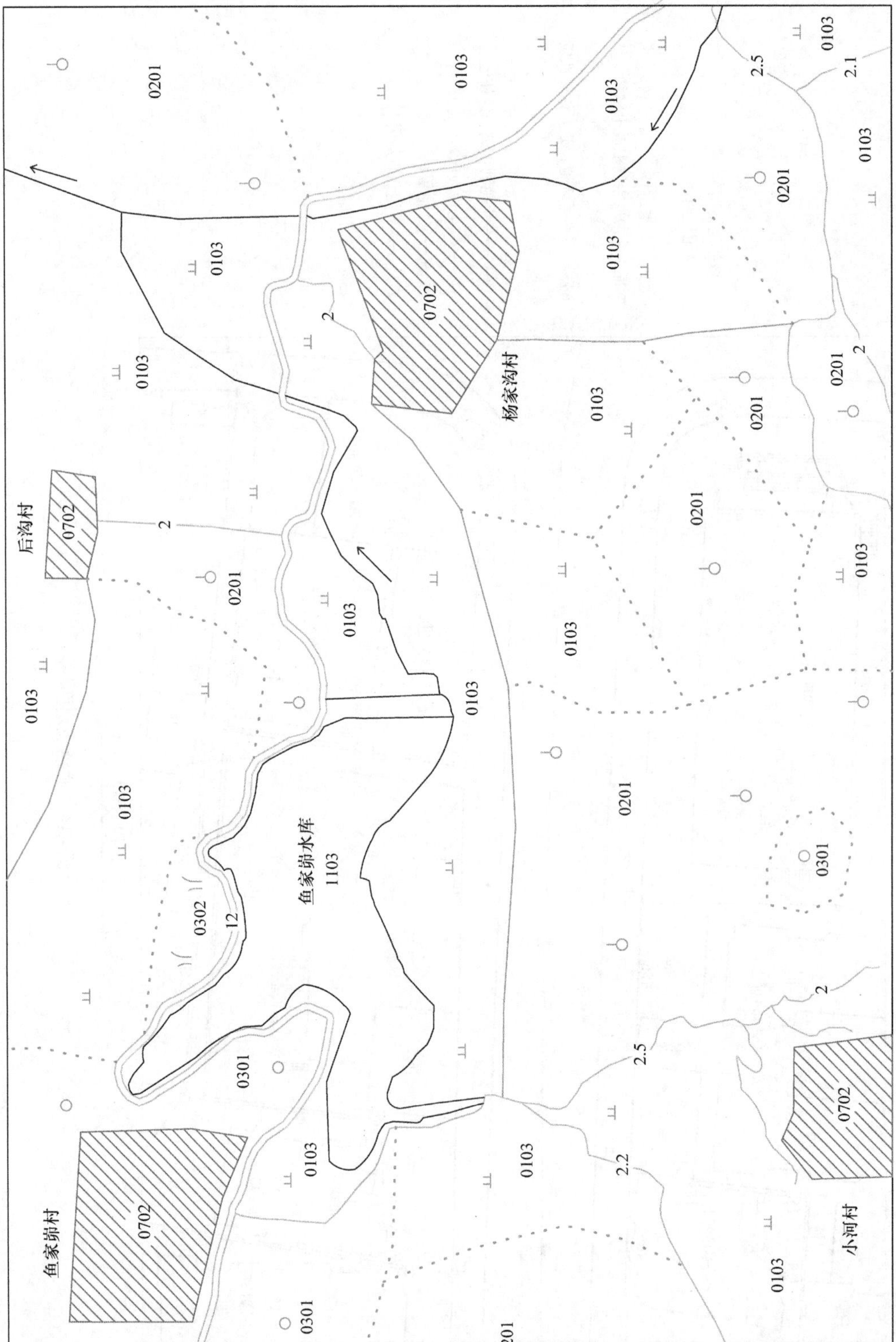

比例尺：1∶1万

图4.15 农村地籍图样

墙体凸凹小于图上 0.2mm 不表示；落地阳台、有柱走廊及雨篷、与房屋相连的大面积台阶和室外楼梯等应表示。

(3) 工矿企业露天构筑物、固定粮仓、公共设施、广场、空地等绘出其用地范围界线，内置相应符号。

(4) 铁路、公路及其主要附属设施，如站台、桥梁、大的涵洞和隧道的出入口应表示，铁路路轨密集时可适当取舍。

(5) 建成区内街道两旁以宗地界址线为边线，道牙线可取舍。

(6) 城镇街巷均应表示。

(7) 塔、亭、碑、像、楼等独立地物应择要表示，图上占地面积大于符号尺寸时应绘出用地范围线，内置相应符号或注记。公园内一般的碑、亭、塔等可不表示。

(8) 电力线、通信线及一般架空管线不表示，但塔位占地面积较大的高压线及其塔位应表示。

(9) 地下管线、地下室一般不表示，但大面积的地下商场、地下停车场等地下建筑应表示。

(10) 大面积绿化地、街心公园、园地等应表示。零星植被、街旁行道树、街心小绿地及单位内小绿地等可不表示。

(11) 河流、水库及其主要附属设施如堤、坝等应表示。

(12) 平坦地区不表示地貌，起伏变化较大地区应适当加注高程点。

(13) 地理名称应适当注记。

4. 数学要素

(1) 图廓线、坐标格网线及坐标注记。

(2) 埋石的各级控制点位及点名或点号注记。

(3) 地籍图的比例尺等。

4.3.3　分幅地籍图的测绘

分幅地籍图又称基本地籍图，现有的地形图的测绘方法都可用于测绘分幅地籍图。既可通过野外平板仪测图，也可利用摄影测量方法或绘编法成图，这些都是一些常规成图方法。目前地籍图基本采用数字化成图。

1. 平板仪测图

平板仪测图，一般适用于大比例尺的城镇地籍图和农村居民地地籍图的测制，其作业顺序为测图前的准备(图纸的准备、坐标格网的绘制、图廓点及控制点的展绘)，测站点的增设，碎部点(界址点、地物点)的测定，图边拼接，原图整饰，图面检查验收等工序。

碎部点的测定方法一般都采用极坐标法和距离交会法。在测绘地籍图时，通常先利用实测的界址点展绘出宗地位置，再将宗地内外的地籍、地形要素位置测绘于图上，这样做可减少地物测绘错误的发生。

2. 航测法成图

航测法成图特别适宜于中、小比例尺的大范围测图。它的成图速度快，成本低，且精度比较均匀。利用航测技术还可以编制影像地籍图，也可用于建立数字地籍图。航测法测制城镇地籍图详见第 9 章 9.3 节。

土地利用现状图和分幅土地权属界线图可采用航空遥感调查成图。其主要方法是：利用航片进行野外调绘，再以大比例尺地形图为工作底图，把调绘的内容，按照一定的精度要求转绘到地形图上，然后将透明绘图膜片蒙贴在转绘有地籍内容的地形图上，清绘制成土地利用现状图或分幅土地权属界线图。

3. 编绘法成图

对于大多数城镇来说，已经测制了大比例尺地形图，在此基础上，按地籍的要求编绘地籍图，不失为快速、经济、有效的方法，如地形图已数字化，则直接在计算机上编绘地籍图。

地籍图编绘的作业程序如下：

(1) 选定工作底图。首先选用符合地籍测量精度要求的地形图、影像平面图作为编绘地籍图的工作底图。工作底图的比例尺大小应尽可能选用与编绘的地籍图所需比例尺相同。

(2) 复制二底图。由于地形图或影像平面图的原图一般不能提供使用，故必须利用原图复制成二底图。复制后的二底图应进行图廓方格网变化情况和图纸伸缩的检查，当其限差不超过原绘制方格网、图廓线的精度要求时，方可使用。

(3) 外业调绘、补测。外业调绘、补测工作在二底图上进行。调绘、补测时应充分利用测区内原有控制点，采用交会截距、极坐标等方法补测，如控制点的密度不够时也可利用固定的明显地物点作为控制点进行补测。

若地形图已全部分层数字化，用编绘法成图时只需按上面的要求从图形库中提取地籍图所需的地形要素与界址线进行复合，再加上必需的地籍要素，按地籍图的要求在计算机中编绘，就可以得到所需的数字地籍图。

4. 野外采集数据机助成图

野外采集数据机助成图是指利用测量仪器如全站型电子速测仪、测距仪、光学经纬仪和钢尺等，在野外对界址点、地物点进行实测，以获取观测值(水平角、天顶距、距离等)，然后将观测值存入存储器，再通过接口，将数据传输到计算机，由计算机进行数据处理，从而获得界址点、地物点的坐标，最后利用计算机内各种应用软件，将地籍资料按不同的形式输出，如屏幕上显示各种成果表及图形，打印机打印各种数据，资料存入磁盘，数控绘图机绘制各种比例尺地籍图等。野外采集数据机助制图作业流程如图 4.16 所示。

5. RTK 数据采集成图

1) 基准站架设

RTK 基准站的设置可分为在已知点上架设和在未知点上架设两种情况。常用的方法是将基准站架设于地势较高、视野开阔的未知点上，利用流动站在测区内两个或两个以上的已知点上进行点校正，并求解转换参数。

2) 求解参数

GNSS 接收机输出的数据是 WGS84 坐标，应将其转换到施工测量坐标，这就需要进行坐标转换参数的计算和设置。通常采用四参数进行转换，其具体的参数分别为 x 坐标平移量、y 坐标平移量、旋转角和尺度因子。在参数的转换中，原则上至少应用两个或两个以上的控制点，其控制点精度的高低及分布将直接决定四参数的控制范围。

3) 检验校正

点位校正是 RTK 测量的一项重要工作，每次测量工作开始前均应进行点位校正，如果工程文件中已输入了转换参数，则每次工作之前利用一个控制点，并输入其已知坐标进行单点校正，然后找另一个控制点，测量其坐标，并与已知坐标进行对比验证。

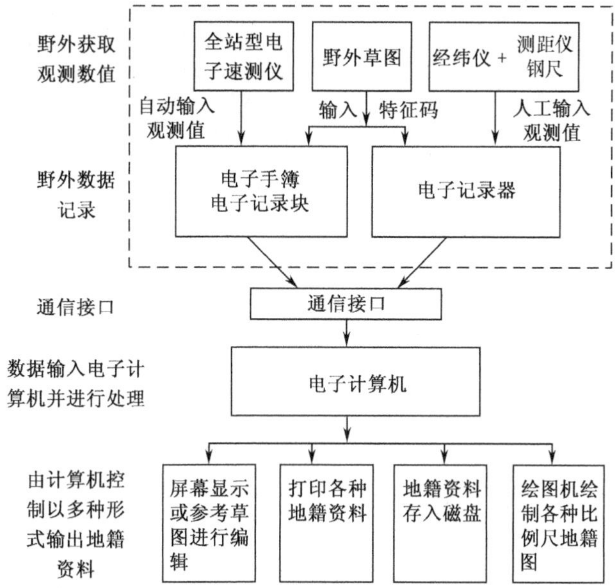

图 4.16　野外采集数据机助成图作业流程

4) *碎部测量*

利用 RTK 进行碎部点采集时，在各碎部点上采点，存入仪器内存中，并按存储的点号绘制草图。采点时必须在固定解状态下进行存储，PDOP 值亦应符合要求。在进行数据采集时，对中杆上的气泡应尽量保持水平，否则会造成天线几何相位中心偏离碎部点而使测量精度降低。

5) *数据传输成图*

RTK 数据传输使用的是专门的传输软件，一般 RTK 设备使用的是 Microsoft 公司的移动设备同步连接软件 Activesync，该软件可在网上免费下载。然后利用内业成图软件进行成图。

4.3.4　宗地图的绘制

1. 宗地图的概念

宗地图是描述宗地位置、界址点线和相邻宗地关系的实地记录。它是在地籍测绘工作的后期，当对界址点坐标进行检核后，确认准确无误，并且在其他的地籍资料也正确收集完毕的情况下，依照一定的比例尺制作成的反映宗地实际位置和有关情况的一种图件。日常地籍工作中，一般逐宗实测绘制宗地图。宗地图样图如图 4.17 所示。

宗地图和分幅地籍图是地籍的组成部分，是宗地现状的直观描述。宗地图是以宗地为单位编绘的地籍图，分幅地籍图是以地图标准分幅为单位编绘的地籍图。宗地图上表示的内容与地籍图上的内容必须一致。

宗地图是土地证上的附图，经土地登记认可后，便成为具有法律效力的图件。

2. 宗地图的内容

(1) 宗地图所在图幅号、地籍区(街道)号、地籍子区(街坊)号、宗地号、界址点号、土地利用分类号、土地登记号、房屋栋号。

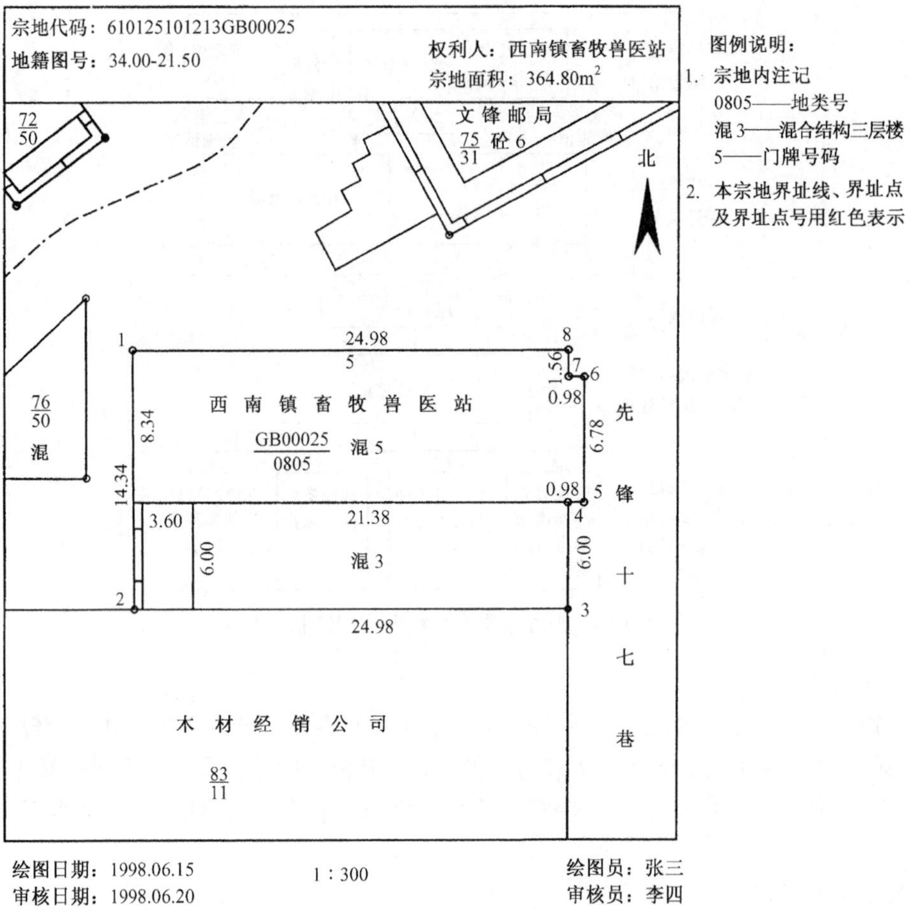

图 4.17　宗地图样图

(2) 本宗地用地面积和实量界址边长或反算得到的界址边长。

(3) 邻宗地的宗地号及相邻宗地间的界址分隔示意线。

(4) 紧靠宗地的地理名称。

(5) 宗地内的建筑物、构筑物等附着物及宗地外紧靠界址点的附着物。

(6) 本宗地界址点位置、界址线、地形地物的现状、界址点坐标表、权利人名称、用地性质、用地面积、测图日期、测点(放桩)日期、制图日期等。

(7) 指北方向和比例尺。

(8) 为保证宗地图的正确性，宗地图要有检查审核，宗地图的制图者、审核者均要在图上签名。

3. 宗地图的绘制

宗地图绘制的方法是将透明的绘图膜片蒙贴在分幅地籍图上，蒙绘宗地图所需的内容并补充加绘相关内容。摹绘宗地图时，应做到界址线走向清楚、坐标正确无误、面积准确、四至关系明确、各项注记正确齐全、比例尺适当。

宗地图图幅规格根据宗地的大小选取，一般为 32 开、16 开、8 开等，界址点用 1.0mm 直径的圆圈表示，界址线粗 0.3mm，用红色或黑色表示。

宗地图比例尺可根据宗地大小选定，以能清楚表示宗地情况为原则。若分幅地籍图比例尺不能满足宗地图比例尺要求时，可采用复制放大或缩小的方法加以解决。

4. 农村居民地地籍图

农村居民地是指建制镇(乡)以下的农村居民地住宅区及乡村圩镇。因为农村地区采用 1∶5000、1∶1 万较小比例尺测绘分幅地籍图，所以在地籍图上无法表示出居民地和细部位置，不便于村民宅基地的土地使用权管理。故需测绘大比例尺农村居民地地籍图，用做农村地籍图的附图，以满足地籍管理工作的需要。

农村居民地地籍图的范围轮廓线应与农村地籍图上所标绘的居民地地块界线一致。

城乡结合部或经济发达地区的农村居民地地籍图一般采用 1∶1000、1∶2000 比例尺，按城镇地籍图测绘方法和要求测绘。急用图时，也可采用航摄像片放大，编制任意比例尺农村居民地地籍图。

农村居民地地籍图采用自由分幅以岛形式编绘。

居民地内权属的划分、权属调查、土地利用分类、房屋建筑情况的调查与城镇地籍测量相同。

农村居民地地籍图的编号应与农村地籍图中该居民地和地块号一致，居民地内户地(宗地)编号按居民地自然走向 1，2，3，…顺序进行编号。居民地内的其他公共设施如球场、道路、水塘等不做编号。

农村居民地地籍图表示的内容一般包括：

(1) 自然村居民地范围轮廓线、居民地名称、居民地所在乡(镇)、村名称、居民地所在农村地籍图的图号和地块号。

(2) 户地权属界线、户地编号、房屋建筑结构和层数，利用类别和户地面积。

(3) 作为权属界线的围墙、垣栅、篱笆、铁丝网等线状地物。

(4) 居民地内公共设施、道路、球场、晒谷场、水塘和地类界等。

(5) 居民地的指北方向。

(6) 居民地地籍图的比例尺等。

农村居民地地籍图，如图 4.18 所示。

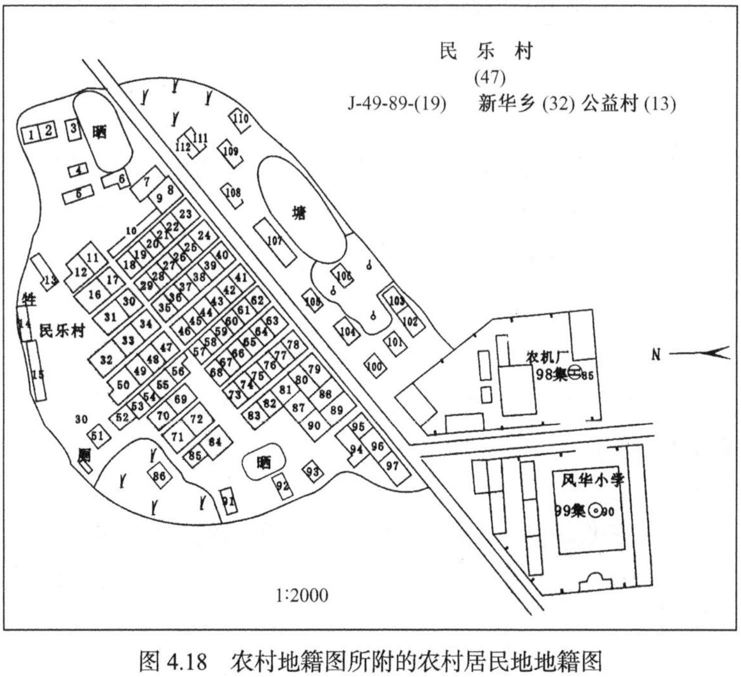

图 4.18 农村地籍图所附的农村居民地地籍图

4.4　土地面积量算

4.4.1　土地面积量算的概念

1. 土地面积量算的目的

地籍测量中的土地面积量算，一般是一种多层次的水平面积测算。例如，一个行政管辖区的总面积，各宗地面积，各种利用分类面积等。摸清土地家底，搞清各类用地比例，都需要进行土地面积量算。通过土地面积量算工作得到的面积数据是调整土地利用结构、合理分配土地、收取土地费(税)的依据。另外，还为制定国民经济计划、农业区划、土地利用规划等提供数据基础。因此，土地面积量算是地籍测量中一项很重要且必不可少的工作内容。

2. 面积量算的要求

(1) 土地面积量算是指水平投影面积量算或椭球面面积量算。

(2) 土地面积量算，无论采用哪种方法，均应独立进行两次量算。不同的方法与面积大小，对两次量算结果有不同的较差要求。

(3) 土地面积量算遵循“从整体到局部，层层控制，分级量算，块块检核，逐级按面积成比例平差”的原则，即按两级控制、三级量算。第一级：以图幅理论面积为首级控制。当各区块(街坊或村)面积之和与图幅理论面积之差小于限差值时，将闭合差按面积比例配赋给各区块，得出各分区的面积。第二级：以平差后的区块面积为二级控制。当量算完区块内各宗地(或图斑)面积之后，其面积和与区块面积之差小于限差值时，将闭合差按面积比例配赋给各宗地(或图斑)，则得宗地(或图斑)面积的平差值。

3. 面积量算的平差方法

由于量测误差、图纸伸缩的不均匀变形等原因，使量算出来各块面积之和 $\sum P_i'$ 与控制面积不等，若在限差内可以平差配赋，即

$$\Delta P=\sum_{i=1}^{k}P_i'-P_0,\quad K=-\Delta P/\sum_{i=1}^{k}P_i',\quad V_i=KP_i',\quad P_i=P_i'+V_i$$

式中，ΔP 为面积闭合差；P_i' 为某地块量测面积；P_0 为控制面积；K 为单位面积改正数；V_i 为某地块面积的改正数；P_i 为某地块平差后的面积。

平差后的面积应满足检核条件：

$$\sum_{i=1}^{k}P_i'-P_0=0$$

若采用直接解析法量算面积，只进行闭合差计算，不参加闭合差配赋。

4. 土地面积量算的精度要求

1) 两次量算较差要求

(1) 求积仪量算。求积仪对同一图形两次量算，分划值的较差不超过表 4.2 的规定。

表 4.2 求积仪对同一图形两次量算的分划值的较差

求积仪量测分划值数	允许误差分划数
<200	2
200～2000	3
>2000	4

注：其指标适用于重复绕圈的累计分划值。

(2) 其他方法量算。同一图斑两次量算面积较差与其面积之比小于表 4.3 的规定。

表 4.3 同一图斑两次量算面积较差与其面积之比

图上面积/mm²	允许误差
<50	1/20
50～100	1/30
100～400	1/50
400～1000	1/100
1000～3000	1/150
3000～5000	1/200
>5000	1/250

注：图上面积太小的图斑，可以适当放宽。

2) 土地分级量算的限差要求

为了保证土地面积量算成果精度，通常按分级与不同量算方法来规定它们的限差。

(1) 分区土地面积量算允许误差，按一级控制要求计算，即

$$F_1 < 0.0025P_1 = P_1/400$$

式中，F_1 为与图幅理论面积比较的限差(hm^2)；P_1 为图幅理论面积(hm^2)。

(2) 土地利用分类面积量算限差，作为二级控制，分别按不同公式计算。

求积仪法：$F_2 \leqslant \pm 0.08 \times \dfrac{M}{10000}\sqrt{15P_2}$

图解法：$F_3 \leqslant \pm 0.06 \times \dfrac{M}{10000}\sqrt{15P_2}$

方格法、网点板法、平行线法：$F_4 \leqslant \pm 0.1 \times \dfrac{M}{10000}\sqrt{15P_2}$

式中，F_2，F_3，F_4 为不同量算方法与分区控制面积比较的限差(hm^2)；M 为被量测图纸的比例尺分母；P_2 为分区控制面积(hm^2)。

4.4.2 土地面积量算方法

1. 几何要素法

所谓几何要素法是指将多边形划分成若干简单的几何图形，如三角形、梯形、四边形、矩形等，在实地或图上测量边长和角度，根据面积计算公式，计算出各简单几何图形的面积，再

计算出多边形的总面积。

1) 三角形

如图 4.19 所示。其计算公式如下

$$P=\frac{1}{2}ch_c=\frac{1}{2}bc\sin A=\sqrt{p(p-a)(p-b)(p-c)} \tag{4.7}$$

式中，$p=a+b+c$。

2) 四边形

如图 4.20 所示。其计算公式如下

$$P=\frac{1}{2}(ad\sin A+bc\sin C)=\frac{1}{2}[ad\sin A+ab\sin B+bd\sin(A+B-180°)] \tag{4.8}$$

3) 梯形

如图 4.21 所示。其计算公式如下

$$P=\frac{d^2-b^2}{2(\cot A-\cot D)} \tag{4.9}$$

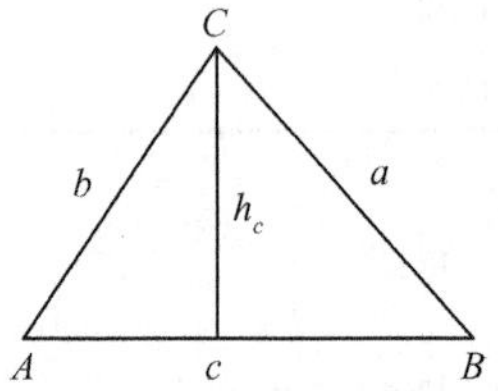

图 4.19 三角形面积

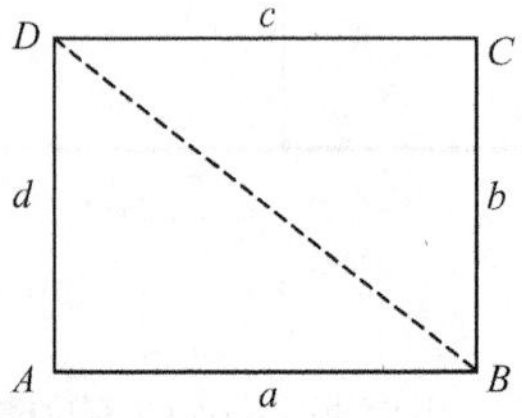

图 4.20 四边形面积

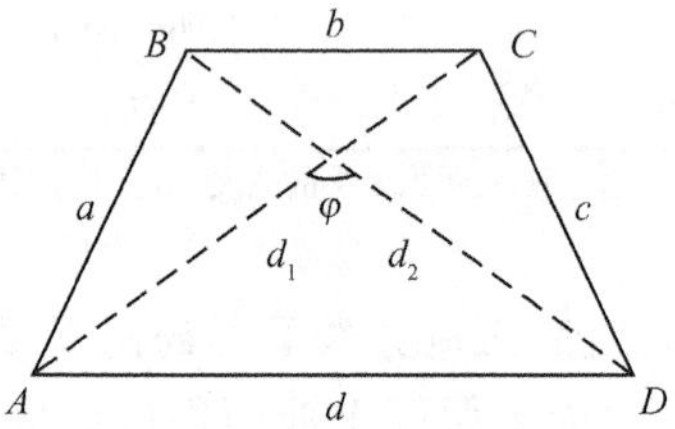

图 4.21 梯形面积

2. 膜片法

膜片法是指用伸缩性小的透明塑料、玻璃或摄影软片等制成等间隔网板、平行线板等膜片，把膜片放在地图上适当的位置进行土地面积量算的方法。常用的方法有格网法和格点法、平行线法等。

1) 格网法(方格法)

在透明板材上建立起互相垂直的平行线，平行线间的间距为 1mm，则每一个方格是面积为 1mm^{2}的正方形，把它的整体称为方格网求积板。图 4.22 中 *abmn* 为要量测的图形，可将透明方格网置于该图形的上面，首先累积计算图形内部的整方格数，再估读被图形边线分割的非整格面积，两者相加即得图形面积。

2) 格点法

将上述方格网的每个交点绘成 0.1mm 或 0.2mm 直径的圆点，去掉互相垂直的平行线，将其建立在某种透明板材上，则点值(每点代表图上的面积)就是 1mm^2；若相邻点子的距离为 2mm，则点值就是 4mm^{2}的面积。图 4.23 中 *abcd* 为待测的图形，将格点求积板放在图上数出图内与图边线上的点子，按下列公式可求出图形面积。

$$P=(N-1+L/2)D \tag{4.10}$$

式中，N 为图形内的点子数；L 为图形轮廓线上的点子数；D 为点值。

从图 4.23 中得出：N=11，L=2，设 D=1mm^2，则 P=11mm^2。

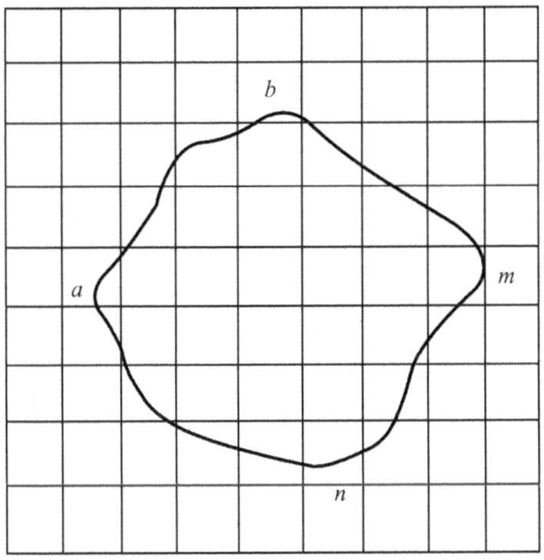

图 4.22 格网法图示

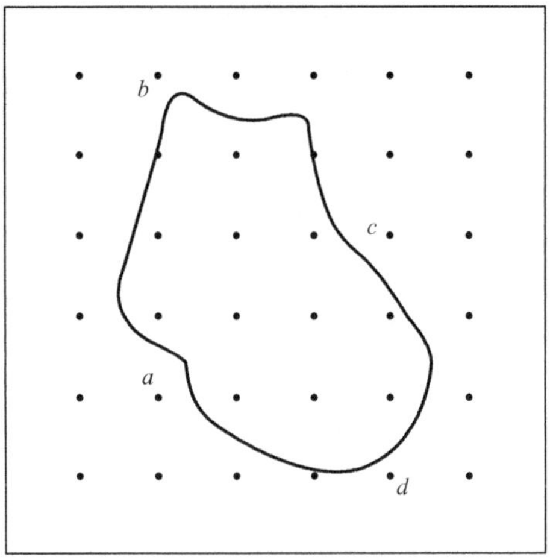

图 4.23 格点法图示

3) 平行线法

在透明板材上建立一组平行线，平行线的间隔距离可为 1mm 或 2mm。图 4.24 中的 *abcd* 为待测图形，将平行线膜片放在图上，量出图形内平行线的长度 L。再乘以平行线的间隔，便可得到图形面积。

3. 沙维奇法

沙维奇法适用于大面积的量算，优点在于减少了所量图形的面积，提高了精度。其原理如图 4.25 所示，即构成坐标方格网整数部分面积 P_0 不量测，只需测定不足整格部分 P_{a_1}、P_{a_2}、P_{a_3} 与 P_{a_4} 的面积和与之对应构成整格的补格部分 P_{b_1}、P_{b_2}、P_{b_3} 与 P_{b_4} 的面积。从图上可以看出整格面积 $P_1 = P_{a_1} + P_{b_1}$， $P_2 = P_{a_2} + P_{b_2}$， $P_3 = P_{a_3} + P_{b_3}$， $P_4 = P_{a_4} + P_{b_4}$。

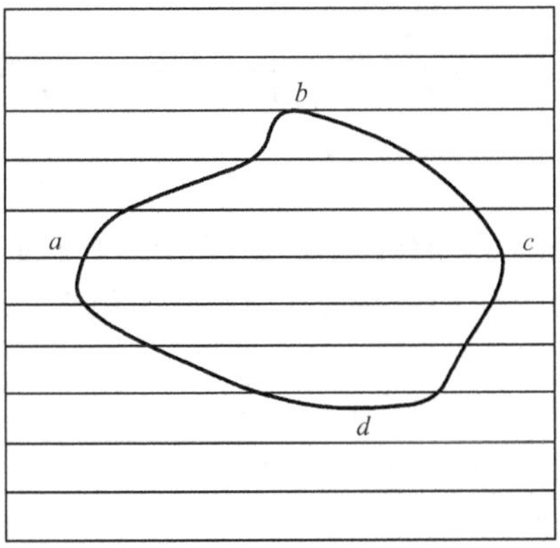

图 4.24 平行线法图示

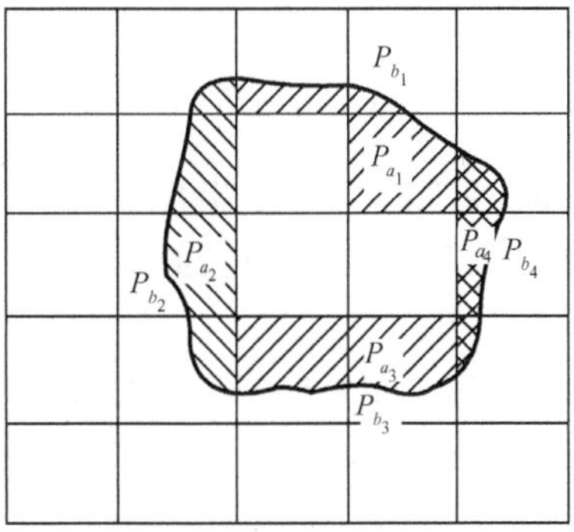

图 4.25 沙维奇法

设 P_{a_1}、P_{a_2}、P_{a_3} 与 P_{a_4} 面积的相应分划数为 a_1、a_2、a_3 及 a_4；P_{b_1}、P_{b_2}、P_{b_3} 与 P_{b_4} 面积的相应分划数为 b_1、b_2、b_3、b_4，整格面积的分划数为 a_1+b_1， a_2+b_2， a_3+b_3， a_4+b_4。

已知面积与求积仪分划值读数之间有下列正比关系，即

$$\frac{P_{a_i}}{a_i} = \frac{P_i}{a_i + b_i}, \quad P_{a_i} = \frac{P_i}{a_i + b_i} a_i$$

则用上式可计算不足整格部分的面积，故所求图形面积为

$$P = P_0 + P_{a_1} + P_{a_2} + P_{a_3} + P_{a_4} = P_0 + \sum_{i=1}^{n} P_{a_i} \tag{4.11}$$

4. 求积仪法

求积仪是一种以地图为对象量算土地面积的仪器，最早使用的是机械求积仪，由于科技的进步，近几年来研制出多种数字式求积仪、光电求积仪等。

1) 数字求积仪

在国内市场上，此种仪器主要型号有 3 种，即动极式 KP-90(图 4.26)、定极式 KP-80(图 4.27)和多功能 x-PLAN360i。

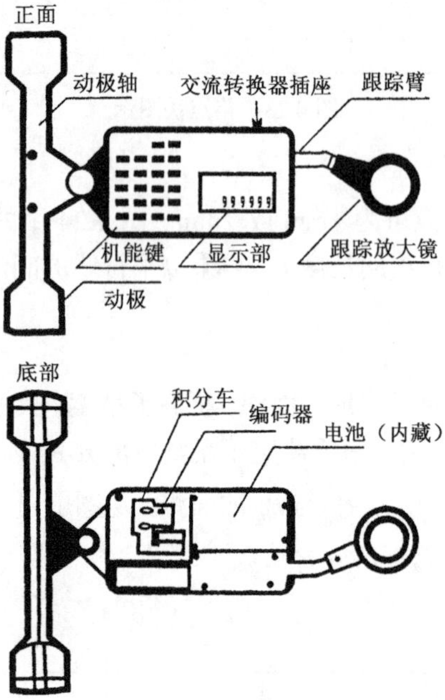

图 4.26 动极式 KP-90

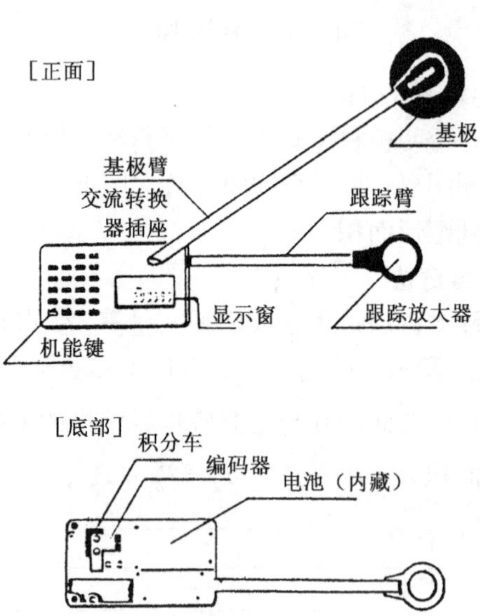

图 4.27 定极式 KP-80

KP-80 和 KP-90 可求出允许测量面积范围内的任意闭合图形的面积，可进行面积的累加计算，可求出多次测量值(可多达 10 次)的平均值。量算时可选择比例尺和面积单位，测量精度为±0.2% 以内。

x-PLAN360i 是一种多功能的仪器，它集数字化和计算处理功能为一体，是一种十分方便的测量工具。x-PLAN360i 可以测量面积，也可以测量线长(直线或曲线)、坐标、弧长和半径等，还可以通过一分离式的小型打印机打印出量算结果，同时也可通过 RS232C 接口接收来自计算机的指令或向计算机输出测量结果。直线测量时，只需对准其端点；规则曲线的测量只需对准其端点和一个中间点，便可快速地测算出曲线的半径和弧长；对于不规则曲线可通过跟踪的方式进行测量，其长度测量的分辨率可高达 0.05mm。由于该仪器具有数字功能，可以计算出图纸上任意点相对于坐标原点和坐标轴的坐标。

2) 光电求积仪

光电求积仪主要有光电面积测量仪与密度分割仪两种，具有速度快、精度高(稍低于解析法)等优点，但仪器价格昂贵。

光电求积仪是利用光电对地图上要测量的地块图形进行扫描，并通过转换处理，变成脉冲信号，从而计算出地块的面积。

5. 坐标法

坐标法也称直接解析法。通常一个地块的形状是一个任意多边形，其范围内可以是一个街道的土地，也可以是一个宗地，或一个特定的地块。坐标法是指按地块边界的拐点的坐标计算地块面积的方法。其坐标可以在野外直接实测得到，也可以从已有地图上图解得到，面积的精度取决于坐标的精度。

当地块很不规则，甚至某些地段为曲线时，可以增加拐点，测量其坐标。曲线上加密点越多，就越接近曲线，计算出的面积越接近实际面积。

许多地块都会被图廓线分割，通常需要计算出地块在各图幅中的地块面积，此时应计算出界址线与图廓线交点的坐标，然后分别组成地块，并计算出面积。由平面解析几何可知，界址线是由相邻的两个已知界址点相连，故可建立一个斜率表示的直线方程如$Y=k_1X+a$；同理，图廓线由两图廓点相连，利用图廓点坐标亦可建立一个方程如$Y=k_2X+b$；这两个方程联立求出交点坐标，分割后的地块面积即可求出。

如图 4.28 所示，已知多边形 $ABCDE$ 各顶点的坐标为$(X_A, Y_A)(X_B, Y_B)(X_C, Y_C)(X_D, Y_D)(X_E, Y_E)$，则多边形 $ABCDE$ 的面积。

$$
\begin{aligned}
P_{ABCDE} &= P_{A_0ABCC_0} - P_{A_0AEDCC_0} = P_{A_0ABB_0} + P_{B_0BCC_0} \\
&\quad -(P_{CC_0D_0D} + P_{DD_0E_0E} + P_{EE_0A_0A}) \\
&= (X_A+X_B)(Y_B-Y_A)/2 + (X_B+X_C)(Y_C-Y_B)/2 \\
&\quad +(X_C+X_D)(Y_D-Y_C)/2 + (X_D+X_E)(Y_E-Y_D)/2 \\
&\quad +(X_E+X_A)(Y_A-Y_E)/2
\end{aligned}
$$

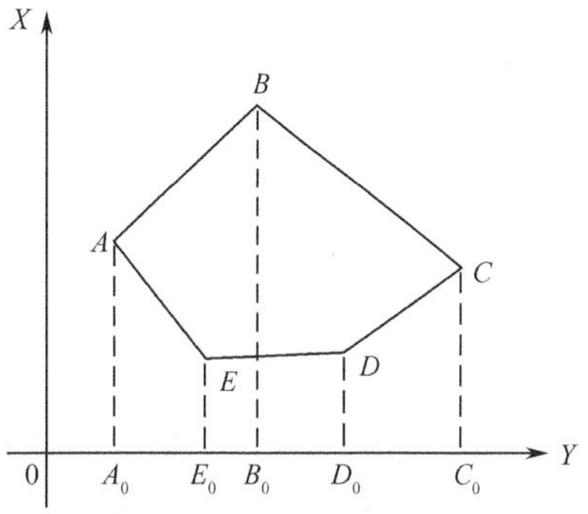

图 4.28　坐标法面积计算图式

化成一般形式为

$$
\begin{cases}
2P=\sum\limits_{i=1}^{n}(X_i+X_{i+1})(Y_{i+1}-Y_i) \\
2P=\sum\limits_{i=1}^{n}(Y_i+Y_{i+1})(X_{i+1}-X_i)
\end{cases}
\tag{4.12}
$$

$$
\begin{cases}
2P=\sum\limits_{i=1}^{n}X_i(Y_{i+1}-Y_{i-1}) \\
2P=\sum\limits_{i=1}^{n}Y_i(X_{i-1}-X_{i+1})
\end{cases}
\tag{4.13}
$$

式中，X_i，Y_i 为地块拐点坐标。当$i-1=0$时，$X_0=X_n$；当$i+1=N+1$时，$X_{N+1}=X_1$。

4.4.3　土地面积的汇总统计

面积量算之后，应将量算的结果按行政单位和权属单位分别汇总统计。汇总土地面积是土地面积量算工作的总结，也是土地登记、土地统计、土地规划等土地管理工作的基础。

面积汇总包括各级行政单位(村、乡、县等)的总体面积汇总及依据权属单位和行政单位按地类汇总，需要以平差后的面积按行政单位自下而上地逐级汇总统计。

1. 行政单位面积汇总

行政单位汇总的基础是村(街坊)土地面积的汇总。所量算图幅上的末级控制(农村为村或乡，城镇为街坊或街道)是面积汇总的基本单元。因为使用的是量算面积的平差值，所以汇总必须在控制面积量算之后进行。将同一村(街坊)在各涉及图幅内的控制面积相加，即为该村(街坊)土地的总面积。本村(街坊)总面积与涉及图幅的非本村面积之和，应等于涉及图幅的理论面积之和，并以此进行校核。

由于校核后的所属各村面积汇总而得乡(镇)的行政总面积，进而由乡得到县的总面积，其校核方法可仿照村的汇总统计。

2. 各类土地面积汇总

各权属单位及行政单位的各类土地面积汇总，应在各图幅碎部测量之后进行，汇总单元应为图斑的平差面积。其面积统计仍然应以图幅为基础，先统计一幅图内村(街坊)的各类土地面积之和，其汇总值应当等于该图幅内村(街坊)的总面积(控制面积)，两者可以相互检核。将各相关图幅内的村(街坊)的土地分类面积之和汇总，即可得村(街坊)的土地分类面积。村的各类面积总和应等于该村的行政总面积。同法按地类汇总统计乡(镇)及县的各类土地面积，并将乡、县的各类土地面积求和，再与乡、县的控制面积相互检核。

面积量算程序(以两级控制为例)可用图 4.29 表示。

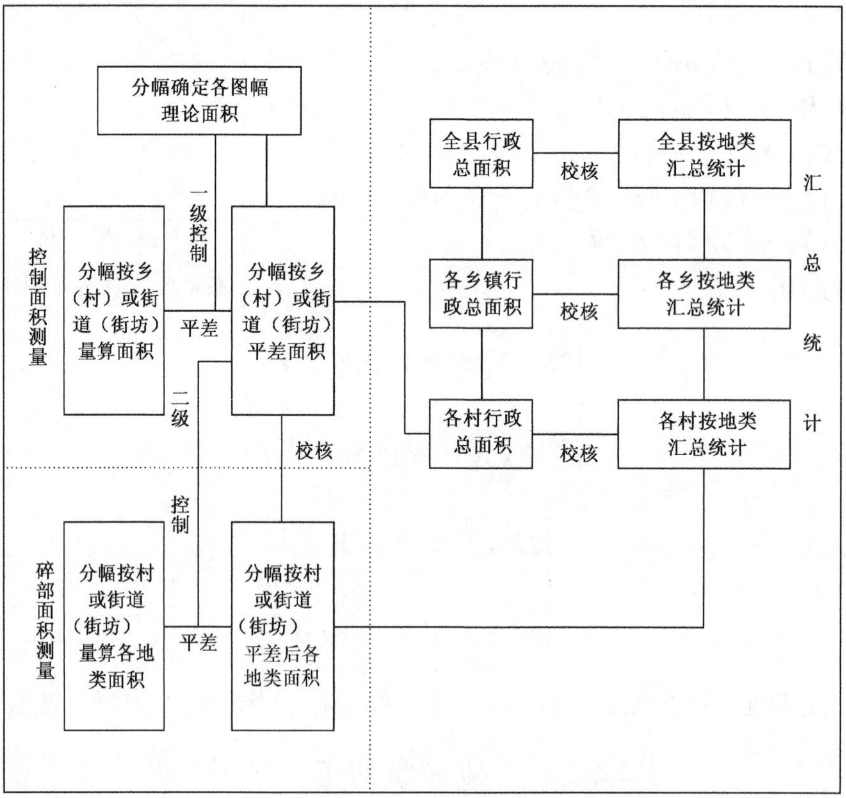

图 4.29　面积量算程序框图

3. 汇总统计中的几个问题

(1) 征地。可利用《征地通知书》通知所属单位，由该单位汇总。

(2) 图面上按规定未绘出的零星地，可根据外业调查记载的实勘面积，汇总在相应的地类中，并应在相邻地类中扣除。

(3) 线状地物同上述零星地同样处理。其长度可在图上量出，宽度应是实量值，如宽度不等时，则可分段测量。

(4) 田坎或田埂也属线状地物，但因为其数量过多而不可能逐个量测，所以可分为若干类型，依不同类型，抽样实测，得出

$$净耕地面积=毛耕地面积-田坎面积$$

从而求出耕地系数：$K_{耕}$=净耕地面积/毛耕地面积或田坎系数：$K_{坎}$=田坎面积/毛耕地面积，且 $K_{耕}=1-K_{坎}$。

依不同类型求出不同的值，即可在量算出毛耕地面积之后，按上式求出净耕地面积和应扣除的田坎面积。

思 考 题

1. 名词解释：地籍测量、界址、界址点、地籍图、宗地草图、宗地图。
2. 请结合实际说明地籍测量的目的是什么？
3. 如何在界址点上设置界桩？
4. 界址点的测量有哪几种方法？试比较各种方法的优缺点。
5. 界址点坐标的计算有哪几种方法？在实际中如何选择？
6. 试比较地籍图、宗地草图、宗地图的区别与联系。
7. 地籍图比例尺的选择受到哪些因素的制约？如何选择地籍图比例尺？
8. 在地籍图上进行内容选取应满足哪些基本要求？哪些内容必须选取？
9. 地籍图的绘制有哪几种方法？试比较各种方法的优缺点。
10. 宗地图的作用、内容是什么？
11. 土地面积量算有哪几种方法？土地面积量算控制有哪几种方法？

第 5 章　房 产 调 查

5.1　房产调查概述

5.1.1　房产调查的目的与内容

建筑物、构筑物是土地上非常重要的附着物，它们的具体情况是地籍资料不可缺少的重要内容。建筑物、构筑物的调查不但是一项十分严肃细致的工作，而且也是一项准确性、技术性要求很高的工作，因此调查人员必须予以充分的重视。建筑物、构筑物情况调查成果资料的好坏将直接影响地籍内容准确性，也将直接影响到房地产登记和管理工作。一般情况下，构筑物主要指道路、桥梁、堤坝、水闸等，建筑物主要指房屋。

1. 与房屋有关的名词解释

(1) 假层。指房屋的最上一层，四周外墙的高度一般低于正式层外墙的高度，内部房间利用部分屋架空间构成的非正式层，其高度大于 2.2m 部分的面积不足底层 1/2 的叫做假层。

(2) 气屋。利用房屋的人字屋架下面的空间建成，并设有老虎窗的叫做气屋。

(3) 夹层和暗楼。建筑设计时，安插在上下两层之间的房屋叫做夹层。房屋建成后，利用室内上部空间添加建成的房间叫做暗楼。

(4) 过街楼和吊楼。横跨里巷两边房屋建造的悬空房屋叫做过街楼；一边依附于相邻房屋，另一边有支柱建筑的悬空房屋叫做吊楼。

(5) 阳台。房屋建筑的上层，伸出墙外的部分，作为吸收阳光和纳凉使用的叫做阳台或眺台。阳台分为：外(凸)阳台、内(凹)阳台、凸凹阳台，绘图时把凸出墙面的部位绘成虚线。

(6) 天井和天棚。房屋内部的小块空间，无盖见天的叫做天井。天井上有透明顶棚覆盖的叫天棚。

2. 房产调查的目的

房产调查是确定房屋和承载房屋土地的自然状况与权属状况，为城镇的规划和建设、房地产的管理、开发、利用及征收房地产税收提供依据。房产调查的主要成果是各种房地产平面图、有关数据及文档。房产调查测绘的图件和调查成果资料一经审核批准作为权证的附件，便具有了法律效力。因此，对房产调查而言，必须有严格的要求。

3. 房产调查的内容

房产调查分为房屋调查和房屋用地调查。其内容包括对每个权属单元的位置、权属界线、数量、质量及利用状况调查以及行政境界和地理名称调查。

4. 房产调查表

房产调查应利用已有的地形图、地籍图、航摄像片，以及有关产籍等资料，按表 5.1(房屋调查表)和表 5.2(房屋用地调查表)以丘和幢为单位逐项地进行调查。

表 5.1 房屋调查表

市区名称或代码号______ 房产区号______ 房产分区号______ 丘号______ 序号______

<table>
<tr><td colspan="2">座落</td><td colspan="13">区(县) 街道(镇) 胡同(街巷) 号</td><td>邮政编码</td><td></td></tr>
<tr><td colspan="2">产权主</td><td colspan="6"></td><td>住址</td><td colspan="8"></td></tr>
<tr><td colspan="2">用 途</td><td colspan="6"></td><td colspan="2"></td><td>产别</td><td colspan="4"></td><td>电话</td><td></td></tr>
<tr><td rowspan="7">房屋状况</td><td rowspan="2">幢号</td><td rowspan="2">权号</td><td rowspan="2">户号</td><td rowspan="2">总层数</td><td rowspan="2">所在层次</td><td rowspan="2">建筑结构</td><td rowspan="2">建成年份</td><td rowspan="2">占地面积/m²</td><td rowspan="2">使用面积/m²</td><td rowspan="2">建筑面积/m²</td><td colspan="4">墙体归属</td><td colspan="2" rowspan="2">产权来源</td></tr>
<tr><td>东</td><td>南</td><td>西</td><td>北</td></tr>
<tr><td></td><td></td><td></td><td></td><td></td><td></td><td></td><td></td><td></td><td></td><td></td><td></td><td></td><td></td><td colspan="2"></td></tr>
<tr><td></td><td></td><td></td><td></td><td></td><td></td><td></td><td></td><td></td><td></td><td></td><td></td><td></td><td></td><td colspan="2"></td></tr>
<tr><td></td><td></td><td></td><td></td><td></td><td></td><td></td><td></td><td></td><td></td><td></td><td></td><td></td><td></td><td colspan="2"></td></tr>
<tr><td></td><td></td><td></td><td></td><td></td><td></td><td></td><td></td><td></td><td></td><td></td><td></td><td></td><td></td><td colspan="2"></td></tr>
<tr><td></td><td></td><td></td><td></td><td></td><td></td><td></td><td></td><td></td><td></td><td></td><td></td><td></td><td></td><td colspan="2"></td></tr>
<tr><td colspan="2" rowspan="2">房屋权界线示意图</td><td colspan="13" rowspan="2"></td><td>附加说明</td><td></td></tr>
<tr><td>调查意见</td><td></td></tr>
</table>

调查者： 年 月 日

表 5.2 房屋用地调查表

市区名称或代码号______ 房产区号______ 房产分区号______ 丘号______ 序号______

<table>
<tr><td colspan="2">座　落</td><td colspan="10">区(县)　　　　街道(镇)　　　　胡同(街巷)号</td><td>电话</td><td></td><td>邮政编码</td><td></td></tr>
<tr><td colspan="2">产权性质</td><td></td><td>产权主</td><td colspan="2"></td><td colspan="2">土地等级</td><td colspan="2"></td><td colspan="3">税费</td><td></td><td rowspan="7">附加说明</td><td rowspan="7"></td></tr>
<tr><td colspan="2">使用人</td><td></td><td>住址</td><td colspan="6"></td><td colspan="3">所有制性质</td><td></td></tr>
<tr><td colspan="2">用地来源</td><td colspan="8"></td><td colspan="3">用地用途分类</td><td></td></tr>
<tr><td rowspan="4">用地状况</td><td rowspan="2">四　至</td><td>东</td><td>南</td><td colspan="2">西</td><td colspan="2">北</td><td rowspan="2">界标</td><td>东</td><td colspan="2">南</td><td>西</td><td>北</td></tr>
<tr><td></td><td></td><td colspan="2"></td><td colspan="2"></td><td></td><td colspan="2"></td><td></td><td></td></tr>
<tr><td rowspan="2">面积/m²</td><td colspan="3">合计用地面积</td><td colspan="2">房屋占地面积</td><td colspan="2">院地面积</td><td colspan="2">分摊面积</td><td colspan="3" rowspan="2"></td></tr>
<tr><td colspan="3"></td><td colspan="2"></td><td colspan="2"></td><td colspan="2"></td></tr>
<tr><td colspan="2">用地略图</td><td colspan="14"></td></tr>
</table>

调查者：　　年　月　日

5. 丘幢及其编号

丘是指地表上一块有界空间的地块。一个地块只属于一个产权单元的称为独立丘，一个地块属于几个产权单元时称组合丘。

1) 丘的划分与编号

有固定界标的按固定界标划分，没有固定界标的按自然界线划分；而丘的编号是按市、市辖区(县)、房产区、房产分区、丘五级编号。而房产区是以市行政建制区的街道办事处或镇(乡)的行政辖区，或房地产管理划分的区域为基础划定，根据实际情况和需要，可以将房产区再划分为若干个房产分区。丘是以区为单元划分。

房产区和房产分区均以自然数字从 01 到 99 依序编列；当未划分房产分区时，相应的房产分区编号用“01”表示。

丘的编号以房产分区为编号区，采用 4 位自然数字从 0001 到 9999 编列；以后新增丘按原编号顺序连续编列，具体的编号格式如下

市代码+市辖区(县)代码+房产区代码+房产分区代码+丘号
(2 位)　(2 位)　(2 位)　(2 位)　(4 位)

丘的编号从北至南，从西至东以反 S 形顺序编列。

2) 幢与幢号

幢是指一座独立的，包括不同结构和不同层次的房屋。幢号是以丘为单位，自进大门起，从左到右，从前到后，用数字 1、2……顺序按 S 形编号。幢号注记在房屋轮廓线内的左下角，并加括号表示。若在他人用地范围内所建的房屋，应在幢号后面加编房产权号，房产权号用标识符 A 表示。而对于共有的房屋，在幢号后面加编共有权号，共有权号用标识符 B 表示。

6. 房屋用地调查

房屋用地调查的内容包括用地座落、产权性质、税费、用地人、用地单位所有制性质、使用权来源、四至、界标、用地用途分类、用地面积和用地纠纷等基本情况，以及绘制用地范围略图等。

5.1.2　房 屋 调 查

1. 房屋的权属

房屋的权属包括权利人、权属来源、产权性质、产别、墙体归属、房屋权属界线示意图和房屋权属登记情况。

(1) 权利人。房屋权利人是指房屋所有权人的姓名。私人所有的房屋，一般按照产权证件上的姓名登记，若产权人已死亡则应注明代理人的姓名；产权共有的，应注明全体共有人姓名；房屋是典当或抵押的，应注明典当或抵押人姓名及典当或抵押情况；产权不清或无主的可直接注明产权不清或无主，并做简要说明；单位所有的房屋，应注明单位全称；两个以上单位共有的，应注明全体共有单位全称。

(2) 权属来源。房屋的权源是指产权人取得房屋产权的时间和方式，如继承、购买、赠与、交换、自荐、征用、收购、调拨、拨用等。

(3) 产权性质。房屋产权性质是按照我国社会主义经济 3 种基本所有制形式，对房屋产权人占有的房屋进行所有制分类，共划分为全民(全民所有制)、集体(集体所有制)、私有(个体所有制)等 3 类。外产、中外合资产不进行分类，但应按实际注明。

(4) 产别。房屋产别是根据产权占有和管理不同而划分的类别。类别按两级分类，一级分

8 类，二级分 4 类，具体分类名称、编号及含义见表 5.3。

(5) 墙体归属。房屋墙体归属是指四面墙体所有权的归属，一般分 3 类：自有墙、共有墙、界墙。在房屋调查时应根据实际的墙体归属分别注明。

(6) 房屋权属界线示意图。房屋权属界线示意图是为示意房屋权属单元绘制的略图，表示房屋的相关位置。内容包括房屋权属界线、共有公用房屋权属界线以及与邻户相连墙体的归属、房屋的边长，对有争议的房屋权属界线应标注争议部位，并做相应的记录。

(7) 房屋权属登记情况。若房屋原已办理过房屋所有权登记的，在调查表中注明“房屋所有权证”证号。

表 5.3　房屋产别分类标准

一级分类		二级分类		含　义
编号	名称	编号	名称	
10	国有房产			指归国家所有的房产。包括由政府接管、国家经租、收购、新建以及国有单位用自筹资金建设或购买的房产
		11	直管产	指由政府接管、国家经租、收购、新建、扩建的房产(房屋所有权已正式划拨给单位的除外)，大多数由政府房地产管理部门直接管理、出租、维修，部分免租拨借给单位使用
		12	自管产	指国家划拨给全民所有制单位所有以及全民所有制单位自筹资金购建的房产
		13	军产	指中国人民解放军部队所有的房产，包括由国家划拨的房产、利用军费开支或军队自筹资金构建的房产
20	集体所有房产			指城市集体所有制单位所有的房产，即集体所有制单位投资建设、购买的房产
30	私有房产			指私人所有的房产，包括中国公民、海外华侨、在华外国侨民、外国人所投资建造、购买的房产，以及中国公民投资的私营企业(私营独资企业、私营合伙企业和私营有限公司)所投资建造、购买的房产
		31	部分产权	指按照房改政策，职工个人以标准价购买的住房，拥有部分产权
40	联营企业房产			指不同所有制性质的单位之间共同组成新的法人型经济实体所投资建造、购买的房产
50	股份制企业房产			指股份制企业所投资建造或购买的房产
60	港、澳、台投资房产			指港、澳、台地区投资者以合资、合作或独资在祖国大陆举办的企业所投资建造或购买的房产
70	涉外房产			指中外合资经营企业、中外合作经营企业和外资企业、外国政府、社会团体、国际性机构所投资建造或购买的房产
80	其他房产			凡不属于以上各类别的房屋，都归在这一类，包括因所有权人不明，由政府房地产管理部门、全民所有制单位、军队代为管理的房屋以及宗教、寺庙等房屋

2. 房屋的位置

房屋的位置包括房屋的座落、所在层次。

(1) 房屋座落。房屋座落是描述房屋在建筑地段的位置，是指房屋所在街道的名称和门牌号。房屋座落在小的里弄、胡同或小巷时，应加注附近主要街道名称；缺门牌号时，应借用毗连房屋门牌号并加注东、南、西、北方位；当一幢房屋座落在两个或两个以上街道或有两个以上门牌号时，应全部注明；单元式的成套住宅，应加注单元号、室号或产号。

(2) 所在层次。所在层次是指权利人的房屋在该幢的第几层。

3. 房屋的质量

房屋的质量包括层数、建筑结构、建成年份。

(1) 层数。房屋的层数是指房屋的自然层数，一般按室内地坪以上起计算层数。当采光窗在室外地坪线以上的半地下室，室内层高在2.2m以上的，则计算层数。地下层、假层、夹层、暗楼、装饰性塔楼以及突出层面的楼梯间、水箱间均不计算层数。屋面上添建的不同结构的房屋不计算层数，但仍需测绘平面图且计算建筑面积。

(2) 建筑结构。根据房屋的梁、柱、墙及各种构架等主要承重结构的建筑材料确定房屋的结构，房屋结构的分类标准和编号见表5.4。

表5.4 房屋建筑结构分类标准

类型		内容
编号	名称	
1	钢结构	承重的主要结构是用钢材料建造的，包括悬索结构
2	钢、钢筋混凝土结构	承重的主要结构是用钢、钢筋混凝土建造的。如一幢房屋一部分梁柱采用钢筋混凝土构架建造
3	钢筋混凝土结构	承重的主要结构是用钢筋混凝土建造的，包括薄壳结构、大模板现浇结构及使用滑模、开板等先进施工方法施工的钢筋混凝土结构的建筑物
4	混合结构	承重的主要结构是用钢筋混凝土和砖木建造的。如一幢房屋的梁是用钢筋混凝土制成，以砖墙围承重墙，或者梁用木材制造，柱用钢筋混凝土建造
5	砖木结构	承重的主要结构是用砖、木材建造的。如一幢房屋是木制房架、砖墙、木柱建造的
6	其他结构	凡不属于上述结构的房屋都归此类。如竹结构、砖拱结构、窑洞等

一幢房屋一般只有一种建筑结构，如房屋中有两种或两种以上建筑结构组成，如能分清楚界线的，则分别注明结构，否则以面积较大的结构为准。

(3) 建成年份。房屋的建成年份是指实际竣工年份。拆除翻建的，应以翻建竣工年份为准。一幢房屋有两种以上建筑年份，应分别调查注明。

4. 房屋的用途

房屋的用途是指房屋目前的实际用途，也就是指房屋现在的使用状况。房屋的用途按两级分类，一级分8类，二级分28类，具体分类标准、编号及分类含义见表5.5。一幢房屋有两种以上用途的，应分别调查注明。

表5.5 房屋用途分类

一级分类		二级分类		内容
编号	名称	编号	名称	
10	住宅	11	成套住宅	指由若干卧室、起居室、厨房、卫生间、室内走道或客厅等组成的供一户使用的房屋
		12	非成套住宅	指人们生活起居的但不成套的房屋
		13	集体宿舍	指机关、学校、企事业单位的单身职工、学生居住的房屋。集体宿舍是住宅的一部分

续表

一级分类		二级分类		内　容
编号	名称	编号	名称	
20	工业	21	工业	指独立设置的各类工厂、车间、手工作坊、发电厂等从事生产活动的房屋
		22	公用设施	指自来水、泵站、污水处理、变电、燃气、供热、垃圾处理、环卫、公厕、殡葬、消防等市政公用设施的房屋
	交通	23	铁路	指铁路系统从事铁路运输的房屋
		24	民航	指民航系统从事民航运输的房屋
		25	航运	指航运系统从事水路运输的房屋
		26	公交运输	指公路运输公共交通系统从事客、货运输、装卸、搬运的房屋
	仓储	27	仓储	指用于储备、中转、外贸、供应等各种仓库、油库用房
30	商业	31	商业服务	指各类商店、门市部、饮食店、粮油店、菜场、理发店、照相馆、浴室、旅社、招待所等从事商业和为居民生活服务的房屋
		32	经营	指各种开发、装饰、中介公司从事经营业务活动所用的场所
		33	旅游	指宾馆、饭店、乐园、俱乐部、旅行社等主要从事旅游服务所用的房屋
	金融	34	金融保险	指银行、储蓄所、信用社、信托公司、证券公司、保险公司等从事金融服务所用的房屋
	信息	35	电信信息	指各种邮电、电信部门、信息产业部门，从事电信与信息工作所用的房屋
40	教育	41	教育	指大专院校、中等专业学校、中学、小学、幼儿园/托儿所、职业学校、业余学校、干校、党校、进修学校、工读学校、电视大学等从事教育所用的房屋
	医疗卫生	42	医疗卫生	指各类医院、门诊部、卫生所(站)、检(防)疫站、保健院(站)、疗养院、医学化验、药品检验等医疗卫生机构从事医疗、保健、防疫、检验所用的房屋
	科研	43	科研	指各类从事自然科学、社会科学等研究设计、开发所用的房屋
50	文化	51	文化	指文化馆、图书馆、展览馆、博物馆、纪念馆等从事文化活动所用的房屋
		52	新闻	指广播电视台、电台、出版社、报社、杂志社、通讯社、记者站等从事新闻出版所用的房屋
	娱乐	53	娱乐	指影剧院、游乐场、俱乐部、剧团等从事文艺演出所用的房屋
		54	园林绿化	指公园、动物园、植物园、陵园、苗圃、花圃、花园、风景名胜、防护林等所用的房屋
	体育	55	体育	指体育场、馆、游泳池、射击场、跳伞塔等从事体育所用的房屋
60	办公	61	办公	指党、政机关、群众团体、行政事业等单位所用的房屋
70	军事	71	军事	指中国人民解放军军事机关、营房、阵地、基地、机场、码头、工厂、学校等所用的房屋
80	其他	81	涉外	指外国使、领馆，驻华办事处等涉外所用的房屋
		82	宗教	指寺庙、教堂等从事宗教活动所用的房屋
		83	监狱	指监狱、看守所、劳改场(所)等所用的房屋

5. 房屋的数量

房屋的数量包括建筑占地面积、建筑面积、使用面积、共有面积、产权面积、宗地内的总建筑面积(简称总建筑面积)、套内建筑面积等。

(1) 建筑占地面积(基地面积)。房屋的建筑占地面积是指房屋底层外墙(柱)所围水平面积，一般与底层房屋建筑面积相同。

(2) 建筑面积。建筑面积是指房屋外墙(柱)勒脚以上各层的外围水平投影面积，包括阳台、挑廊、地下室、室外楼等，且具备上盖，结构牢固，层高 2.2m 以上(含 2.20m)的永久性建筑。水平建筑面积指房屋外墙勒脚以上的墙身外围的水平面积，楼房建筑面积则指各层房屋墙身外围水平面积的总和。建筑面积包括使用面积和共有面积 2 部分。

(3) 使用面积。使用面积指房屋户内全部可供使用的空间面积，按房屋的内墙面水平投影计算，包括直接为办公、生产、经营或生活使用的面积和辅助用房的厨房、厕所或卫生间以及壁柜、户内过道、户内楼梯、阳台、地下室、附层(夹层)、2.2m 以上(指建筑层高，含 2.2m 以下同)的阁(暗)楼等面积。

(4) 共有面积。共有面积指各产权主共同占有或共同使用的面积，主要包括：层高超过 2.2m 的单车库、设备层或技术层、室内外楼梯、楼梯悬挑平台、内外廊、门厅、电梯及机房、门斗、有柱雨篷、突出屋面有围护结构的楼梯间、电梯间及机房、水箱等面积。

(5) 房屋的产权面积。房屋的产权面积指产权主依法拥有房屋所有权的房屋建筑面积。房屋产权面积由省(自治区、直辖市)、市、县房地产行政主管部门登记确权认定。

(6) 总建筑面积。总建筑面积等于计算容积率的建筑面积和不计算容积率的建筑面积之和。计算容积率的建筑面积包括使用建筑面积(含结构面积)(以下简称使用面积)、分摊的共有面积(以下简称共有面积)和未分摊的共有面积。面积测量计算资料中要明确区分计算容积率的建筑面积和不计算容积率的建筑面积。

(7) 成套房屋的建筑面积。成套房屋的套内建筑面积由套内的房屋使用面积，套内墙体面积，套内阳台面积 3 部分组成。

(8) 套内房屋使用面积。套内房屋使用面积是套内房屋使用空间的面积，以水平投影面积按以下面积计算：套内使用面积为套内卧室、起居室、门厅、过道、厨房、卫生间、厕所、储藏室、壁橱、壁柜等空间面积的总和。套内楼梯按自然层数的面积总和计入使用面积。不包括在结构面积内的套内烟囱、通风道、管道井均计入使用面积。内墙面装饰厚度计入使用面积。

(9) 套内墙体面积。套内墙体面积是套内使用空间周围的围护或承重墙体或其他承重支撑体所占的面积，其中各套之间的分隔墙和套内公共建筑空间的分隔墙以及外墙(包括山墙)等共有墙，均按水平投影面积的一半计入套内墙体面积。套内自由墙体按水平投影面积全部计入套内墙体面积。

(10) 套内阳台建筑面积。套内阳台建筑面积均按阳台外围与房屋墙体之间的水平投影面积计算。其中封闭的阳台按水平投影全部计算建筑面积，未封闭的阳台按水平投影的一半计算建筑面积。

5.1.3 房产要素的编号

1. 房产编号

这里的房产是指一个宗地内的房产。房产编号全长 17 位，字符型，如表 5.6 所示。编号前 13 位为该房产或户地所属的宗地的编号。第 14 位为特征码(二值型)以“0”代表房产，以

“1”代表户地(宅基地)。第 15、16、17 三位为该房产或户地在所属地块范围内按“弓”形顺序编的房产序号或户地序号。户地指农村居民点的宅基地。

表 5.6　房产编号

第 1～13 位	第 14 位	第 15、16、17 位
宗地 编号(同表 2.1)	(一位数字)房产——“0” 户地——“1”	房产序号(三位数字) 000～999

2. 房屋及构筑物要素编号

房屋及构筑物编号可依据《房产测量规范》的有关规定进行编制。

房屋、构筑物编号全长 9 位，字符型，如表 5.7 所示。第 1、2 位，房屋产别，用两位数字表示到二级分类。第 3 位，房屋结构由一位数字表示。第 4、5 位，房屋层数，用二位字符表示，1～99 层用 01～99 表示，100 层以上(含 100 层)用字母加数字表示，如 100 层用“A0”表示，115 层用“B5”表示，其中 A 表示“10”，B 表示 11 依次类推。第 6、7 位，建成年限，用二位字符表示，取建成年份末两位数。如“85”代表 1985 年建成，对 1999 年以后建成的房屋用字母加数字表示，如“A0”代表 2000 年(1900+100=2000)，“C4”代表 2024 年(1900+124=2024)，对 1900 年以前建成的房屋，可在宗地图上特殊注记。第 8、9 位，房屋用途用两位数字表示到二级分类。

表 5.7　建筑物及构筑物编号

第 1、2 位		第 3 位		第 4、5 位		第 6、7 位		第 8、9 位	
产别 (二位)		结构 (一位)		层次 (二位)		建成年限 (二位)		房屋用途 (二位)	
10	国有房产	1	钢结构	01	1 层	00	1900 年	11	成套住宅
11	直管产	2	钢、钢筋砼结构	02	2 层	…	…	12	非成套住宅
12	自管产	3	钢筋砼结构	…	…	85	1985 年	13	集体宿舍
13	军产	4	混合结构	99	99 层	…	…	21	工业
20	集体所有房产	5	砖木结构	A0	100 层	99	1999 年	22	公用设施
30	私有房产	6	其他结构	…	…	A0	2000 年	23	铁路
31	部分产权			A9	109 层	…	…	24	民航
40	联营企业房产			B0	110 层	A9	2009 年	…	…
50	股份制企业房产			…	…	B0	2010 年		
70	涉外房产			B9	119 层	…	…		
80	其他房产			C0	120 层	B9	2019 年		
				…	…	C0	2020 年		
				C9	129 层	…	…		
						C9	2029 年		

5.1.4　房屋用地调查

1. 房屋用地调查的内容

房屋用地调查的内容包括用地的座落、产权人、产权性质、使用人、土地等级、税费、权源、用地单位所有制的性质、用地情况，以及绘制房屋用地范围示意图。每一单独的房屋用地范围称为一宗(或一丘)。房屋用地调查表见表 5.8。

表 5.8　房屋用地调查表

图幅号：　　　　宗号：　　　　序号：

座落		区(县)　街道(镇)　胡同(巷)　号							电话				邮政编码
产权性质			产权人		土地等级		税费						用地范围示意图
使用人			住址				所有制性质						
权　源													
用地状况	四至	东		南		西		北					
	界标	东		南		西		北					
	用地分类面积/m²	合计	住宅	工业	公用设施	铁路	民航	航运	公交运输	道路	仓储	商业服务	
			旅游	金融保险	教育	医疗	科研	文化	新闻	娱乐	园林绿化	体育	
			办公	军事	涉外	宗教	监狱	农用	水域	空隙			调查意见
	用地面积/m²	合计	房屋占地		院落		分摊共用院落		室外楼梯占地				备注

调查者：　　年　　月　　日

用地的座落与房屋调查相同。

用地的产权性质，可按土地所有权分为国有和集体所有两种。1982 年宪法规定，城镇土地都属于国家所有，即城镇土地国有化；而只有在农村及城郊地区才有部分土地属集体所有，对于集体所有的土地还应注明土地所有单位的全称。土地的等级则是指经土地分等定级以后确定的土地级别。用地税费是指用地人每年向土地管理部门或税务机关缴纳的土地使用税。

用地人及用地单位所有制性质的调查要求同房屋调查。用地权源是指取得土地使用权的时间和方式，如征用、划拨、价拨、出让、租用等。

用地四至是指用地范围与四邻接址情况，一般可按东、南、西、北方向注明邻接用地单位(人)或街道名称。

界标是指用地界线上的各种标志，包括界桩、界钉、喷涂等标志；界线是指用地界线上相邻的各种标志的连线，包括道路、河流等自然界线，房屋墙体、围墙、栅栏等围护物体的轮廓线，以及界碑、界桩等埋石标志的连线等。在调查中，用地范围示意图是以用地单元为单位绘制的略图，主要反映房屋用地位置、相互关系、用地界线、公用院落的界线，以及界标类别及归属，并注记测量的用地界线边长。用地范围界线，包括公用院落的界线，由产权人(用地人)指界与邻户认证来确定。用地范围有争议的，应标出争议部位，按未定界处理。

2. 行政境界与地理名称调查

在房地产调查中除对房屋用地进行调查外，还要对行政境界与地理名称进行调查，并标绘于房地产平面图上。

行政境界调查应依照各级地方人民政府划定的行政境界位置，调查区、镇、县的行政区划范围。对于街道或乡的行政区划，可根据需要进行调查。

地理名称调查(地名调查)包括居民地、道路、河流、广场等自然名称，镇以上人民政府等各级行政机构名称，工矿、企事业等单位名称的调查。自然名称应根据各地人民政府地名管理机构公布的标准名称，或公安机关编定的地名进行调查。凡在调查区域范围内的所有地名及名称均应调查。使用单位的名称应调查实际使用该房屋及其用地的企事业单位全称。当行政名称与自然名称相同时，亦应分别注记，其自然名称于前，行政名称于后，并加括号区别。对于地名的副名与曾用名一般应全部调查，并用不同的字级分别注记。若同一地名被线状或线状图廓线分割，或不能概括的大面积和延伸较长的地域、地物、则应分几处注记。

通过实地调查所填写的“房屋调查表”及“房屋用地调查表”的内容，可以作为建立房地产卡片，统计房地产各项数据及信息的基础资料。房地产调查是房地产平面图测绘的前提和依据，两者结合起来可以全面掌握房地产的现状，为房地产的经营和管理打好基础。

5.2 房产分幅图测绘

房地产测绘最重要的成果就是房地产平面图(简称房产图)。房产图是房地产产权、产籍管理的基本资料，是房地产管理的图件依据。根据房地产管理工作的需要，房产图可分为房产分幅平面图(分幅图)、房产分丘平面图(分丘图)及房屋分层分户平面图(分户图)。房产图是一套与城镇实地房屋相符的总平面图，利用它可以全面掌握房屋建筑状况、房产产权状况及土地使用情况。同时，利用房产图，可以逐幢、逐处地清理房地产产权，计算和统计房地产面积，作为房地产产权登记和转移变更登记的依据。房产图与房地产产权档案、房地产卡片、房地产簿册构成房地产产籍的完整内容，是房地产产权管理的依据和手段。

总之，房产图在房地产产权、产籍管理中乃至整个房地产业管理中都具有十分重要的作用。因此，必须严格按规范要求测绘房产图。

5.2.1 房产分幅图的内容与要求

房产分幅图是全面反映房屋、土地的位置、形状、面积及权属状况的基本图，是测绘分丘图和分户图的基础资料。

分幅图的测绘范围应与开展城镇房屋所有权登记的范围一致，以便为产权登记提供必要的工作底图。因此，分幅图的测绘范围应是城市、县城、建制镇的建成区和建成区以外的工矿企事业等单位及其相毗连的居民点。

城镇建成区的分幅图一般采用 1 : 500 比例尺，远离城镇建成区的工矿企事业等单位及其相毗连的居民点采用1：1000比例尺。图幅一般采用50cm×50cm正方形分幅。

分幅图应包括下列五个测绘内容。

1. 行政境界

一般只表示区、县、镇的境界线。街道或乡的境界线可根据需要取舍。若两级境界线重合时，则应用高一级境界线表示；当境界线与丘界线重合时，则应用境界线表示，境界线跨越图幅时，应在图廓间注出行政区划名称。

2. 丘界线

丘界线指房屋用地范围的界线，包括共用院落的界线，由产权人(用地人)指界与邻户认证来确定。对于明确而又无争议的丘界线用实线表示，有争议而未定的丘界线用虚线表示。为确定丘界线的位置，应实测作为丘界线的围墙、栅栏、铁丝网等围护物的平面位置(单位内部的围护物可不表示)。丘界线的转折点即为界址点。

3. 房屋及其附属设施

房屋包括一般房屋、架空房屋和窑洞等。房屋应分幢测绘，以外墙勒脚以上外轮廓为准。墙体凹凸小于图上0.2mm一级装饰性的柱、垛和加固墙等均不表示。临时性房屋不表示。同幢房屋层数不同的，应测绘出分层线，分层线用虚线表示。架空房屋以房屋外围轮廓投影为准，用虚线表示，虚线内四角加绘小圆表示支柱。窑洞只测绘住人的，符号绘在洞口处。

房屋附属设施包括柱廊、檐廊、架空通廊、底层阳台、门、门墩、门顶和室外楼梯。柱廊以柱外围为准，图上只表示四角和转折处的支柱，支柱位置应实测。底层阳台以栏杆外围为准。门墩以墩外围为准，门顶以顶盖投影为准，柱的位置应实测。室外楼梯以投影为准，宽度小于图上1mm者不表示。

4. 房产要素和房产编号

分幅图上应表示的房产要素和房产编号(包括丘号、幢号、房产权号、门牌号)、房屋产别、建筑结构、层数、建成年份、房屋用途和用地分类等，要根据房地产调查的成果以相应的数字、文字和符号表示。当注记过密，图面容纳不下时，除丘号、幢号和房产权号必须注记，门牌号可在首末两端注记、中间跳号注记外，其他注记按上述顺序从后往前省略。

5. 地形要素

与房产管理有关的地形要素包括铁路、道路、桥梁、水系和城墙等地物均应测绘。铁路以两轨外沿为准，道路以路沿为准，桥梁以外围为准，城墙以基部为准，沟渠、水塘、河流、游泳池以坡顶为准。地理名称按房产调查中的规定注记。

5.2.2　房产用地界址点测定精度

按《房产测量规范》规定，房产用地界址点(以下简称界址点)的精度分三等，一级界址点相对于邻近基本控制点的点位中误差不超过0.05m；二级界址点相对于邻近控制点的点位中误差不超过0.10m；三级界址点相对于邻近控制点的点位中误差不超过0.25m。对大中城市繁华地段的界址点和重要建筑物的界址点，一般选用一级或二级，其他地区选用三级。若一级、二级界址点不在固定地物点上，则应埋设固定标志，并记载标志类型和方位。界址点点号应以图幅为单位，按丘号的顺序顺时针统一编号，点号前冠以大写字母“J”，界址点的表示方法如图5.1所示。

1.0	◉	一级界址点
1.0	○	二级界址点
0.5	∘	三级界址点

图 5.1　界址点表示法

根据界址点的精度要求，为保证一级、二级界址点的点位精度，必须用实测法求得其解析坐标。在实测时，一级界址点按 1∶500 测图的图根控制点的方法测定，从基本控制点起，可发展两次，困难地区可发展三次。二级界址点以精度不低于 1∶1000 测图的图根控制点的方法测定，从邻近控制点或一级界址点起，可发展三次，从支导线上不得发展界址点。而对于三级界址点可用野外实测或航测内业加密方法求取坐标，也可从 1∶500 地图上量取坐标。

5.2.3　房产分幅图的测绘方法

房产分幅图的测绘方法与一般地形图测绘和地籍图测绘并无本质的不同，主要是为了满足房产管理的需要，以房地产调查为依据，突出房产要素和权属关系，以确定房屋所有权和土地使用权权属界线为重点，准确地反映房屋和土地的利用现状，精确地测算房屋建筑面积和土地使用面积。测绘分幅图应按照《房产测量规范》的有关技术规定进行。

房产分幅图的测绘方法，可根据测区的情况和条件而定。当测区已有现势性较强的城市大比例尺地形图或地籍图时，可采用增测编绘法，否则应采用实测法。

1. 房产分幅图实测法

若无现势性较强的地形图或地籍图时，为建立房地产档案，配合房地产产权登记，发放土地使用权与房产所有权证，必须进行房产分幅图的测绘。测图的步骤与地籍图测绘基本相同，在房产调查和房地产平面控制测量的基础上，测量界址点坐标(一级、二级界址点)、界址点平面位置(三级界址点)和房屋等地物的平面位置。实测的方法有：平板仪测绘法、小平板与经纬仪测绘法、经纬仪与光电测距仪测记法、全站仪采集数据法、RTK 采集数据等。采用实测法测绘的房产分幅图质量较高，且可读性强。

2. 房产分幅图的增测编绘法

1) 利用地形图增测编绘

利用城市已有的 1∶500 或 1∶1000 大比例尺地形图编绘成房产分幅图时，在房地产调查的基础上，以门牌、院落、地块为单位，实测用地界线，构成完整封闭的用地单元——丘。丘界线的转折点(界址点)如果不是明显的地物点则应补测，并实量界址边长；逐幢房屋实量外墙边长和附属设施的长宽，丈量房屋与房屋或其他地物之间的距离关系，经检查无误后方可展绘在地形图上；对原地形图上已不符合现状部分应进行修测或补测；最后注记房产要素。

2) 利用地籍图增补测绘

利用地籍图增补测绘成图是房产分幅图成图的方向。因为房产和地产是密不可分的，土地是房屋的载体，房屋依地而建，房屋所有权与土地使用权的主体应该一致，土地的使用范围和使用权限应根据房屋所有权和房屋状况来确定。从城市房地产管理上来说，应首先进行地籍调查和地籍测量，确定土地的权属、位置、面积等，而其利用状况、用途分类、分等定级和土地估价等又与土地上的房产有密切关系，因此在地籍图测绘中也需要测绘宗地内的主要房屋。房产调查和房产测量是对该地产范围内的房屋做更细致的调查和测绘，在已确定土地权属的基础上，对宗地范围内房屋的产权性质、面积数量和利用状况做分幢、分层、分户的细致调查、确权和测绘，以取得城市房地产管理的基础资料。

土地的权属单元为“宗”，房屋用地的权属单元为“丘”。在我国，土地只有全民所有和集体所有两种。因此，在绝大多数情况下，宗与丘的范围是一致的，在个别情况下，一宗地可能分为若干丘，根据地籍图编绘房产图时，其界址点一般只需进行复核而不需重新测定。对于图上的房屋则不仅需要复核，还需要根据房产分幅图测绘的要求，增测房屋的细部和附属物，以及根据房产调查的资料增补房产要素——产别、建筑结构、幢号、层数、建成年份、建筑面积等。

3. 城市地形图、地籍图、房屋分幅图的三图并测法

城市地形图是一种多用途的基本图，主要用于城市规划、建筑设计、市政工程设计和管理等；地籍图主要用于土地管理；房产图主要用于房产管理；这三种图的用途虽有不同，但它们都是根据城市控制网来进行细部测量的，而且最大比例尺都是 1∶500，图面上都需要表示出城市地面上的主要地物——房屋建筑、道路、河流、桥梁及市政设施等。因为这三种图具有上述共性，所以最合理最经济的施测方法应该是在城市有关职能部门(城市规划局、房产管理局、土地管理局、测绘院等单位)的共同协作下，采用三图并测的测绘方法。

三图并测法首先应建立统一的城市基本控制网和图根控制网，实测三图的共性部分，绘制成基础图，并进行复制。然后在此基础上按地形图、地籍图、房产分幅图分别测绘各自特殊需要的部分。对于地形图，增测高程注记(或等高线)和地形要素如电力线、通信线、各种管道、井、消防龙头、路灯等。对于地籍图，在地籍调查的基础上，增测界址点和各种地籍要素。对于房产分幅图，在房产调查的基础上，增测各丘界址点和各种房产要素，而且仍然是在地籍图的基础上来完成房产分幅图的测绘是最合理的。

5.3 房产分丘图和分层分户图测绘

房产分丘平面图是房产分幅图的局部明细图，是根据核发房屋所有权证和土地使用权证的需要，以门牌、户院、产别及其所占用土地的范围，分丘绘制而成。每丘为单独一张，它是作为权属依据的产权图，即作为产权证上的附图，经登记后，便具有法律效力，并是保护房地产产权人合法权益的凭证。因此，必须具有较高绘制精度。

房产分层分户图(简称分户图)是在分丘图的基础上绘制的局部明细图，当一丘内有多个产权人时，应以一户产权人为单元，分层分户地表示出房屋权属方位的细部，用以作为房屋产权证的附图。

5.3.1 房产分丘图的测绘

房产分丘图的坐标系统应与房产分幅图相一致。丘图比例尺可根据每丘面积的大小，在 1∶100 至 1∶1000 之间选用，一般尽可能采用与分幅图相同的比例尺。图幅的大小可选用 32K、16K、8K、4K 四种尺寸。

房产分丘图的内容除与分幅图的内容相同以外，还应表示出界址点及点号、界址边长、用地面积、房屋建筑的细节(挑廊、阳台等)、墙体归属、房屋边长、建筑面积、建成年份和四至关系等各项房产要素。

房产分丘图的测绘方法是利用已有的房产分幅图，结合房地产调查资料，按本丘范围展绘界址点，描绘房屋等地物，实地丈量界址边、房屋边等长度，修测、补测成图。

丈量界址边长和房屋边长时，用卷尺量取至 0.01m。不能直接丈量的界址边，也可由界址点坐标反算边长。对圆弧形的边，可按折线分段丈量。边长应丈量两次取中数，两次丈量较差不超过下式规定：

$$\Delta D = 0.004D \tag{5.1}$$

式中，ΔD 为两次丈量边长的较差(m)；D 为边长(m)。

丈量本丘与邻丘毗连墙体时，自有墙体量至墙体外侧；街墙量至墙体内侧；共有墙以墙体中间为界，量至墙体厚度的一半处。窑洞使用范围量至洞壁内侧。

挑廊、挑阳台、架空通道丈量时，以外围投影为准，并在图上用虚线表示。

房屋权界限与丘界线重合时，用丘界线表示；房屋轮廓线与房屋产权界线重合时，用房屋产权界线表示。

在描绘本丘的用地和房屋时，应适当绘出与本丘相连的邻丘地物。

图 5.2 和图 5.3 为房产分丘图示例。前者为独立丘，后者为组合丘，即在该丘中有若干个分丘。图中绘出本丘用地的界址点，以“J”开头的数字为界址点号，每条界址边都注明边长。丘号下为本丘用地面积(单位：m^2)。每幢房屋有 6 位数字代码，其中前 4 位与分幅图中的 4 位数字代码含义相同，第 5、6 位数为建筑年份。例如，代码“230476”，其中第一位数字“2”表示该房屋为“单位自管公产”，第二位数字“3”表示建筑结构为“钢筋混凝土结构”，第三、四位数字“04”表示该房屋的总层数为 4 层，第五、六位数字“76”表示该房屋建成于 1976 年。房屋代码下为本幢房屋的总建筑面积。每幢房屋均注明长宽。

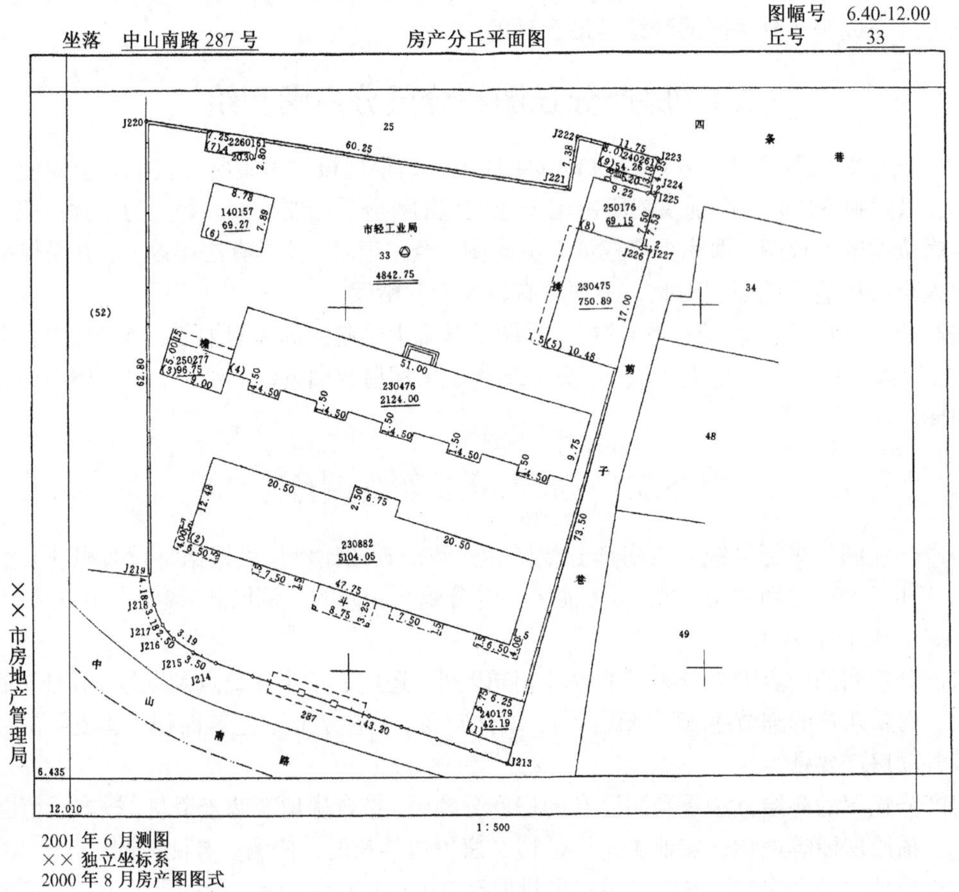

图 5.2　房产分丘图(独立丘)

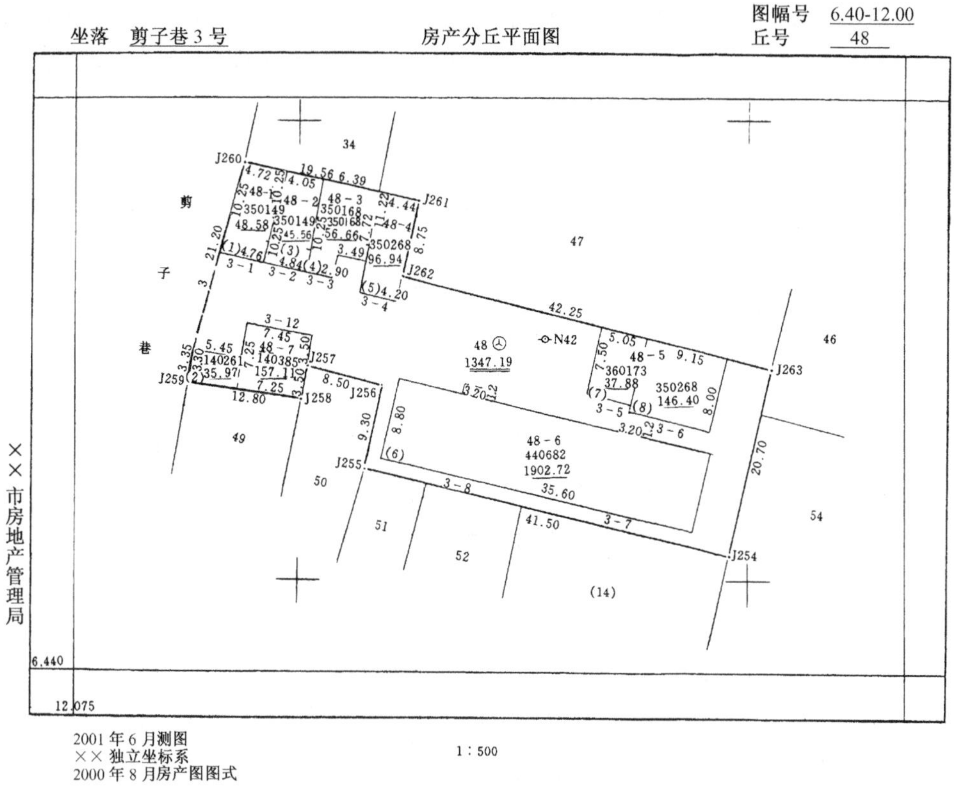

图 5.3　房产分丘图(组合丘)

5.3.2　房产分层分户图的测绘

房产分户图以一户产权人为单位，如果为多层房屋，分层分户地表示出房屋权属范围的细部，绘制成房产分层分户图，以满足核发产权证的需要。

房产分户图的比例尺一般采用 1：200，当一户房屋的面积过小或过大时，比例尺可适当放大或缩小。分户图的方位应使房屋的主要边线与图廓边线平行，按房屋的朝向横放或竖放，并在适当位置加绘指北方向符号。分户图的幅面可选用 32K 或 16K 两种尺寸。

分户图应表示出房屋的产权界线、四面墙体的归属、楼梯和走道等共有部位以及房屋坐标、幢号、所在层次、室号或户号、房屋建筑面积和房屋边长等。

分户图房屋平面位置应参照分幅图、分丘图中相对应的位置关系，按实地丈量的房屋边长绘制。房屋边长量取和注记至 0.01m。边长应丈量两次取中数，两次较差应不超过式(5.1)的规定。规则房屋(如矩形)前后、左右两相对边长误差应符合式(5.1)的规定。不规则图形的房屋除丈量边长以外，还应加量构成三角形的对角线，对角线的条数等于不规则多边形的边数减 3。按三角形的三边长度，就可以用距离交会法确定点位。房屋边长的描绘误差不应超过图上 0.2mm。房屋产权界线在图上表示为 0.2mm 粗的实线。房屋的墙体归属分为自有墙、借墙和共有墙，图上表示方法见图 5.4 所示。

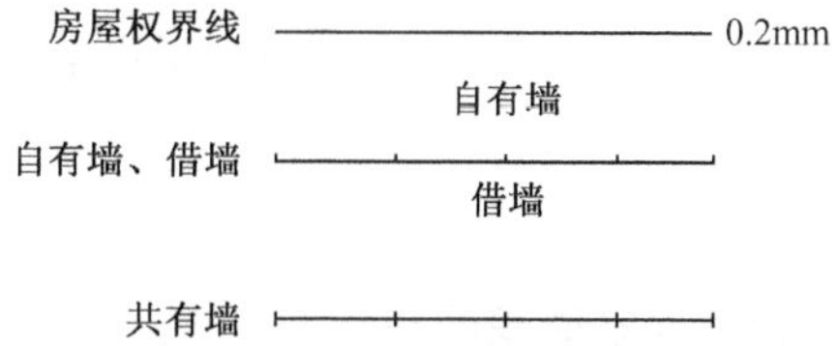

图 5.4　墙作为房屋产权界线的图例

本户所在的座落、幢号、层次、户(室)号标注在房屋图形上方。在一幢楼中，楼梯、走道等共有共用部位需在图上加简注。分户房屋权属面积包括共有共用分摊的面积，注在房屋的幢号、层号、室号的下方；房屋建筑面积注在房屋图形内；共有共用部位在本户分摊面积注在图的左下角。图 5.5 为房产分层分户图示例。

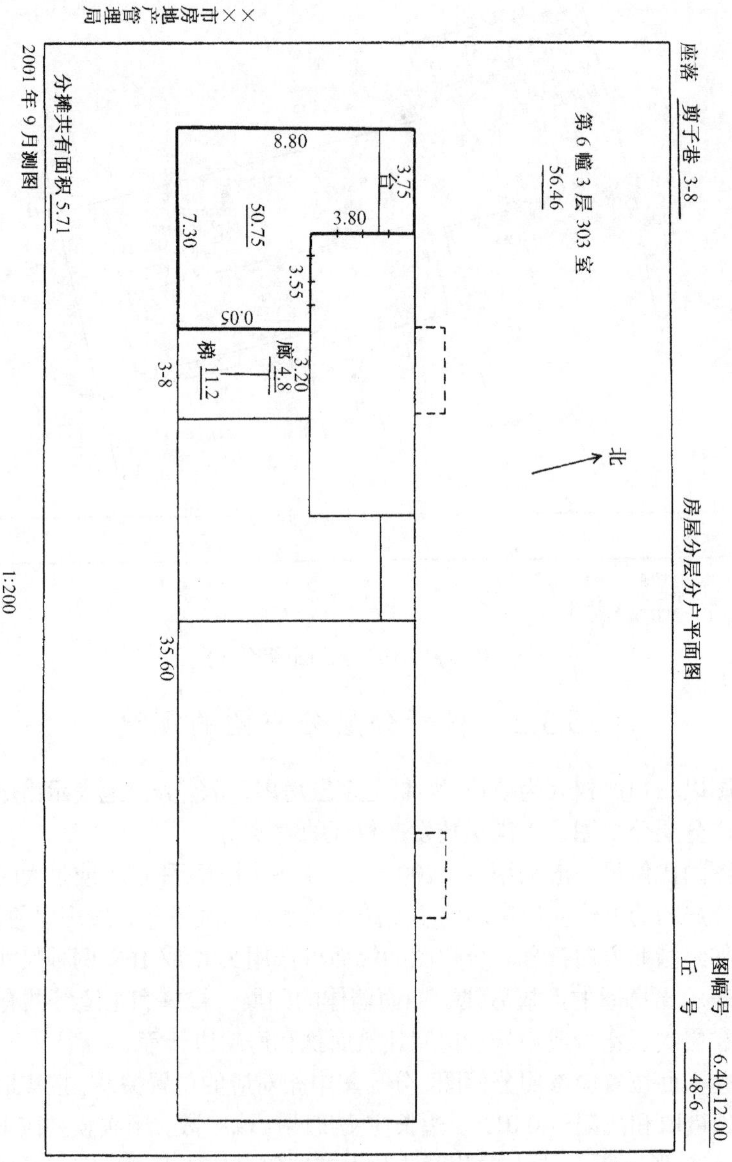

图 5.5 房产分层分户图

5.4 房屋建筑面积与使用面积计算

5.4.1 建筑面积计算

1. 计算建筑面积的范围

(1) 建筑物的建筑面积应按自然层外墙结构外围水平面积之和计算。结构层高在 2.20m 及以上的，应计算全面积；结构层高在 2.20m 以下的，应计算 1/2 面积。

(2) 建筑物内设有局部楼层时，对于局部楼层的二层及以上楼层，若有围护结构的应按其围护结构外围水平面积计算，若无围护结构的应按其结构底板水平面积计算。结构层高在2.20m及以上的，应计算全面积；结构层高在2.20m以下的，应计算1/2面积。

(3) 形成建筑空间的坡屋顶，结构净高在2.10m及以上的部位应计算全面积；结构净高在1.2m及以上至2.10m以下的部位应计算1/2面积；结构净高在1.20m以下的部位不应计算建筑面积。

(4) 场馆看台下的建筑空间，结构净高在2.10m及以上的部位应计算全面积；结构净高在1.20m及以上至2.10m以下的部位应计算1/2面积；结构净高在1.20m以下的部位不应计算建筑面积。室内单独设置的有围护设施的悬挑看台，应按看台结构底板水平投影面积计算建筑面积。有顶盖无围护结构的场馆看台应按其顶盖水平投影面积的1/2计算面积。

(5) 地下室、半地下室应按其结构外围水平面积计算。结构层高在2.20m及以上的，应计算全面积；结构层高在2.20m以下的，应计算1/2面积。

(6) 出入口外墙外侧坡道有顶盖的部位，应按其外墙结构外围水平面积的1/2计算面积。

(7) 建筑物架空层及坡地建筑物吊脚架空层，应按其顶板水平投影计算建筑面积。结构层高在2.20m及以上的，应计算全面积；结构层高在2.20m以下的，应计算1/2面积。

(8) 建筑物的门厅、大厅应按一层计算建筑面积，门厅、大厅内设置的走廊应按走廊结构底板水平投影面积计算建筑面积。结构层高在2.20m及以上的，应计算全面积；结构层高在2.20m以下的，应计算1/2面积。

(9) 建筑物间的架空走廊，有顶盖和围护结构的，应按其围护结构外围水平面积计算全面积；无围护结构、有围护设施的，应按其结构底板水平投影面积的1/2计算面积。

(10) 立体书库、立体仓库、立体车库，有围护结构的，应按其围护结构外围水平面积计算建筑面积；无围护结构、有围护设施的，应按其结构底板水平投影面积计算建筑面积。无结构层的应按一层计算，有结构层的应按其结构层面积分别计算。结构层高在2.20m及以上的，应计算全面积；结构层高在2.20m以下的，应计算1/2面积。

(11) 有围护结构的舞台灯光控制室，应按其围护结构外围水平面积计算。结构层高在2.20m及以上的，应计算全面积；结构层高在2.20m以下的，应计算1/2面积。

(12) 附属在建筑物外墙的落地橱窗，应按其围护结构外围水平面积计算，结构层高在2.20m及以上的，应计算全面积；结构层高在2.20m以下的，应计算1/2面积。

(13) 窗台与室内的地面高差在0.45m以下且结构净高在2.10m及以上的凸(飘)窗，应按其围护结构外围水平面积计算1/2面积。

(14) 有围护设施的室外走廊(或挑廊)，应按其结构底板水平投影面积的1/2计算面积；有围护设施(或柱)的檐廊，应按其围护设施(或柱)外围水平面积的1/2计算面积。

(15) 门斗应按其围护结构外围水平面积计算建筑面积。结构层高在2.20m及以上的，应计算全面积；结构层高在2.20m以下的，应计算1/2面积。

(16) 门廊应按其顶板水平投影面积的1/2计算建筑面积；有柱的雨篷应按其结构板水平投影面积的1/2计算建筑面积；无柱雨篷的外边线至外墙结构外边线的宽度在2.10m及以上的，按雨篷结构板的水平投影面积的1/2计算建筑面积。

(17) 设在建筑物顶部的、有围护结构的楼梯间、水箱间、电梯机房等，结构层高在2.20m及以上的应计算全面积；结构层高在2.20m以下的，应计算1/2面积。

(18) 围护结构不垂直于水平面的楼层，按其底板面外墙的外围水平面积计算。结构净高在2.10m及以上的部位，计算全面积；结构净高在1.20m及以上至2.10m以下的部位，计算

1/2 面积；结构净高在 1.20m 以下的部位，不计算建筑面积。

(19) 建筑物的室内楼梯、电梯井、提物井、管道井、通风排气竖井、烟道，应并入建筑物自然层计算建筑面积。有顶盖的采光井应按一层计算面积，结构净高在 2.10m 及以上的，计算全面积，结构净高在 2.10m 以下的，计算 1/2 面积。

(20) 室外楼梯应并入所依附建筑物自然层，并应按其水平投影面积的 1/2 计算建筑面积。

(21) 在主体结构内的阳台，应按其结构外围水平面积计算全面积；在主体结构外的阳台，应按其结构底板水平投影面积计算 1/2 面积。

(22) 有顶盖无围护结构的车棚、货棚、站台、加油站、收费站等，应按其顶盖水平投影面积的 1/2 计算建筑面积。

(23) 以幕墙作为围护结构的建筑物，应按幕墙外边线计算建筑面积。

(24) 建筑物的外墙外保温层，应按其保温材料的水平截面积计算，并计入自然层建筑面积。

(25) 与室内相通的变形缝，按其自然层合并在建筑物建筑面积内计算。对于高低联跨的建筑物，当高低跨的内部连通时，其变形缝应计算在低跨面积内。

(26) 对于建筑物内的设备层、管道层、避难层等有结构层的楼层，结构层高在 2.20m 及以上的，计算全面积；结构层高在 2.20m 以下的，计算 1/2 面积。

2. 不计算建筑面积的范围

(1) 与建筑物内不相连通的建筑部件。

(2) 骑楼、过街楼底层的开放公共空间和建筑物通道。

(3) 舞台及后台悬挂幕布和布景的天桥、挑台等。

(4) 露台、露天游泳池、花架、屋顶的水箱及装饰性结构构件。

(5) 建筑物内的操作平台、上料平台、安装箱和罐体的平台。

(6) 勒脚、附墙柱、垛、台阶、墙面抹灰、装饰面、镶贴块料面层、装饰性幕墙，主体结构外的空调室外机搁板(箱)、构件、配件，挑出宽度在 2.10m 以下的无柱雨篷和顶盖高度达到或超过两个楼层的无柱雨篷。

(7) 窗台与室内地面高差在 0.45m 以下且结构净高在 2.10m 以下的凸(飘)窗，窗台与室内地面高差在 0.45m 及以上的凸(飘)窗。

(8) 室外爬梯、室外专用消防钢楼梯。

(9) 无围护结构的观光电梯。

(10) 建筑物以外的地下人防通道，独立的烟囱、烟道、地沟、油(水)罐、气柜、水塔、储油(水)池、储仓、栈桥等构筑物。

3. 房屋建筑面积的计算方法

房屋建筑的平面图形一般为简单的几何图形，例如，矩形、梯形、三角形、圆形、扇形、弓形等，因此可以按长度丈量的数值用简单几何图形面积量算算法计算面积。如果用解析法实测或用数字化仪量测到房屋角点的坐标，则可以用坐标解析法计算面积。此外，不论何种图形，包括不规则图形都可以在图纸上用求积仪量算出房屋建筑面积。

4. 商品住宅建筑面积计算法

随着住房制度改革的推进，住宅作为商品出售变得越来越普遍，商品住宅以每平方米建筑面积为单价，按所购的建筑面积计算房价。一幢楼房一般出售给许多购房人，有些建筑面积可以分割，而有些则难以分割。为了使购房人较为合理地负担房价，每套住宅的建筑面积可按下列公式计算：

一套住宅的总建筑面积=此套住宅的建筑面积+公用部分应分摊的面积

式中，此套住宅的建筑面积为此套住宅权属界线内的建筑面积；公用部分是指楼梯间、走廊、垃圾道等，其应分摊的面积计算公式为

$$\text{公用部分应分摊面积}=\frac{\text{公用部分面积}}{\text{本幢楼各套住宅面积之和}}\times\text{此套住宅的建筑面积}$$

5.4.2 用地面积量算与平差改正

用地面积以丘为单位进行量算，包括房屋占地面积、院落面积、分摊共用院落面积、室外楼梯占地面积以及各项地类面积。

房屋占地面积是指房屋底层外墙(柱)外围水平面积，一般与底层房屋建筑面积相同。

本丘地总面积可按界址点坐标，用坐标解析法计算；其他地块面积可按实量距离用简单几何图形量算法，或在图纸上用求积仪法量算。

1. 图纸伸缩变形改正

不论是规则图形还是无规则图形，如果从图纸上量取数据来求面积，都有可能受到图纸伸缩变形的影响。因此还需要量取图廓线和坐标格网线的实际长度，与理论长度相比较而求得伸缩系数进行改正。

2. 按控制面积改正

地形图、分幅地籍图或分幅房产图都有理论面积，大比例尺图的图幅理论面积可以根据坐标格网来计算。在一个图幅内所有宗地和其他地块(公共用地、道路、河流等)面积之和应等于该图幅的理论面积。但由于面积量算中的误差，使图幅中的各地块面积总和不等于理论值，产生面积闭合差。面积量算工作的质量可以用闭合差的大小来衡量，并规定其限差值，称为面积量测的一级控制。面积控制量算还可分为二级和三级控制：城镇地籍测量中面积的二级控制是以图幅的理论面积控制图幅内街坊的面积，三级控制是以街坊面积控制街坊内各宗地的面积。农村地籍测量中一般也采用三级控制，即以图幅的理论面积控制乡的面积，乡的面积控制村的面积，以村的面积控制图斑的面积。次级面积之和，与上一级控制面积不等时，若在规定的闭合差范围之内，则应进行平差计算，进行改正。

5.4.3 共有面积的分摊

1. 共有面积的含义

共有面积由两部分构成：即应分摊的共有面积和不应分摊的共有面积。

应分摊的共有面积主要有室内外楼梯、楼梯悬挑平台、内外廊、门厅、电梯房及机房，多层建筑物中突出屋面结构的楼梯间、有维护结构的水箱等。

不应分摊的共用面积是前款所列之外，建筑报建时未计入容积率的共有面积和有关文件规定不进行分摊的共有面积，包括机动车库、非机动车库、消防避难层、地下室、半地下室、设备用房、梁底标高不高于2m的架空结构转换层和架空作为社会公众休息或交通的场所等。

在房屋面积计算时，对于应分摊的共有面积，如果多个权利人拥有一栋房屋，则要求分户分摊；如果一个权利人拥有一层房屋，则要求分层分摊，使用面积按层计算，房屋的共有面积按层分摊。

由于房地产市场交易、抵押贷款等适应社会发展的各种经济活动形式的存在，对应分摊共有面积进行分摊时必须符合有关法律、法规的要求，严格按技术规程的要求进行计算。如某权利人在房地产市场上购得楼房的某一层或某一间或某一套(在第 i 层，$i \geqslant 2$)的房地产时，在其合约上只有使用面积而无共有面积说明，则在法律上这个权利人将无法利用他所拥有的楼层，因为他不能通过他那层以下楼层的楼梯或电梯(共有面积)，这些楼梯都是作为共有面积各自计入本层的使用面积。对于房地产抵押贷款也是如此。当某权利人用其拥有的房地产作不动产抵押贷款时，出现以上情形，在无力偿还贷款时，银行把房地产拿到市场交易后所带来的后果仍如前述一样。因此共有分摊面积有它的法律基础和实际使用价值。

从以上可以看出，无论从理论上，还是从实际情况看，自然层数等于或大于 2 的建筑物，一定有共有面积。如果在房屋调查报告中无共有面积，则这份报告是不合格的，是不能使用的。

2. 应分摊共有面积的分摊原则

1) 按文件或协议分摊

有面积分割文件或协议的，应按其文件或协议分摊，这种情况一般是对一栋房屋有两个以上权利人而言，在实际情况中并不多见。

2) 按比例分摊

无面积分割文件或协议的，按其使用面积的比例进行分摊，即

$$各单元应分摊的共有面积=分摊系数\ K \times 各单元套内建筑面积$$

$$K=应分摊的共有面积/各单元套内建筑面积之和$$

3) 按功能分摊

对有多种不同功能的房屋(如综合楼、商住楼等)，共有面积应参照其服务功能进行分摊。

(1) 对服务于整个建筑物所有使用功能的共有面积应共同分摊，否则按其所服务的建筑功能分别进行分摊。

(2) 住宅平面以外，仅服务于住宅的共有面积(电梯房、楼梯间除外)应计入住宅部分进行分摊。住宅平面以外的电梯间、楼梯间，仅服务于住宅部分，但同时通过其他建筑功能区的楼层时，则按住宅部分面积和其他建筑面积的各自比例分配相应的分摊面积。

(3) 为了使住宅建筑面积计算与房改的规定一致，今后在计算建筑面积时，底层机动车和非机动车库一律不作为应分摊的共有面积，并在备注栏内注明。但经批准单独出售(租)的车位，视为使用面积对待，并参与分摊其他共有面积。

(4) 报建时计入容积率的其他共有面积均应分摊。

(5) 共有面积的分摊除有特殊规定外，一般按所服务的功能进行分摊，分摊时凡属本层的共有面积只在本层分摊，服务于整栋的共有面积整栋分摊，只为某部分功能服务的公共部分只在该部分分摊。

另外，天顶部分的共有面积，如无特别要求，整栋建筑物共同分摊。

3. 应分摊共有面积的区分及分摊方法

在房屋调查过程中，各式各样的建筑物都有，其共有面积的服务功能区分也比较复杂，正确的区分及计算是保证房屋建筑面积测算正确的关键。根据实际情况，不管房屋结构有多复杂，其综合概念图形可表示成图 5.6 和图 5.7。

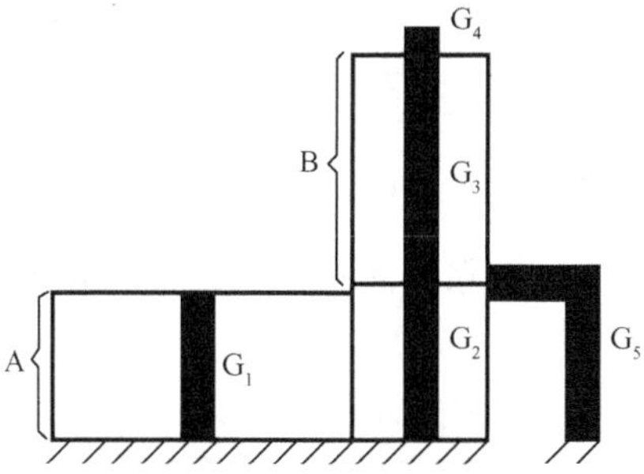

图 5.6　楼房概念立面图

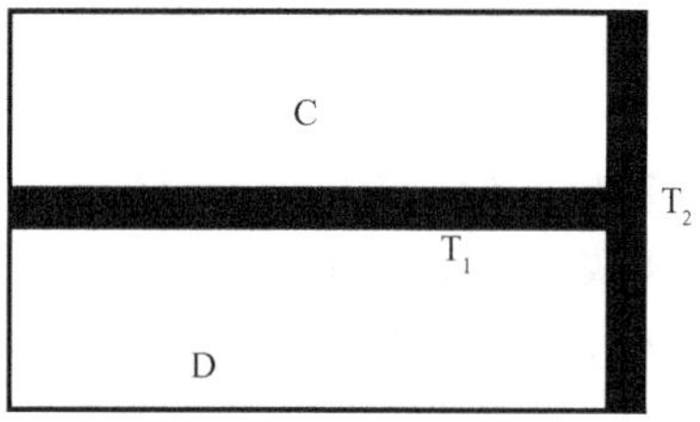

图 5.7　楼房概念层面图

图 5.6 为一综合概念楼立面图。A 为裙楼，B 为塔楼，A、B 两部分功能不一样，G_i (i=1～5)为应分摊的共有面积，其中 G_4 为天顶部分共有面积，G_5 为不通过 A 部分的共有面积。5 个部分的共有面积可以有如下分摊组合：

(1) G_1 只服务于 A 部分，则只在 A 部分分摊。

(2) G_1 只服务于 B 部分，但通过 A，则由 A、B 两部分按比例分摊。

(3) G_2 只服务于 B 部分，但通过 A，则由 A、B 两部分按比例分摊。

(4) G_2 同时服务于 A、B 两部分，则整栋分摊。

(5) G_3 只服务于 B 部分，则只在 B 部分分摊。

(6) G_4 为天顶部分，整栋分摊。

(7) G_5 只服务于 B 部分，且不通过 A，则只在 B 部分分摊。

对于图 5.7，为某栋房屋第 i 层建筑平面示意图，T_2 为在整栋房屋中本层应分得的共有面积。T_1 为本层的共有面积，仅服务于 C、D 两部分，C、D 两部分为本层功能不同或权利人不同的使用面积，而 $C+D+T_1$ 相对于整栋房屋来说又是使用面积。在这个图中，T_1+T_2 作为本层的共有面积分摊到 C、D 两部分。

以上两图只是一个综合表示，但无论多复杂的共有面积分摊计算都可由以上说明推出。由上面分析也可以看出，根据面积计算要求不一样，其共有面积是有相对性的，并不是绝对的，这是应分摊共有面积的一个显著特点。

4. 应分摊共有面积的特点

(1) 产权是共有的。应分摊的共有面积其产权归属应属建筑物内部参与分摊共有面积的所有业主拥有，物业管理部门及用户不得改变其功能或有偿出租(售)。对于不应分摊的共有面积也是如此。

(2) 应分摊共有面积的相对性。这一点在前一部分已有具体说明，这里实质上反映了一栋房屋内拥有共有面积的实际情况。在图 5.7 中，房屋代码下所注面积是整栋房屋的权利人在法律意义上都拥有的使用面积，数量上归第 i 层所有，而第 i 层的 C、D 权利人同样拥有其他各层的共有面积。而 T_1 却不同，它只能是 C、D 两部分的权利人所共同拥有的面积，本栋楼其他权利人是不能拥有的。

(3) 各个权利人拥有的应分摊共有面积在空间上是无界的。各权利人对共有面积只有拥有数量上的表达，而无空间位置界线的准确表达。

(4) 从理论上讲，任何建筑物都有使用面积和共有面积，这是由(2)、(3)两点所决定的。实际上，无共有面积的建筑物是极少的，也是限于只有一层的建筑物。因此一份房屋调查报告有无共有面积是其完整性和法律性的重要体现，也是房地产进行交易、抵押等情形在法律上的要求。

5.5 房产变更测量

房产变更测量是指房屋发生买卖、交换、继承、新建、拆除等涉及权界调整和面积增减变化而进行的更新测量。房产变更包括现状变更和权属变更。

房产变更测量应根据房产现状变更或权属变更资料，先进行房产变更调查，而后进行变更后的权界测定和面积量算，并及时调整丘号、界址点号、幢号和户号等，进而办理房产产权转移变更登记，换发产权证件，对原有的产籍资料进行更新，以保持其现势性。

变更测量前应收集城建、城市规划等部门的变更资料和房产权属变更资料，确定修测范围。然后根据原图上平面控制点的分布情况，选择变更测量方法。

变更测量应在房产分幅原图上进行，根据原有的邻近平面控制点、埋石界址点上设站用解析法实测坐标进行。现状变更范围较小的，可根据图根点、界址点及固定地物点等用卷尺丈量关系距离进行修测；现状变更范围较大的，应先补测图根控制点，然后进行房产图的修测。

新扩大的建成区，应先进行与面积相适应的等级平面控制测量、图根控制测量，然后进行房产图的测绘。

房产的合并或分割，应根据变更登记文件，由当事人或关系人到场指界，经复核丈量后修改房产图及有关文件。复核丈量应以图根控制点、界址点或固定地物点为依据，采用解析法或图解法修测。

经房产变更测量后，必要时丘号、界址点号、幢号应进行调整。例如，用地单元中某幢房屋被拆除，则未拆除者仍用原幢号；新建房屋的幢号，按丘内最大幢号续编。

为了保持房产图与实际情况一致，应收集当地城建、规划和房产开发等部门当年的房地产现状变更资料，定期或不定期地进行变更测量。

思考题

1. 地籍平面控制网在选择坐标系统、布网形式和等级时应注意些什么？
2. 地籍细部测量包括哪些内容？
3. 测定界址点有哪几种方法？它们各有何特点以及各适用于何种场合？
4. 解析法测定界址点包括哪些方法？它们各适用于何种场合？
5. 用解析法测定界址点时，对于角度观测和距离测量应注意哪些问题？
6. 地籍图包括哪些主要内容？
7. 测绘地籍图的方法有哪些？它们各有何特点以及各适用于何种场合？
8. 清绘地籍图有哪些基本要求?应按什么程序进行清绘？
9. 宗地图主要包括哪些内容？它与宗地草图有何区别？绘制宗地图有哪几种方法？
10. 何谓变更地籍测量？变更地籍测量有哪些主要步骤与方法？
11. 为什么要测绘房产图?房产图可分为几种？
12. 房产分幅图应测绘哪些内容？可采用哪些测绘方法？
13. 房产分丘图和分户图包括哪些内容？应如何测绘？
14. 房屋共有面积应如何分摊计算？
15. 在何种情况下才进行房产变更测量？

第 6 章　建设项目用地勘测与定界

6.1　概　　述

6.1.1　勘测定界的目的与工作质量

1. 目的和依据

为了使建设项目用地审批工作科学化、制度化、规范化，加强土地管理，根据《中华人民共和国土地管理法》的有关规定，进行建设项目用地的勘测定界。

2. 工作质量

建设项目用地的勘测定界(以下简称勘测定界)是指对采用征用、划拨、使用等方式提供用地的各类建设项目，实地划定土地使用范围、测定界桩位置、标定用地界线、调绘土地利用现状，并计算出用地面积以供土地管理部门审查报批建设项目用地的测绘技术工作。

当勘测定界成果已经所在地县以上人民政府土地管理部门确认并依法批准后，则该建设项目用地便具有法律效力。

具体的勘测定界工作可在各级土地管理部门的组织下，并由取得“土地勘测许可证”及“测绘资格证书”的土地勘测单位来承担。

6.1.2　勘测定界的工作程序

对于已取得“土地勘测许可证”和“测绘资格证书”的土地部门，在接受了用地单位的勘测定界委托后，即可进行工作。其具体的工作程序为：

(1) 接受委托并查阅有关文件及图件。

(2) 现场踏勘、实地放样。

(3) 界址测量、面积量算。

(4) 编绘建设项目用地勘测定界图。

(5) 编绘建设项目用地管理图。

(6) 编制土地勘测定界报告等。

(7) 成果检查验收、提交资料。

勘测定界工作需要利用比例尺不小于 1∶2000 的地籍图或地形图进行，对于大型工程、线形工程，则可利用比例尺不小于 1∶10000 的土地利用现状调查图或地形图进行。应该指出，在利用地形图时，则应事先补充权属调查。

当现有地图不能满足勘测定界工作要求时，则应对界址线范围内的地形地物进行修测或补测。

6.1.3　勘测定界的准备工作

勘测定界的准备工作包括以下四个方面。

1. 接受委托

经审核后，具备勘测定界资格的勘测单位，必须持有用地单位或有权批准该建设项目用地的人民政府土地管理部门的勘测定界委托书，方可开展工作。

2. 查阅相关文件

主要有：用地单位提交的城市规划区域内建设用地规划许可证或选址意见书；经审批的初步设计方案及有关资料；土地管理部门在前期对项目用地的审查意见等。

3. 查阅图件及勘测资料

需查阅的文件及勘测资料有：市、县级人民政府土地管理部门提供的辖区内用地管理图；用地单位提供用地范围的地籍图、土地利用现状调查图或地形图；专业设计单位承担设计的比例尺不小于 1∶2000 的建设项目工程总平面布置图。对于大型工程或线形工程的总平面布置图的比例尺不应小于 1∶10000。搜集或查阅项目建址附近原有的平面控制点及道路中线点等的坐标成果。

4. 现场踏勘

依据建设项目工程总平面布置图上的用地范围及用地要求，进行实地踏勘，调查用地范围内的行政界线、地类界线以及地下埋藏物，用铅笔绘示于地图上，并了解勘测的通视条件及控制点标石的完好情况。

6.2　建设项目用地放样

6.2.1　确定放样数据

经现场踏勘后确定界址点坐标或关系距离两种放样数据。

1. 界址点坐标

确定界址点坐标一般采用两种方法：一是在初步设计图纸上通过图解而获得；二是利用建设项目工程总平面布置图上已有的界址坐标。

2. 界址点与邻近地物的关系距离

它是通过对图纸上的图解或根据实地踏勘等方式而获得的关系数据。在确定了放样数据后，可根据实地踏勘及界址点的具体分布情况，拟定合理的平面控制及施测方案。

6.2.2　解析法及关系距离法放样

1. 基本要求

勘测定界测定或放样界址一般采用极坐标法。其角度观测使用精度不低于 J6 级的经纬仪，采用半测回测定，距离丈量则应采用钢尺或测距仪二次读数。

2. 平面控制

勘测定界的平面控制坐标系统应采用国家或城市平面控制网的坐标系。对于条件不具备的地区，亦可采用任意坐标系统，可用图解法在地形图或土地利用现状调查图上直接量取界址点坐标和控制点坐标。

3. 解析法放样

利用已确定的界址点坐标及控制点坐标数据，计算出放样所需的元素，再利用界址点的邻近控制点来放样界址点的桩位。

4. 关系距离放样

根据用地界址点、界址线与邻近地物之间的关系距离，在实地确定出关系地物及地界，可利用钢尺量距，采用交会方法，放样出界址点的桩位。

6.2.3　线形工程与大型工程放样

1. 线形工程的放样

线形工程包括公路、铁路、河道、输水渠道、输电线路、地上和地下管线等。线形工程的勘测定界、放样方法可根据工程的具体情况，采用图解法或解析法进行。

1) 图解法

在线形工程的线路不太长而且线路基本成直线时，可采用图解法进行放样。

根据设计图纸上所给出的定线条件，即线状物中线与线状地物的相对关系，在现场利用有关地物点作为基准点，采用经纬仪、测距仪、钢尺测出线状地物的中线位置。对于直线段应每隔 150m 确定一个中线点位置。

2) 解析法

在线形工程比较长而且有折点或曲线时，应采用解析法进行放样。

首先应沿线形工程方向布设控制测量点。依据设计图纸给出的定线条件，计算出线路中线的端点、中点、折点、交点以及长直线的加点的坐标，反算出这些点与控制点间的距离。然后以控制点为基准，采用经纬仪、钢尺或测距仪放样出线路的中线。亦可采用全站仪来放样出线路中线的具体位置。

平曲线的测设可采用偏角法、切线支距法、中心角放射法或极坐标法等。圆曲线及复曲线则应定出起点、中点及终点；对于同心曲线则应定出半径、圆心、起点和终点。

2. 大型工程的放样

大型工程放样则应根据具体的情况，利用比例尺不小于 1∶10000 的土地利用现状调查图或地形图、依据设计图纸上的折点及曲线点，在实地进行判读，并确定桩位。

6.2.4　界址点的设置

界址点是两相邻用地界址线的交点，界址桩则是埋设于界址点的标志。

1. 界址桩的类型

在勘测定界中，界址桩的主要类型有：混凝土界址桩，带帽钢钉界址桩和喷漆界址桩等。

界址桩的设置要依据实地情况而定，在一般情况下埋设的要求如下：①在用地范围内地面建筑已拆除或界址点位置处于空地上时，应埋设混凝土界址桩。②若在坚硬的路面、地面或埋设混凝土界址桩困难地区，可钻孔或直接将带帽钢钉界址桩钉入地面。③当界址点位于永久明显地物上(如房角、墙角等)时，可采用喷漆界址桩。

2. 界址桩的编号与点之记

1) 界址桩的编号与直线距离

用地单位的界址桩在图纸上须从左到右自上而下统一按顺序编号。当新用的界址点同原来的界址点重合时，则应采用原来的界址桩的编号，界址桩之间的距离，直线最大长度不超过 150m。

2) 界址点的点之记

每一个界址点都应做点之记，格式如图 6.1 所示。

界址点的点之记　　　　图号

点号		界桩材料		点号		界桩材料	
点号		界桩材料		点号		界桩材料	

图 6.1　界址点的点之记格式

界址点的点之记一式三份，分别存于用地单位、批准用地机关和县级人民政府土地管理部门。

6.3　勘测定界图

6.3.1　勘测定界图的含义

1. 界址测量

为了保证界址放样的可靠性及界址坐标的精度，在界址桩放样埋设之后，还需要进行界址测量，以确保界桩放样的准确无误。

界址测量必须在已知的控制点上设站，并按坐标法测量。测量的基本要求是：角度采用半测回测定，经纬仪对中误差不得超过 ± 5mm。在一个测站观测结束时必须检查后视方向，其偏差不得大于 ±1′，距离测量可采用电磁波测距仪或钢尺，当采用钢尺丈量时一般不得超过两个尺段；若采用电磁波测距仪时，其距离则可放宽至 300m。当然，这项工作亦可采用全站仪或 GPS 测量技术来完成。

2. 勘测定界图

勘测定界图是绘制用地范围图的技术依据，可利用界址点坐标在地籍图或地形图上编绘，也可采用直接测绘方法制作，图上主要内容包括界址点的位置、用地权属界线、地上物、地下管线、地下埋藏物、地类界线、用地面积、各种文字的注记、数字的注记等。勘测定界图是勘测定界成果的反映。

勘测定界图的比例尺不应小于 1：2000，在其编绘完成后必须加盖实施勘测定界单位的“勘测定界专用章”，如图 6.2 所示。

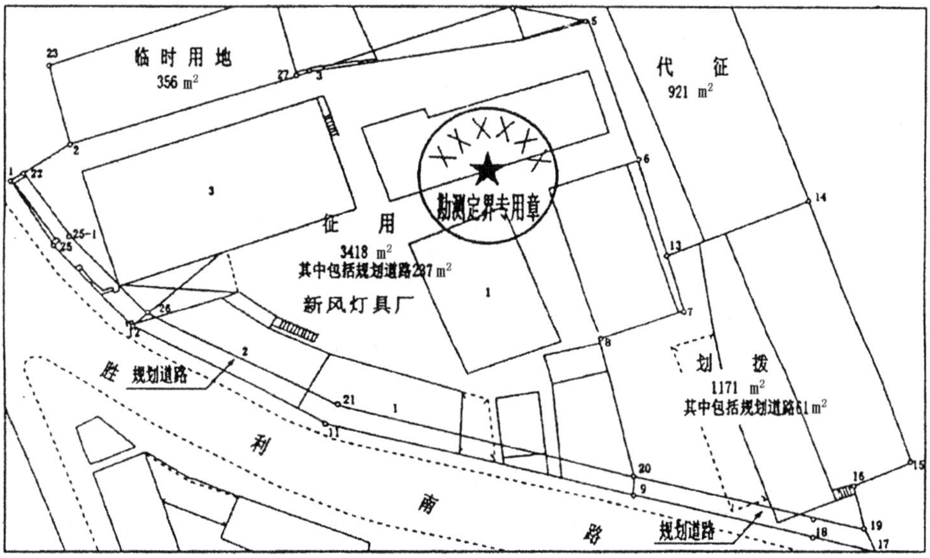

图 6.2　勘测定界图示例

大型工程勘测定界图的比例尺不应小于 1∶10000，线形工程勘测定界图可在比例尺不小于 1∶10000 的土地利用现状调查图或地形图上根据中线位置和设计宽度绘制。

3. 变更建设用地管理图

根据界址点的坐标或关系距离，将用地范围展绘于建设项目用地管理图上，并注记用地项目的编号。其比例尺，对于城区不应小于 1∶5000，对于农村不应小于 1∶10000。

6.3.2　勘测定界图实例

1. 铁路线路勘测定界图实例

铁路线路勘测定界图实例 1(图 6.3)。

每个项目征地、代征、临时用地等用地面积的统计数字均注记于线路起点的那张图上，每张图纸应加盖一个勘测定界专用章。

铁路勘测定界图实例 2(图 6.4)。

在图 6.4 中，它是利用了现有的线路来确定用地范围。如图中的 5.5/226.3。其中分子 5.5 表示新征至既有线路的间距，分母 226.3 则表示里程的尾数部分，即从 K65＋000 桩以南，里程为 65226.3m。

2. 输电线路定界图实例

输电线路定界如图 6.5 所示。

其中铁路及电杆应按图例用红色符号绘出，铁塔应根据实际尺寸在图纸上按比例绘制并注记上相应的编号。其杆间应用红线画 ICM 表示连接方向，临时用地范围则应用黑线表示。

每一个项目征地、临时用地等面积应注记于线路的起点图上，且每张图纸上只盖一个“勘测定界专用章”。

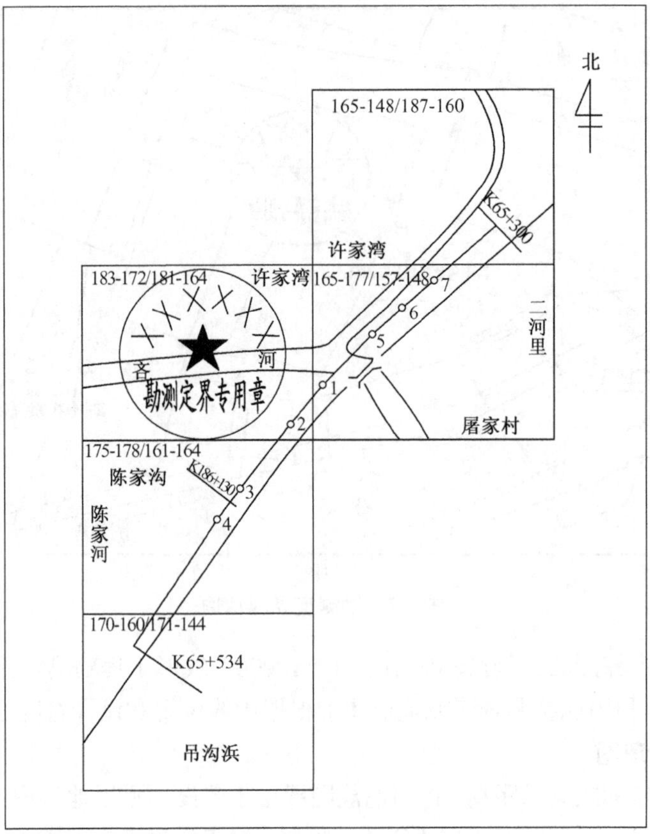

图 6.3　铁路线路勘测定界图实例 1

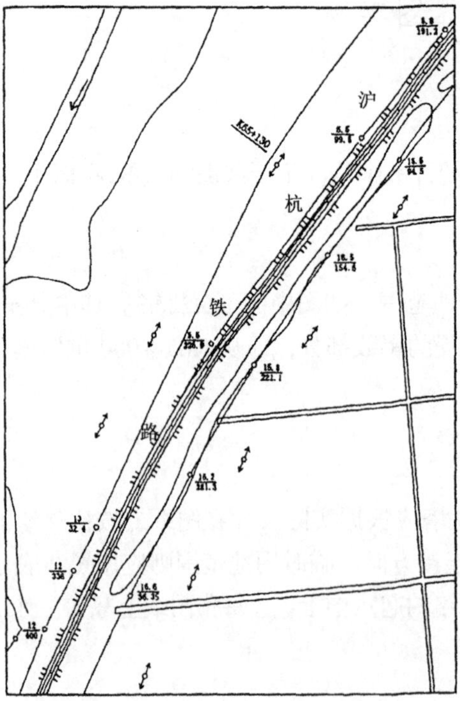

图 6.4　铁路勘测定界图实例 2

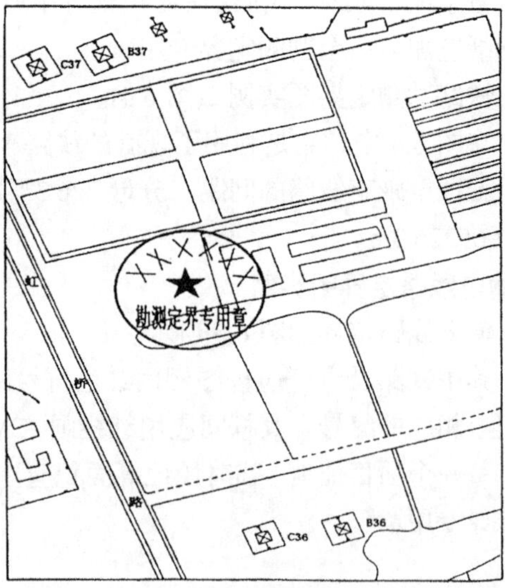

图 6.5　输电线路定界图

6.4　建筑项目用地勘测定界的主要成果

1. 土地勘测定界技术报告格式

土地勘测定界技术报告书格式如图 6.6 所示。

编号________________

土地勘测定界技术报告书

用地单位：____________________

建设项目名称：________________

单位负责人：__________________

资料复审人：__________________

资料审核人：__________________

项目负责人：__________________

年　　月　　日

图 6.6　土地勘测定界技术报告书

2. 土地勘测定界的技术说明

土地勘测定界的技术说明格式如图 6.7 所示。

土地勘测定界技术说明

为核定________征用土地面积和使用土地的界址，由________于______年______月______日进行勘测定界，实测面积为________平方米(________亩)，埋设界址桩________个。施测方法是____________________，各种内外业资料均进行了自检，符合《规程》要求。

项目负责人：____________

________年________月________日

图 6.7　土地勘测定界技术说明

3. 土地勘测定界表

土地勘测定界表的格式如图 6.8 所示。

4. 勘测面积表

土地勘测面积表格式如图 6.9 所示。

5. 土地分类面积表

土地分类面积表的格式如图 6.10 所示。

6. 用地范围略图

用地范围略图格式如图 6.11 所示。

勘测定界表　　表一

单位名称		经办人	
单位地址		电　话	
主管部门		所有制性质	
土地座落	区　街道　街坊　宗 县　乡　村		
用　途		申请日期	
相关文件		界桩数	
图幅号			
勘测定界单位签注			
单位主管：　　审核人： 项目负责人： 年　月　日			

图 6.8　土地勘测定界表

勘测面积表
（单位：平方米）　表二

	面积	备注
征　用		
划　拨		
代　征		
临时使用		

图 6.9　土地勘测面积表

土地分类面积表（征用、划拨使用）
（单位：平方米）
＿＿＿县＿＿＿乡（镇）　　表三

单位	耕地	其中			园地	林地	牧草地	工矿居民点	交通用地	水域	未利用土地	合计

图 6.10　土地分类面积表

用地范围略图

表四

制图：　　年　月　日

图 6.11　用地范围略图

7. 界址点坐标成果表

界址点坐标成果表格式如图 6.12 所示。

8. 界址点点之记

界址点点之记格式如图 6.13 所示。

界址点坐标成果

图号__________　　　　表五

点号	距离（*M*）	纵坐标（*X*）	横坐标（*Y*）	界桩材料	备注

测量者：　　　　日期：

复核者：

图 6.12　界址点坐标成果表格式

<table>
<tr><td rowspan="2">地籍区
名(号)</td><td colspan="2" rowspan="2">地籍子区</td><td colspan="2" rowspan="2">座　落</td><td colspan="4">编号区</td><td>恢复或
重埋记要</td></tr>
<tr><td colspan="2">100km</td><td colspan="2">1km</td><td></td></tr>
<tr><td>03</td><td colspan="2">21</td><td colspan="2" rowspan="2">××市××区友谊东路 124 号</td><td>横</td><td>纵</td><td>横</td><td>纵</td><td></td></tr>
<tr><td colspan="3">友谊路地籍区</td><td>335</td><td>38</td><td>08</td><td>27</td><td></td></tr>
<tr><td>点名(号)</td><td>等级</td><td>标志
类型</td><td>X/m</td><td>Y/m</td><td colspan="2">公里格网
内编号</td><td colspan="2">旧点号</td><td></td></tr>
<tr><td>1001</td><td>一级</td><td>混</td><td>3827371.151</td><td>33508456.232</td><td colspan="2"></td><td colspan="2"></td><td></td></tr>
<tr><td>1001B</td><td>保</td><td>钉</td><td>375.151</td><td>453.232</td><td colspan="2"></td><td colspan="2"></td><td></td></tr>
<tr><td>1001C</td><td>保</td><td>钉</td><td>370.263</td><td>459.545</td><td colspan="2"></td><td colspan="2"></td><td></td></tr>
<tr><td>1001D</td><td>保</td><td>钉</td><td>376.589</td><td>457.689</td><td colspan="2"></td><td colspan="2"></td><td></td></tr>
<tr><td></td><td></td><td></td><td></td><td></td><td colspan="2"></td><td colspan="2"></td><td></td></tr>
</table>

图 6.13　界址点的点之记

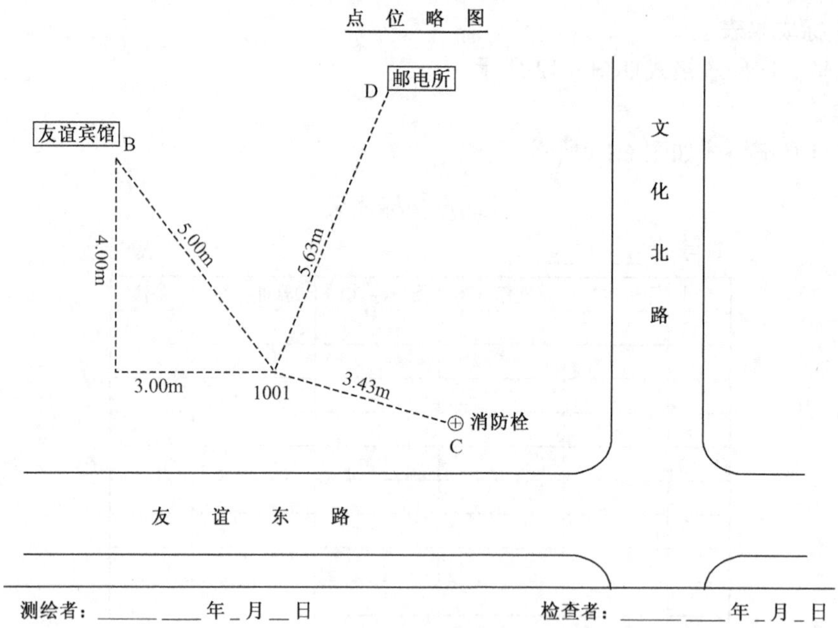

图 6.13 (续)

思 考 题

1. 名词解释：界址点、界址桩、界址点坐标、解析法放样、关系距离放样、勘测定界、勘测定界图。

2. 简述勘测定界的工作程序及具体要求。

3. 勘测定界的详细准备工作包括哪些？

4. 什么是线形工程？线形工程和大型工程的放样方法是什么？

5. 界址桩有哪些主要类型？它的设置规定是什么？

6. 你认为勘测定界图有哪些主要作用？它们应该有哪些具体要求。

7. 建筑项目用地勘测定界有哪些主要成果？

第 7 章　变更地籍调查及测量

7.1　变更地籍调查及测量概述

7.1.1　变更地籍调查的目的及特点

变更地籍调查及测量是指在完成了初始地籍调查及测量工作之后，为了适应日常地籍测量工作的需要，使地籍数据能保持现势性而进行的土地及其附属物的权属、位置、界线、数量、质量及土地利用现状的变更调查。通过变更地籍调查及测量，可不断完善地籍的内容，使其具有良好的现势性。

初始地籍建立后，地籍信息的管理者希望变化越少越好，但随着社会的发展，土地被更细致地划分，建筑物越来越多，用途不断地变化，房地产的继承、转让、抵押等以房地产为主体的经济活动更加频繁，这就要求地籍管理者能及时做出反应，对地籍信息进行变更，以达到维持社会秩序，保障经济活动的正常运作的目的。初始地籍就像初生的婴儿，它需要汲取养分，需要精心的培养，才能成长。变更地籍才是地籍的生命所在，也是地籍得以存在几千年的理由。在德国有近 200 年完整的地籍记录，现已毫无遗漏地覆盖了全部国土，地籍记录的最小地块只有几平方米。地籍为德国的经济发展做出了重要的贡献，在两次世界大战中，德国的地籍数据仍得到有效的保护。

1. 变更地籍调查及测量的目的

在我国全面建立初始地籍之后，除进行正常的地籍变更外，还必须不断地消除初始地籍数据中的错误，这也是初始地籍建立后一段时间内地籍变更工作的一部分，因此变更地籍调查及测量，除保持地籍资料的现势性外，还有以下目的：

(1) 使实地界址点位逐步得到认真的检查、布置、更正。

(2) 逐步核实、更正、补充地籍数据中的文字部分。

(3) 逐步消除初始地籍中可能存在的差错。

(4) 随着科学技术的发展，要逐步用高精度的变更测量成果替代原有精度较低的成果，使地籍资料跟上社会经济的发展，使它能满足新的需求，使地籍测量成果的质量逐步提高。

2. 变更地籍调查及测量的特点

变更地籍调查及测量技术、方法与初始地籍调查及测量基本相同，但又具有下列特点：

(1) 目标分散、发生频繁、调查范围小。

(2) 政策性强、精度要求高。

(3) 变更同步、手续连续，进行了变更测量后，与本宗地有关的表、卡、册、证、图均需进行变更。

(4) 任务紧急，使用者提出变更申请后，需立即进行变更调查、变更测量，才能满足使用者的要求。

由此可见，变更地籍调查与测量是地籍管理的一项日常性工作。变更地籍调查与测量，通常由同一个外业组一次性完成。

7.1.2 地籍变更的内容与申请

1. 地籍变更的内容

地籍变更的内容主要是宗地信息的变更，包括更改边界宗地信息的变更和不更改边界宗地信息的变更。

1) 更改边界宗地信息的变更情况

(1) 征用集体土地。

(2) 划拨国有土地。

(3) 出让、转让国有土地使用权，包括宗地分割转让和整宗土地转让。

(4) 由于各种原因引起的宗地分割和合并。

(5) 土地权属界址调整。

(6) 城市改造拆迁。

(7) 土地整理后的宗地重划。

(8) 宗地的边界因冲积作用或泛滥而发生的变化等。

2) 不更改边界宗地信息的变更情况

(1) 继承土地使用权。

(2) 交换土地使用权。

(3) 收回国有土地使用权。

(4) 违法宗地经处理后的变更。

(5) 宗地内新建建筑物、拆迁建筑物、改变建筑物的用途及房屋的翻新、加层、扩建、修缮等。

(6) 房地产的转移、抵押等。

(7) 精确测量界址点的坐标。

(8) 精确测算宗地的面积，这通常是为了转让、抵押等土地经济活动的需要。

(9) 宗地内地物、地貌的改变等。

(10) 土地权利人更名。

3) 其他变更

(1) 土地利用类别和土地等级的变更。

(2) 行政管理区(县、乡、镇) 和地籍管理区(地籍区、地籍子区) 名称的变更。

(3) 宗地编号和房地产登记册上编号的改变。

(4) 宗地所属地区的区划变动，即地籍区的变动，地籍子区的变动，乡、镇边界的变动。

(5) 宗地位置名称的改变。

2. 地籍变更申请

地籍变更申请一般有两种情况，一是间接来自于社会，二是来自于国土管理部门的日常业务。

所谓间接来自于社会的地籍变更申请是指国土管理部门接到房地产权利人提出的申请或人民法院提出的申请后，根据申请报告，由国土管理部门的业务科室向地籍变更业务主管部门提出地籍变更申请。

国土管理部门的业务科室在日常工作中经常会产生新的地籍信息，例如，检查大队、地政部门、征地部门等，这些业务科室应向地籍变更业务主管部门提出地籍变更申请。

3. 变更资料

作为地籍变更的资料，通常由变更清单、变更证明书和测量文件组成。

一般说来，如变更登记的内容不涉及界址的变更，并且该宗地原有地籍几何资料是用解析法测量的，则经地籍管理部门负责人同意后，只变更地籍的属性信息，不进行变更地籍测量，而沿用原有几何数据。

7.1.3　变更地籍调查及测量的准备

变更地籍调查与测量的技术、方法与初始地籍调查及测量相同。变更地籍测量前必须充分检核有关宗地资料和界址点点位，并利用当时已有的高精度仪器，实测变更后宗地界址点坐标。所以，进行变更地籍调查与测量之前应准备下述主要资料：

(1) 变更土地登记或房地产登记申请书。

(2) 原有地籍图和宗地图的复印件。

(3) 本宗地及原宗地的原有地籍调查表的复制件(包括宗地草图)。

(4) 有关界址点坐标。

(5) 必要的变更数据的准备，如宗地分割时测设元素的计算。

(6) 变更地籍调查表。

(7) 本宗地附近测量控制点成果，如坐标、点的标记或点位说明、控制点网图。

(8) 变更地籍调查通知书。

变更地籍通知书主要送给地籍变更申请单位或申请人，变更涉及相邻单位或户主的，应同时发送内容相同的通知书。变更地籍调查通知书的形式如下：

变更地籍调查通知书

根据你(或单位)提交的变更土地登记或房地产登记申请书，特定于　　月　　日　　时到现场进行变更地籍调查。请你(单位或户主)届时派代表到现场共同确认变更界址。如属申请分割界址或自然变更界址的，请预先在变更的界址点处设立界址标志。

国土管理机关盖章

年　　月　　日

7.2　变更地籍调查技术要求

7.2.1　变更权属调查的内容

土地权属变更包括：土地所有权变更、土地使用权变更及土地其他权利的变更，而这些变更均需按有关规定进行变更地籍调查，并予以变更登记。

土地所有权变更、土地使用权变更和土地其他权利变更有以下六种情况。

1. 划拨国有土地使用权变更

划拨国有土地使用权变更是对已登记的划拨国有土地使用权的变更。如因出让地上建筑物或其他附着物涉及的土地权属转移；因城镇住房制度改革而出售公有住房等所涉及的国有土地使用权的变更。

2. 出让国有土地使用权的变更

土地使用者通过出让方式获得国有土地使用权再进行转让、出租、抵押而导致的土地使用权的变更。

3. 国家作价出资(入股)、国家租赁和国家授权经营国有土地使用权变更

国家作价出资(入股)土地使用权变更，如国有企业改革中以作价出资(入股)的方式处置土地使用权，在使用年限内依法转让、作价出资、租赁或抵押而导致的土地使用权变更。

国家授权经营国有土地使用权变更，如国有企业改革中以授权经营方式处置的土地使用权，在使用年限内依法处置国有土地使用权而导致的使用权变更。

4. 集体土地所有权及使用权变更

依据我国的法律和政策，集体土地所有权及使用权变更包括：土地征用，农用地调整，四荒地集体土地使用权的变更，农民集体内部成员之间的宅基地变更，乡(镇)村企业因矿产、兼并等原因而导致的集体土地使用权变更。

5. 土地其他项权利变更

土地其他项权利变更包括土地使用权抵押权变更及土地使用权出租权变更等。

6. 土地所有者、使用者和其他项权利者名称、地质变更和土地用途变更

土地所有者、使用者和其他项权利者名称、地址变更是指土地权属不发生转移的情况下，土地权利人的姓名、住址的改变而导致的变更。该变更亦需进行变更登记申请和批准。

土地用途变更又称地类变更，它是指土地权属单位在土地登记之后，所批准的土地主要用途和其他类发生变化或变更。为了加强对非农业建设用地的管理，严格控制农业用地，尤其是耕地向非农业建设用地的转变，国家规定，凡属农业用地变更为非农业建设用地的地类变更，土地权属单位或个人必须向原登记、发证单位申请办理土地变更登记，并按规定的审批权限报人民政府批准。

7.2.2　变更地籍测量的方法

土地权属调查完成后，即应进行变更地籍测量，主要测量变更后的土地位置、权属界线等地籍要素，绘制变更地籍图和宗地图，测算土地面积，为变更土地登记提供依据。其方法有常规方法、遥感影像或航空影像叠加分析处理法、GPS 方法、PDA 与 GPS、GIS 集成的综合方法及利用屏幕数字化进行图形变更处理。

1. 常规方法

常规方法包括野外调绘法和全站仪测量法等。

野外调绘法直接进行图形变更，系统将在用户的交互式操作下自动进行图斑切割、面积平差量算工作。在具体运算时，首先要与变更相关的图斑切割，形成变更后的土地利用现状图，然后系统再以与变更信息相关的图斑、线状地物等面积作为控制面积，使变更的相关图斑、线状地物面积之和与变更前面积之和相等。

全站仪测量法是以其在野外采集变化图斑的坐标数据为基础，利用数据库软件的绘图功能，以坐标数据绘制变化的图斑来更新土地利用现状图。

2. 遥感影像或航空影像叠加分析处理法

利用遥感影像或航空影像进行土地利用现状变更调查时，则可在内业比较不同时期的影像图，或与矢量图进行叠加，并通过识别、判读、解译，在必要时辅以外业调查或调绘来处理土地利用现状变更。

3. GNSS 方法

利用 RTK 技术进行土地利用现状变更调查的过程如下：

(1) 在野外测定土地利用线状变化图形的拐点，并形成坐标文件。

(2) 将形成的坐标文件转入地籍管理信息系统中。

(3) 由坐标生成新的图形，然后进行图形的变更。

(4) 输入新的属性信息，完成变更工作。

(5) 输出变更记录表和汇总统计数据，并形成变更后的土地利用现状数据库。

4. PDA 与 GNSS、GIS 集成的综合方法

为了解决土地基础数据采集的数字化、准确化和实时化，可采用 PDA 与 GNSS、GIS 集成的综合法。首先将最新的正射影像图和已有的土地利用现状数据库导入 PDA 中，并以此作为野外调查的工作底图。调查人员利用 RTK 技术，在被查图斑的各特征点上逐点测量，并将定位信息通过无线传输方式传给 PDA，采集完所有特征点后，现场在 PDA 上构成一个完整的图斑，并录入该图斑的地类、权属信息。回到室内后，将 PDA 中记录的图斑信息导入 PC 机中，并用专用软件同原有数据库进行叠加，按要求进行编辑处理，当数据合格后方可进行数据库更新、统计汇总和存盘上报。

5. 利用屏幕数字化进行图形变更处理

通过在屏幕上叠加显示栅格图和矢量图，可将人工数字化与自动矢量化相结合，从而实现“屏幕数字化”的作业方式。其主要特点是叠加显示栅格图和矢量图，并以栅格底图为判别和定位依据进行交互式操作，从而摆脱数字化仪和纸质、相片等为媒介的原图。

7.3 变更界址点调查及测量

变更界址测量是在变更界址点调查过程中，为确定变更后的土地权属界址、宗地形状、面积及使用情况而进行的测绘工作。变更界址测量在变更权属调查基础上进行。

变更界址测量包括更改界址和不更改界址两种测量。在工作程序上，可分两步进行，一是界址点、线的检查；二是进行变更测量。

7.3.1 变更地籍要素的调查

在变更地籍调查中，应着重检查和核实以下三方面内容。

(1) 检查本宗地及邻宗地指界人的身份。

(2) 检查变更原因是否与申请书上的一致。

(3) 全面复核原地籍调查表中的内容是否与实地情况一致；如土地使用者名称、单位法人代表或户主姓名、身份证号码、电话号码等；土地座落、四邻宗地号或四邻使用者姓名；实际土地用途；建筑物、构筑物及其他附着物的情况等。

以上各项内容若有不符的，必须在调查记事栏中记录清楚，遇到疑难或重大事件时，留待以后调查研究处理，待有了处理结果再修改地籍资料。

7.3.2 地籍资料变更的要求

变更地籍调查与测量后，必须对有关地籍资料作相应的变更，应做到各种地籍资料之间有关内容的一致性，通过变更后，本宗地的图表、卡册、证书之间，相邻宗地之间的边界描述与宗地四邻等内容不得产生矛盾。

地籍资料的变更应遵循用精度高的资料取代精度低的资料、用现势性好的资料取代陈旧的资料的原则。考虑到变更地籍资料的规范性和有序性，变更地籍资料应该满足以下八个要求。

1. 宗地号、界址点号的变更

在长时期的地籍管理过程中，一个宗地号对应着唯一的一个宗地。宗地合并、分割、边界调整时，宗地形状会改变，这时宗地必须赋予新号，旧宗地将作为历史，不复再用。同时，旧界址点废弃后，该点在街坊内统一的编号作为历史，不再复用，新的界址点赋予新号。

2. 宗地草图的变更

宗地草图必须重新绘制。

3. 地籍调查表的变更

新的变更地籍调查表，在现场调查时填写，并由有关人员签名盖章认可，用以替代旧的地籍调查表。

4. 地籍图的变更

铅笔原图作为原始档案，不作改动，变更在底图上进行。发生变更时，首先复制一份底图，在复制件上标明变更情况作为历史档案保存备查；然后根据变更测量成果及新的宗地草图修改底图的有关内容。

5. 宗地图的变更

按新的宗地草图或地籍图制作宗地图，当变更涉及相邻宗地但不影响该相邻宗地的权属、界址范围时，相邻宗地的宗地图无须重新制作。

6. 宗地面积的变更

通常变更测量时用解析法测量界址点的坐标，所以可以用解析坐标计算新的宗地面积。用新的精度高的宗地面积取代旧的精度较低的面积值，由此而引起的街坊内宗地面积之和与原街坊面积的不符合值可不作处理，统计也按新面积值进行。如果新旧面积精度相当，且差值在限差之内，则仍保留原面积。宗地合并时，合并后的宗地面积应与原宗地面积之和相等；宗地分割时，分割后的各宗地面积应与原宗地面积相等，闭合差按比例配赋；边界调整时，调整后的两宗地面积之和不变，闭合差按比例配赋。

7. 界址点坐标的处理

如果原地籍资料中没有该点的坐标，则新测的坐标直接作为重要的地籍资料保存备用；如果旧坐标值精度较低，则用新坐标取代原有资料；如果新测坐标值与原坐标值的差数在限差之内，则保留原坐标值，新测资料归档保存。

8. 房屋的结构、层数、建筑面积等要素的变更

应重新制作房屋调查报告，在变更地籍调查表中填写最新调查数据。如已建立地籍信息系统，以上工作可在计算机上完成。

上述变更地籍调查与测量工作完成后，才可履行变更房地产变更手续，在土地登记卡或房地产登记卡中填写变更记事，然后换发土地证书或房地产证书。

7.3.3　更改界址的变更界址测量

1. 原界址点有坐标

1) 界址点检查

(1) 这项工作主要是利用界址调查表中界址标志和宗地草图来进行。检查内容包括：检查界标是否完好，复量各测量值，检查它们与原测量值是否相符。根据具体情况分别处理如下：①如果界址点丢失，则应利用其坐标放样出它的原始位置，再用宗地草图上的测量值检查，然后取得有关指界人同意后埋设新界标。②如果放样结果与原测量值检查结果不符，则应查明原因后处理。③如果发生分歧，则不应急于做出结论，宜按“有争论界址”处理：设立临时标志、丈量有关数据、记载各权利人的主张。如果各方对所记录的内容无异议，则签名盖章。

(2) 若检查界址点与邻近界址点间或与邻近地物点间的距离与原记录不符，则应分析原因按不同情况处理：①如果对原测量数据有把握肯定是明显错误的，则可以修改。②如果检查值与原测量值的差数超限，经分析这是由于原测量值精度低造成的，则可用红线划去原数据，写上新数据；如果不超限，则保留原数据。③如果分析结果是标石有所移动，则应使其复位。

2) 变更测量

(1) 宗地分割及调整边界时，可按预先准备好的放样数据，测设新界址点的位置，设立界标；也允许在有关方面同意的情况下，先设置界标，然后用解析法测量界标的坐标。在变更界址调查表(包括宗地草图)中注明并做出修改。

(2) 合并宗地及边界调整时，要销毁不再需要的界标，并在原界址调查表(包括宗地草图)复制件中，用红笔划去有关点或线。

2. 原界址点没有坐标

1) 检查界址点

(1) 界址点丢失的处理。利用原桩距及相邻界址点间距离，在实地恢复界址点位，设立新界标。

(2) 检查测量值与原测量值不符时的处理。分析查明原因，然后针对不同情况，如原测量值明显有错、原测量值精度低、标石有所移动等给予相应的处理。

也可先实测全部界址点坐标，然后进行界址变更。

2) 变更测量

(1) 宗地分割或边界调整时，可按预先准备好的放样数据，测设界址点的位置后，埋设标志；也可以在有关方面同意的前提下先埋设界标，再测量界址点的坐标。

(2) 宗地合并及边界调整时，要销毁不再需要的界标，并在界址资料中做相应的修改。

(3) 用解析法测量本宗地所有界址点的坐标，并以此为基础，更新本宗地所有的界址资料，包括界址调查表(含宗地草图)界址点资料、界址图、宗地面积以及宗地图。

7.3.4　不更改界址的变更界址测量

不改变界址的宗地变更包括以下几种情况：集成土地使用权，整宗转让国有土地使用权，交换土地使用权，收回国有土地使用权，宗地内建(构)筑物的新建、改建、拆迁等；改变建(构)筑物的用途，房地产的转让、抵押宗地内地物、地貌的改变等；土地权利人更名、地址的改变、宗地编号的改变；其他界址未发生变化而引起地籍内容变化的变更等。

1. 界址点的检查

界址点位的检查包括界址点位检查及复量各测量值检查界址标志是否移动。具体内容同“更改界址的变更界址测量”。

2. 变更测量

一般是用当时已有的高精度的仪器，实测宗地界址点坐标。具体内容除没有分割、没有边界调整及合并宗地时设置新界址点及销毁不再需要界址点的工作外，其他与“更改界址的变更地籍测量”基本相同。

7.4 界址的恢复与鉴定

7.4.1 界址的恢复

在界址点位置上埋设了界标后，应对界标细心加以保护。界标可能因人为的或自然的因素发生位移或遭到破坏。为保护地产拥有者或使用者的合法权益，需要及时地对界标的位置进行恢复。

在某一地区进行地籍测量之后，表示界址点位置的资料和数据一般有：界址点坐标，宗地草图上界址点的点之记、地籍图、宗地图等。对一个界址点，以上数据可能都存在，也可能只存在某一种数据。可根据实地界址点位移或破坏情况和已有的界址点数据及所要求的界址点放样精度，以及已有的仪器设备来选择不同的界址点放样方法。

恢复界址点的放样方法一般有：直角坐标法、极坐标法、角度交会法、距离交会法。这几种方法其实也是测定界址点的方法，因此测定界址点位置和界址点放样是互逆的两个过程。不管用哪种方法，都可归纳为两种已知数据的放样，即已知直线长度的放样和已知角度的放样。

1. 已知直线长度的放样

这里的已知长度是指界址点与周围各类点间的距离，具体情况如下：

(1) 界址点与界址点间的距离。

(2) 界址点与周围相邻明显地物点的距离。

(3) 界址点与邻近控制点间的距离。

这些已知长度可以通过坐标反算得到，也可以从宗地草图或宗地图上得到，并且这些距离都是水平距离。

在地面上，可以用测距仪或鉴定过的钢尺量出已知直线的长度，并且在作业过程中考虑仪器设备的系统误差，从而使放样更加精确。

2. 已知角度的放样

已知角度通常都是水平角。在界址点放样工作中，如用极坐标法或角度交会法放样，才需计算出已知角度，此时已知角度一般是指界址点和控制点连线与控制点和定向点之间连线的夹角。设界址点坐标(X_P，Y_P)，放样测站点(X_A，Y_A)，定向点(X_B，Y_B)，则

$$\alpha_{AB}=\arctan\left(\frac{Y_B-Y_A}{X_B-X_A}\right),\quad \alpha_{AP}=\arctan\left(\frac{Y_P-Y_A}{X_P-X_A}\right)$$

此时放样角度为$\beta=\alpha_{AP}-\alpha_{AB}$。把经纬仪架设在测站上，瞄准定向方向并使经纬仪水平度盘读数置零，然后顺时针转动经纬仪，使水平度盘度数等于β，移动目标，使经纬仪十字丝中心与目标重合，并使其距离为$S_{AP}=\sqrt{(X_A-X_P)^2+(Y_A-Y_P)^2}$，即可得到界址点位置。

7.4.2 界址的鉴定

依据地籍资料(原地籍图或界址点坐标成果)与实地鉴定界址是否正确的测量作业，称为界址鉴定(简称鉴界)。界址鉴定工作通常是在实地界址存在问题，或者双方有争议时进行。

若有问题的界址点有坐标成果，且临近还有控制点(三角点或导线点)时，则可参照坐标放样的方法予以测设鉴定。如无坐标成果，如果能在现场附近找到其他的明显界址点，则应以其暂代控制点，据以鉴定。否则，需要新施测控制点，测绘附近的地籍现状图，再参照原有地籍图、与邻近地物或界址点的相关位置、面积大小等加以综合判定。重新测绘附近的地籍图时，地图比例尺最好与旧图比例尺相等并用聚酯薄膜测图，这样以便直接套合在旧图上，加以对比审查。

正常的鉴定测量作业程序包括以下两步。

1. 准备工作

(1) 调用地籍原图、表、册。

(2) 精确量出原图图廓长度，并与理论值相比较，若不相等，应计算其伸缩率，作为边长、面积改正的依据。

(3) 复制鉴定附近的宗地边界。原图上如有控制点或界址点(越多越好)，要特别小心地转绘。

(4) 精确测定复制部分界线长度，并注记于复制图相应各边上。

2. 实地施测

(1) 依据复制图上的控制点或界址点位，判定图与实地是否相符，当判定正确无误后(如点位距被鉴定的界址线很近且鉴定范围很小时)，即可在该点安置仪器测量。

(2) 控制点(或界址点)距现场太远或鉴定范围较大时，则应在等级控制点间，按正规作业方法补测导线，以适应界址测量的需要。

(3) 用支距法或其他点位测设方法等，将要鉴定的界址点在复制图上的位置测设到实地，并用间接测量结果计算面积，核对无误后，报请土地主管部门审核备案。

7.5 宗地合并与分割

土地权属的变更，实际上就是宗地权属单位的更替，或宗地的合并、分割。这种将现有宗地按照土地使用者的意愿或某种需要进行合并或分块的测量工作，称为宗地的合并与分割。在城市开发区和新建住宅区经常会遇到这种问题。

7.5.1 宗地合并

土地权属单元的合并包括以下内容：

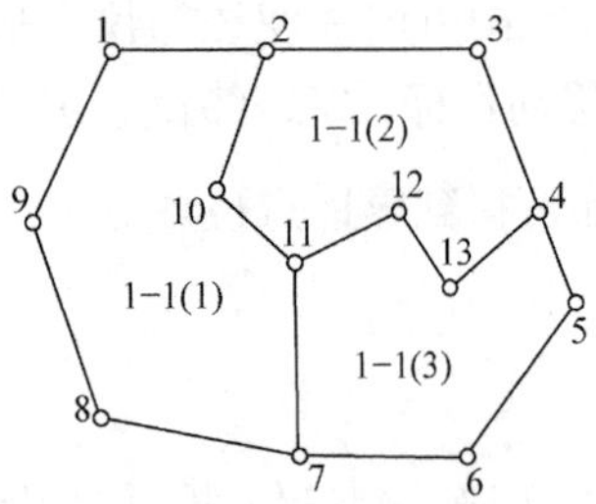

图 7.1　宗地合并图

(1) 确定合并后新的土地权属单元边界及界址点，如图 7.1 中的界址点 1～9，并抄录界址点编号及坐标。

(2) 删除新的土地权属单元内各点及其坐标，如图 7.1 中的 10～13 界址点。

(3) 确认新的土地权属单元的相邻权属单元(四至)。

(4) 根据新宗地界址点坐标计算的面积应与合并前各宗地面积之和相等，其差值应在允许误差以内。

7.5.2 宗地分割

1. 按给定预分割条件确定分割点位置

初始地籍测绘时若采用图解法，此时被分割土地无解析界址点坐标，则可根据给定的预分割面积和条件，利用丈量距离来确定分割点的实地位置和图上位置。

1) 三角形宗地的分割

(1) 过三角形一顶点作一直线，预分割面积为 f。

如图 7.2(a)所示，设△ABC 面积为 F，△ABC 与△ABD 同底同高。其面积分别为 F 和 f，则

$$(AC\cdot BE):(AD\cdot BE)=F:f \tag{7.1}$$

即

$$AC:AD=F:f \tag{7.2}$$

$$AD=\frac{AC\times f}{F} \tag{7.3}$$

这样，从界址点 A 沿界址边 AC 丈量 AD 长度，即得分割点 D 的位置。

(2) 过三角形一边的定点，作一直线，预分割面积为 f。

如图 7.2(b)所示，自定点 P 丈量 PA 距离，在界址点 A 设站测量 $\angle A$，则

$$f=PA\cdot AQ\cdot\sin\angle A \tag{7.4}$$

$$AQ=\frac{2f}{PA\cdot\sin\angle A} \tag{7.5}$$

(3) 分割线平行于三角形一边，预分割面积为 f。

如图 7.2(c)所示，设△ABC 面积为 F，根据两相似三角形面积之比，等于相应边平方之比。则

$$F:f=AC^2:PQ^2=AB^2:PB^2=BC^2:BQ^2 \tag{7.6}$$

$$PB=AB\cdot\sqrt{\frac{f}{F}};\ BQ=BC\cdot\sqrt{\frac{f}{F}} \tag{7.7}$$

2) 四边形宗地的分割

(1) 梯形的平行分割。梯形的平行分割，其分割线平行于底边，预分割面积为 f。

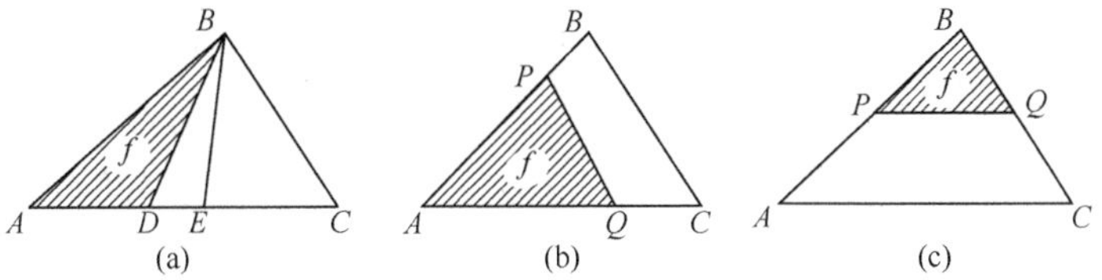

图 7.2　三角形宗地分割

如图 7.3 所示，设原梯形面积为 F。则分割面积与原面积之比为

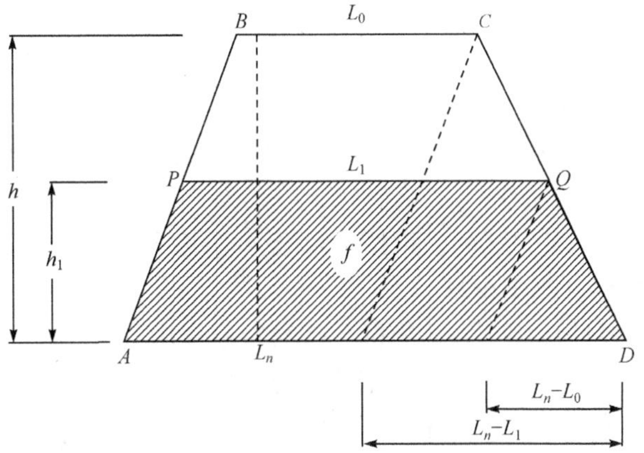

图 7.3　梯形的平行线

$$M=\frac{f}{F}=\frac{(L_1+L_n)\cdot h_1}{(L_0+L_n)\cdot h} \tag{7.8}$$

分割梯形与原梯形侧边边长之比为

$$m=\frac{AP}{AB}=\frac{DQ}{DC}=\frac{h_1}{h}=\frac{(L_n-L_1)}{(L_n-L_0)} \tag{7.9}$$

将式(7.9)代入式(7.8)得

$$M=\frac{f}{F}=\frac{(L_n^2-L_1^2)}{(L_n^2-L_0^2)}$$

即
$$L_1=\sqrt{L_n^2-M(L_n^2-L_0^2)} \tag{7.10}$$

由式(7.10)求出 L_1 后，代入式(7.9)中求出 m，同时可求出

$$h_1=m\cdot h;\ AP=m\cdot AB;\ DQ=m\cdot DC$$

则 P，Q 点位置即可定出。

(2) 四边形定点分割。分割线过任意四边形一边上任一定点，预分割面积为 f。

如图 7.4 所示，自定点 P 连 PD，计算$\triangle APD$ 面积，设为 F。如 $f>F$，则增加$\triangle PDQ$，使$\triangle PQD=f-F$，Q 点定位如下：

设 P 作 $PE\perp CD$，则

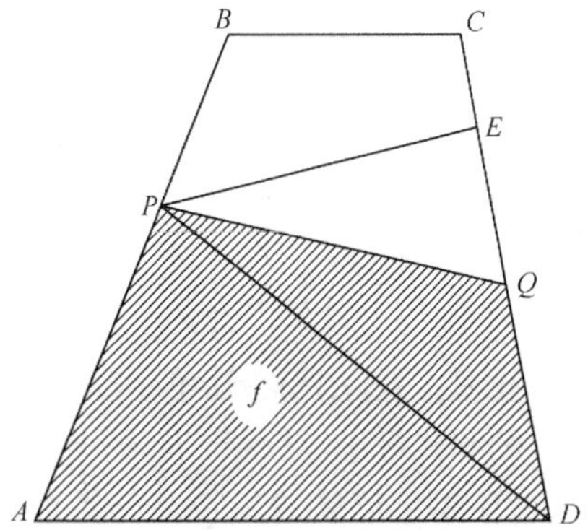

图 7.4　四边形定点分割

$$f - F = \frac{1}{2} DQ \cdot PE$$

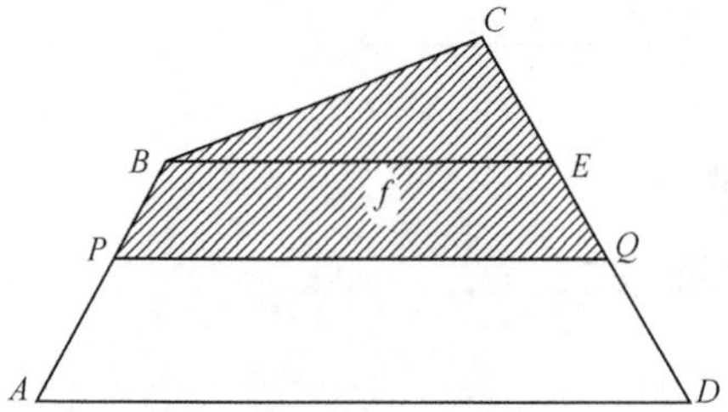

图 7.5 分割线平行四边形

那么 $$DQ = \frac{2(f - F)}{PE} \tag{7.11}$$

如 $f < F$，则可依过三角形顶点作直线分割的方法进行分割。

(3) 分割线平行于四边形一边。分割线平行于四边形一边，分割为预定面积f。

如图 7.5 所示，过 B 作 $BE//AD$，计算$\triangle BCE$面积，设为 F。

当 $f > F$，则分割线在四边形 $ABCD$ 内，可按梯形的平行线分割法，求出分割线 PQ 的位置。

当 $f < F$，则分割线在$\triangle BCE$内，可按三角形分割线平行于底的方法分割。

2. 按给定预分割条件计算分割点坐标

当欲分割宗地的原界址点均有解析坐标，按给定条件用解析法计算分割点坐标，如图 7.6 所示，宗地被分割成两部分。预分割面积为f。计算时，界址点编号从分割线端点 Q 后开始，按顺时针编号，预分割地块编号从 1 到 n。另一地块编号从 n+1 到 n+m、可获得基本公式

$$y_q = y_1 + (x_q - x_1)\tan\alpha_{1,n+m} \tag{7.12}$$

$$y_p = y_n + (x_p - x_n)\tan\alpha_{n,n+1} \tag{7.13}$$

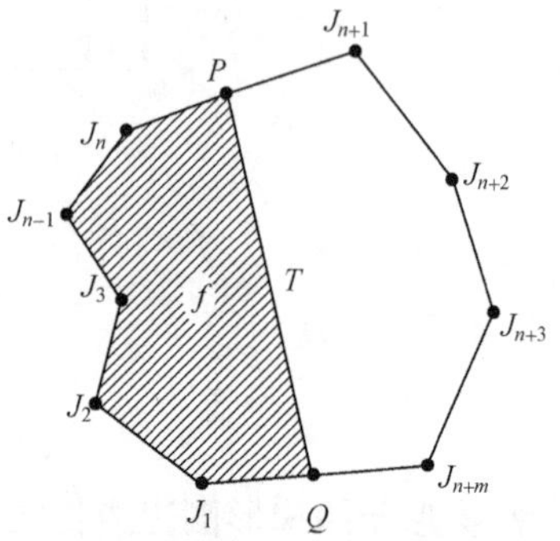

图 7.6 解析法土地分割

由面积计算公式知

$$2f = x_p(y_n - y_q) + x_q(y_p - y_1) + x_1 y_q - x_n y_p + \sum_{i=1}^{n-1}(x_{i+1}y_i - x_i y_{i+1}) \tag{7.14}$$

式中，$\alpha_{1,n+m}$，$\alpha_{n,n+1}$分别为分割点 Q，P 所在线段 1 至$n+m$、n 至$n+1$的坐标方位角，3 个方程式中(x_p，y_p)、(x_q，y_q)为 4 个未知数，尚需给定第四个条件才能解算出 4 个未知数。

1) 分割线一端为定点

(1) 假定 Q 点坐标(x_q，y_q)为已知，从而解算等式(7.13)和式(7.14)得

$$X_p = \frac{k_1 - x_q y_1 + x_1 y_q + (x_q - x_p)(y_n - x_n\tan\alpha_{n,n+1})}{(y_q - y_n) - (x_q - x_n)\tan\alpha_{n,n+1}} \tag{7.15}$$

其中 $$k_1 = \left[\sum_{i=1}^{n-1}(x_{i+1}y_i - x_i y_{i+1})\right] + 2f \tag{7.16}$$

然后用式(7.13)计算出坐标 y_p。

注意：式(7.16)右端第一项为负值；当$n=1$时，预分割部分为三角形，$x_n = x_1$，$y_n = y_1$；式中的和式等于零。

(2) 假定已知的是 Q 点与界址点的距离，则可依下列公式计算出其坐标值。

$$\begin{cases} x_q = x_1 + S_{J_1Q} \cdot \cos\alpha_{1,n+m} \\ y_q = y_1 + S_{J_1Q} \cdot \cos\alpha_{1,n+m} \end{cases} \tag{7.17}$$

式中，S_{J_1Q} 为界址点 J_1 至 Q 点的距离，或者亦可按内分点公式计算出 Q 点坐标值。

(3) 分割线的方位已知。如果分割线的方向已知与界址点 u，v 所在界址线平行，则

$$\alpha_{qp} = \arctan\frac{y_v - y_u}{x_v - x_u} \tag{7.18}$$

如果分割线的方向与界址点 u，v 所在界址线垂直，则

$$\alpha_{qp} = \operatorname{arccot}\frac{y_v - y_u}{x_v - x_u}$$

而

$$\alpha_{qp} = \arctan\frac{y_p - y_q}{x_p - x_q} \tag{7.19}$$

把等式(7.12)和式(7.13)代入式(7.19)，于是

$$x_q = k_2 + K_3 x_p \tag{7.20}$$

其中，

$$k_2 = \frac{y_n - y_1 + x_1\tan\alpha_{1,n+m} - x_n\tan\alpha_{n,n+1}}{\tan\alpha_{qp} - \tan\alpha_{n,n+1}} \tag{7.21}$$

$$k_3 = \frac{\tan\alpha_{qp} - \tan\alpha_{n,n+1}}{\tan\alpha_{qp} - \tan\alpha_{1,n+m}} \tag{7.22}$$

当时 $\tan\alpha_{qp} = \infty$ 时，即 PQ 与 X 轴平行，k_2 等于 0，k_3 为不定解，界址点坐标必须用后面的式(7.34)、式(7.35)和式(7.36)处理。

将式(7.12)、式(7.13)代入式(7.14)得

$$k_4 + k_5(x_p + x_q) + k_6 x_p \cdot x_q = 0 \tag{7.23}$$

其中，

$$k_4 = k_1 + x_1 y_1 - x_n y_n - x_1^2\tan\alpha_{1,n+m} + x_n^2\tan\alpha_{n,n+1} \tag{7.24}$$

$$k_5 = y_n - y_1 + x_1\tan\alpha_{1,n+m} - x_n\tan\alpha_{n,n+1} \tag{7.25}$$

$$k_6 = \tan\alpha_{n,n+1} - \tan\alpha_{1,n+m} \tag{7.26}$$

由式(7.20)解出 x_q 代入式(7.23)得

$$k_3 k_6 x_p^2 + [k_5(k_3+1) + k_2 k_6]x_p + (k_4 + k_2 + k_5) = 0$$

式中，x_p 有两个解：一个值和分割线与 P，Q 所在的界址线交点相对应；另一个值和分割线与它对面的界址线的交点相对应(无意义)。

如果 P，Q 所在界址线是相互平行的，则式(7.26)中 k_6 等于零。列方程解出 x_p：

$$x_p = \frac{k_4 + k_2 + k_5}{k_5(k_3 + 1)}$$

x_p，y_q 和 y_p 的值可分别由式(7.20)、式(7.12)和式(7.13)求出。

(4) 分割线过宗地内一定点。如果分割线过宗地内一定点 T, 将有多条分割线满足此条件，因此，必须指定 P，Q 所在的界址边。

因 P，T，Q 在一条直线上，则有：

$$\frac{y_q - y_p}{x_q - x_p} = \frac{y_t - y_p}{x_t - x_p} \tag{7.27}$$

将式(7.12)，式(7.13)代入式(7.27)得

$$k_7 x_q + k_3 x_p + k_6 x_q x_p + k_9 = 0 \tag{7.28}$$

其中，

$$k_7 = y_n - y_t + x_t \tan\alpha_{1,n+m} - x_n \tan\alpha_{n,n+1} \tag{7.29}$$

k_5 和 k_6 由式(7.25)、式(7.26)计算，解式(7.25)和式(7.24)得

$$k_8 = y_t - y_1 + x_1 \tan\alpha_{1,n+m} - x_t \tan\alpha_{n,n+1} \tag{7.30}$$

$$k_9 = -k_5 x_i \tag{7.31}$$

$$x_q = \frac{(k_4 - k_9) + (k_5 - k_8)\cdot x_p}{(k_7 - k_5)} \tag{7.32}$$

再将式(7.32)代入式(7.23)得

$$k_6(k_5 - k_8)x_p^2 + [k_5(k_7 - k_8) + k_6(k_4 - k_9)]x_p + [k_5(k_4 - k_9) + k_4(k_1 - k_5)] = 0 \tag{7.33}$$

解式(7.33)得出 x_p 的两个值，根据实际情况取其中一个值。坐标 y_q, y_p 可用式(7.12)、式(7.13)分别解得。

以上讨论了在土地分割时，采用解析坐标进行分割计算，从而直接计算出分割点的解析坐标。在这里应注意一个问题：当 $\alpha_{1,n+m}, \alpha_{n,n+1}$ 等于 0°或 180°时，$\tan\alpha_{1,n+m}, \tan\alpha_{n,n+1}$ 等于∞。此时，用现有公式计算会得出一些未定义的量。我们可以通过下述方法来处理。

首先，原坐标轴按逆时针旋转一个任意角度 θ。相应于旋转后各界址点坐标值为

$$\begin{cases} x_i' = x_i\cos\theta + y_i\sin\theta \\ y_i' = -x_i\sin\theta + y_i\cos\theta \end{cases} \tag{7.34}$$

式中，x_i、y_i 为界址点 J_i 在原坐标系中的坐标，x_i'、y_i' 为点 J_i 在旋转后的坐标系中的坐标。

其次，分割线的新方位角 α_{qp}' 为

$$\alpha_{qp}' = \alpha_{qp} - \theta \tag{7.35}$$

最后，再求旋转后的数据，就可直接应用前面介绍的公式，计算出的 P，Q 点坐标 x_i、y_i，坐标系相对应，必须换算到原坐标系中

$$\begin{cases} x_q = x_q'\cos\theta - y_q'\sin\theta \\ y_q = x_q'\sin\theta + y_q'\cos\theta \end{cases} \tag{7.36}$$

2) 多边形等面积的平行分割

上面我们介绍的仅是一条分割线的土地分割情况，在实际工作中，还有将宗地等分为几部分的情况。

如图 7.7 所示，多边形 $ABCDE$ 各界址点坐标已知，试用平行 x 轴将多边形面积三等分。

(1) 自多边形各顶点作 x 轴平行线 BB'，EE'，CC'，并计算各交点坐标。

(2) 计算各三角形与梯形面积，并相加，与坐标计算面积核对。

(3) 按题设大小与上项计算值估作平行线 PQ 与 RS。

(4) 依前述公式(7.8)、式(7.9)和式(7.10)，计算出 M、m、L_1；再分别计算 P，Q，R 及 S 的实地位置和坐标。

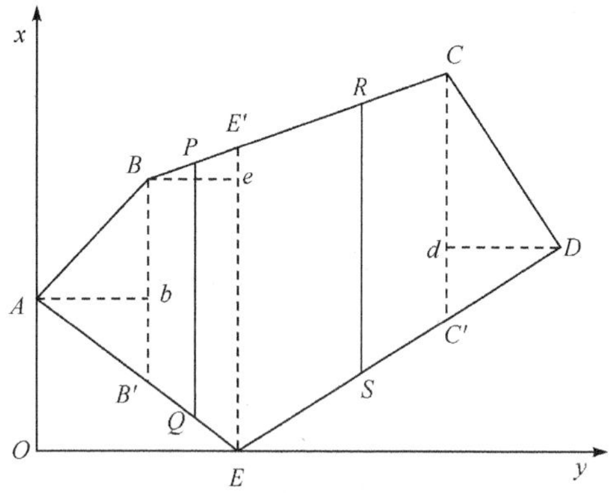

图 7.7　多边形等面积分割

例题　如图 7.7 所示，各界址点坐标为 $A(2, 0)$、$B(5, 3)$、$C(6, 8)$、$D(3, 10)$、$E(0, 6)$，试用平行 x 轴将此多边形三等分。

解：

(1) 自多边形各顶点作 x 轴平行线 BB'，EE'，CC'，并计算各交点坐标。

$\tan\alpha_{AE}=\dfrac{6-0}{0-2}=-3$；但 $\dfrac{Ab}{bB'}=\tan\alpha_{AE}$；那么 $bB'=\dfrac{3}{-3}=-1$，故得 B' 的坐标为(1，3)。同样可算得 E'，C' 坐标分别为(5.6，6)，(1，8)。

(2) 计算各三角形与梯形面积，并检核。

$$2\times P_{ABB'}=4\times 3=12$$
$$2\times P_{BB'EE'}=(4+5.6)\times 3=28.8$$
$$2\times P_{EE'CC'}=(5.6+4.5)\times 2=20.2$$
$$2\times P_{DCC'}=4.5\times 2=9$$
$$2P_{ABCDE}=70$$
$$P_{ABCDE}=35$$

那么，
$$\frac{P_{ABCDE}}{3}=11.667$$

(3) 依题及上项计算值，估作平行线 PQ 与 RS。

(4) 按式(7.8)、式(7.9)和式(7.10)求 PQ，RS 的位置。

$$M_1=\frac{f}{F}=\frac{P_{BB'EE'}-\left(\dfrac{P_{ABCDE}}{3}-P_{ABB'}\right)}{P_{BB'EE'}}=\frac{14.4-5.667}{14.4}=0.60646$$

$$L_1=PQ=\sqrt{5.6^2-M_1(5.6^2-4^2)}=4.695$$

$$m_1=\frac{5.6-4.695}{5.6-4}=0.5656$$

则

$$E'R = m_1\sqrt{3^2 + 0.6^2} = 1.730$$
$$EQ = m_1\sqrt{3^2 + 1^2} = 1.789$$
$$x_p = x'_e + m_1(5 - 5.6) = 5.261$$
$$x_q = x_e + m_1(1 - 0) = 0.566$$
$$y_p = y_q = y'_e + m_1(3 - 6) = 4.303$$

故 P，Q 点坐标分别为(5.261，4.303)，(0.566，4.303)。同理，可求出 R，S 的位置及坐标。

$$E'R = m_2\sqrt{2^2 + 0.4^2} = 0.549$$
$$ES = m_2\sqrt{2^2 + 1.5^2} = 0.672$$

R，S 点坐标分别为(5.708，6.538)，(0.403，6.538)。检核：用 P，Q，E，S，R5 点计算面积为 11.669，表明计算正确。

3. 等面积调整边界

宗地间等面积调整边界作图原理阐述于下。

1) 三角形中界址线调整为平行于底边

如图 7.8 所示，有

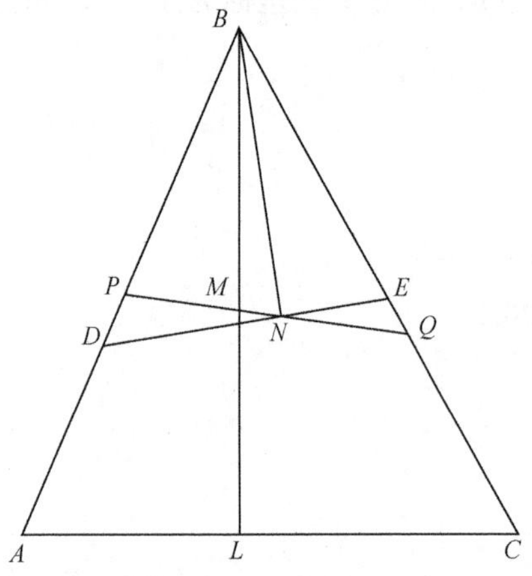

图 7.8　三角形调整

$$P_{ABC} : P_{PBQ} = BL^2 : BM^2 = AB^2 : PB^2 = BC^2 : BQ^2$$

因 P_{ABC}，P_{BPQ} 均为已知，故可利用上式求出 BP 和 BQ 的值，P，Q 点位置也随之而定。

2) 把三角形调整为与之面积相等的平行四边形

如图 7.9 所示，$\triangle ABC$ 为原三角形，首先丈量边长 AC 定出中点 D；丈量边长 AB 定出中点 E；延长 DE 至 H，使 $EH = DE$，则 $DHBC$ 即为所求平行四边形。

3) 在等积条件下，使多边形边数减少

如图 7.10 所示，$ABCDEF$ 为六边形，现要求调整为与原六边形面积相等的四边形。作法如下：

(1) 连接 BD，过 C 作 CG，使 $CG//DB$，交 AB 延长线于 G。

(2) 连接 AE，过 F 作 FH，使 $FH//AE$，交 DE 延长线于 H。

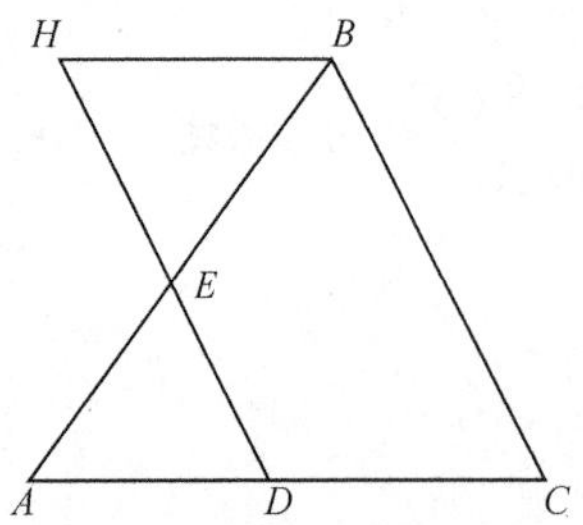

图 7.9　多边形边界调整

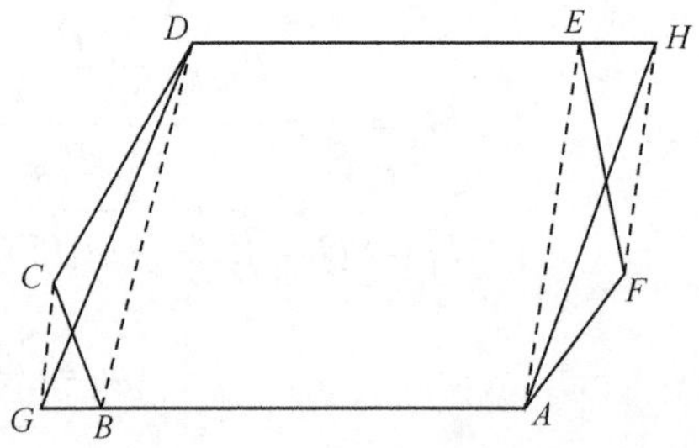

图 7.10　三角形调整为四边形

因 $\triangle BCD$ 与 $\triangle BGD$ 同底同高，故面积相等；同理 $\triangle AFE$ 与 $\triangle AHE$ 面积亦相等。故四边形

AGDH 即为所求四边形。

同理，此六边形可以等积换成另外几个四边形，可根据需要的情况而定。

4) 任意两线间转折界址线，调整为直线

如图 7.11 所示，*AD*，*BC* 间原界址线曲折蜿蜒，现要求将此界线调整为直线。作法如下：

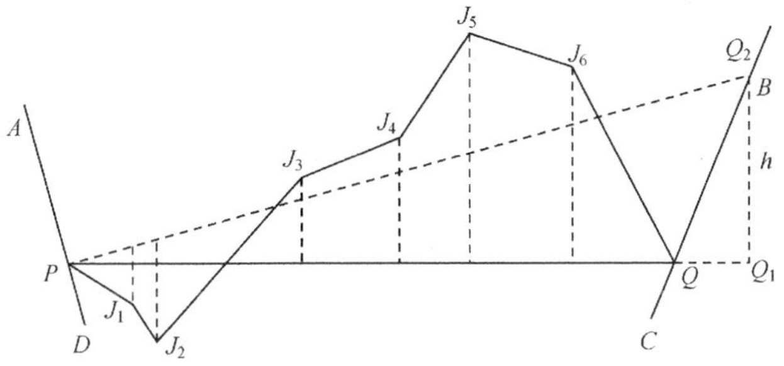

图 7.11　折线界址线的调整

(1) 先假设调整界线为 *PQ*，并自 *P* 点起测量各界址点到 *PQ* 线的纵横支距。

(2) 分别计算 *PQ* 与原界址线围绕面积：$2P_1=5\text{m}^2$；$2P_2=37.5\text{m}^2$；则 $2(P_2-P_1)=32.5\text{m}^2$。即按 *PQ* 为界。北面宗地多得土地 16.25m^2，所以应将界线向北面宗地内推进，使多得土地用以 *PQ* 为底，*h* 为高的三角形 PQ_1Q_2 偿还。

(3) 令 $Q_1Q_2=h=\dfrac{2(P_2-P_1)}{PQ}=3.25\text{m}$，即以 PQ_2 为新界线。则双方调整面积保持相等，Q_2 的位置可由 *PQ* 延长线上作垂线，其长度由 *h* 交 *BC* 来定。

如用经纬仪测量 $\angle BQP$，则

$$QQ_1=\frac{h}{\sin(180°-\angle BQP)}$$

根据上述等面积调整边界的原理和作法，用图解法确定调整后界址点的图上位置，如原界址点均有解析坐标，也可用解析法计算调整后界址点坐标。

7.6　日常地籍测量

日常地籍测量的技术和方法与初始地籍测量是一致的，下面将对日常地籍测量作一介绍。

7.6.1　日常地籍测量的目的及内容

1. 日常地籍测量的目的

及时掌握土地利用现状的变化情况，以便于土地管理部门科学地进行日常地籍管理工作并使之制度化、规范化。

2. 日常地籍测量的内容

日常地籍测量的内容包括界桩放点、界址点测量、制作宗地图和房地产证书附图、房屋调查、建设工程验线、竣工验收测量等，主要内容是变更土地登记和年度土地统计。

具体内容如下：

(1) 土地出让中的界址点放桩、制作宗地图。

(2) 房地产登记发证中的界址测量、房屋调查、制作宗地图。

(3) 房屋预售和房改的房屋调查。

(4) 建筑工程定位的验线测量。

(5) 竣工验收测量。

(6) 征地拆迁中的界址测量和房屋调查。

地籍测量成果不但具有法律效力而且具有行政效力，因此必须由政府部门完成测量工作和出具成果资料。如某种特殊原因，须委托测量单位承担的，必须事先向主管部门提出申请，经同意才可安排测量单位承担任务，但测量单位必须满足如下两个条件。

(1) 测绘队伍必须在当地注册登记，具有地籍测绘资格，从事测量的人员具有地籍测绘上岗证。

(2) 所有测量成果资料以国土管理部门的测绘主管部门的名义出具，经审核签名和盖章后生效。

7.6.2　土地出让中的界桩放点和制作宗地图

在办理用地手续后，由测绘部门实施界址放桩和制作宗地图及其附图。其工作程序包括以下五步。

1. 测绘部门受理用地方案图

用地方案确定后，将用地方案图送到所属的测绘部门办理界址点放桩和宗地图制作手续。受理界桩放点和制作宗地图的依据是：必须有由地政部门提供的盖有印章、编号、在有效期内的红线图或宗地图。

2. 测绘部门处理用地方案图

测绘部门收到用地方案图后在规定时间内，根据如下两种不同情况进行工作。

(1) 用地方案图有明确界址点坐标及红线的，按图上标识的坐标实地放点。放出的点位如与实地建筑物、构筑物或其他单位用地无明显矛盾，则埋设界桩，向委托单位交验桩位。若放出的点位与已建的建、构筑物或其他单位用地有明显矛盾的，则在实地标示临时性记号，并将矛盾情况记录清楚后，通知地籍科。由地籍科重新确定用地方案后，再按上述程序，通知测量部门放桩。如用地红线范围确实需要调整界址点的，则应由地籍科通知业主调整。

(2) 用地方案图中无界桩点坐标的，测量部门可根据用地方案的文字要求实地测量有关数据或测算出所需界桩点坐标后，返回地籍科确认。经确认后，把标有明确界桩点坐标的红线图，再送交测绘部门，测绘部门将根据情况决定是否再到实地放点埋桩。

3. 宗地编号和界址点编号

红线图上界址点经实地放桩确认后，进行宗地编号和界址点编号。

4. 编写界址界桩放点报告

界桩放点报告是界址放桩的成果资料，它包括实地放桩过程的说明，所使用的起算数据和测量仪器的说明，界址放桩略图，界桩点坐标成果表等。界址放桩报告是建设工程验线的基础资料之一，在申请开工验线时要出示，同时也是征地、拆迁的基础资料。

对未平整土地、未拆迁宗地的测量放桩，若实地放桩困难，测量精度难于保证时，应在放桩报告的备注栏中注明“本界桩点仅供拆迁、平整土地使用，不能用于施工放线”等字样。此类界桩点只能作为临时点，过后要补放。界址放桩报告在规定时限内完成。

5. 制作宗地图

制作宗地图和编写放点报告同时进行。在界址点实地放桩完成后，应立即着手制作宗地图。宗地图一式五份交地籍科签订土地使用合同时使用。

宗地图主要反映本宗地的基本情况，包括宗地权属界限、界址点位置、宗地内建筑物位置与性质、与相邻宗地的关系等。宗地图要求界址线走向清楚、面积准确、四至关系明确、各项注记正确齐全、比例尺适当。宗地图图幅规格为 18cm × 22cm，界址点用 1.0mm 直径的圆圈表示，界址线粗 0.3mm，用红色表示。

7.6.3　房地产登记发证中的地籍测量工作

房地产登记发证中的地籍测量包括宗地确权后的界址测量、宗地上附属建筑物的面积调查、宗地图的制作等工作。

凡原来没有红线，或实际用地与红线不符，或者宗地分割合并等引起权属界线发生变化等情况，在申请登记发证时，要进行界址测量。对出让的土地，建筑物建好后，进行房地产登记时要进行现状测量和建筑面积的丈量。

界址测量、房屋调查以及宗地图由测绘部门负责。具体程序有如下七步。

1. 地籍测量申请

由房地产管理部门通知业主向测量部门申请地籍测量，并要求业主提交如下资料：用地红线图或用地位置略图。申请房屋调查时需提供房屋位置略图和经批准的建筑施工图(必要时还需要提供剖、立面图或结构设计图)。填写地籍测量任务登记表。

2. 土地权属调查

接到测量任务委托后，在规定时间内，由房地产管理部门负责权属调查的人员会同业主和测绘人员一起到实地核定权属界线走向，确定界址点位置。界址点位置确定后，测量人员要现场绘制宗地草图，有关人员要签字盖章。

3. 实地测绘

实地测量工作如下：

(1) 埋设标志。

(2) 测量已标定的界址点坐标。

(3) 检查宗地周围的地形地物的变化情况，如有变化，做局部修测补测。

外业测量完成后，内业进行资料整理与计算，对测量坐标，要根据周围已确定的宗地坐标进行调查，相邻两宗地之间不能重叠、交叉。如果内业的坐标调整值较大，应及时更正实地的界址点标志。

如需要进行房屋调查，在接到测量申请后的规定时间内完成房屋调查工作。房屋调查的过程是：先审核建筑设计图，然后持图纸到实地抽查部分房屋建筑，验证图上尺寸与实地丈量尺寸是否相符，如符合精度要求，可按图上数据计算建筑面积；如不相符，误差超过限差规定的，应全部实地丈量。

已进行竣工复核的房屋，以复核后的竣工面积为准进行登记。已进行过预售调查，仅竣工复核，未更改设计的，不再进行调查，以预售面积作为竣工面积进行登记。竣工复核时，如发现房屋现状与预售时不一致，则应重新调查。

界址测量、房屋调查所使用的仪器设备要通过检定，符合精度方可使用。

4. 宗地编号和界址点编号

宗地编号和界址点编号的方法与土地出让中的规定相同。如登记发证时的宗地和土地出让时的宗地边界完全相同，则无须再编号，原有宗地号即为发证时的宗地号，界址点编号也是原来的编号。

原来没有宗地号的宗地，按新增加宗地办法编号；对宗地的分割合并，编号应按要求进行。

5. 编写界址测量报告、房屋建筑面积汇总表

界址测量、房屋调查完成后，要编写界址测量报告和房屋建筑面积汇总表。界址测量报告的主要内容有：

(1) 界址测量说明，主要说明界址点确定的过程(包括时间、参加人员、定界依据等)，界址测量的一般规定(包括依据的规范、精度要求等)。

(2) 界址测量过程叙述，包括起算成果、测量方法、使用的仪器等。

(3) 界址测量略图。

(4) 坐标成果表。

(5) 宗地位置略图。

房屋建筑面积汇总表中包括建筑面积计算和建筑面积分层(分户)汇总。

6. 绘制宗地图

房地产登记发证中的宗地图和土地使用权出让中的宗地图绘制方法和基本要求完全相同，内容基本相同，但用途不同。土地出让中的宗地图附在土地使用合同书后作为合同的组成部分，房地产登记中的宗地图是房地产登记卡的附图。

对于签订土地使用合同，仅进行土地登记时，可以把原土地使用合同书中的宗地图复制后作为登记时使用，无须重新制作。

在制作宗地图时，要对宗地范围内经批准登记的建筑物进行统一编号，宗地图上的编号应与登记时的编号一致，建筑物的编号用圆括弧注记在建筑物左上角，建筑物的层数用阿拉伯数字注记在建筑物中间。

宗地附图即房地产证后面的附图，是房地产证的重要组成部分。

7. 提交资料

提交的资料有：界址测量报告，房屋调查报告，宗地图。其中界址测量和房屋调查报告，用地单位与测量单位各留存一份，宗地图交付登记发证使用，用地单位不留。

7.6.4　房屋预售调查和房改中的房屋调查

作业程序如下：

1. 调查申请

凡需房屋调查的，由有关单位向测绘部门提出申请，填写地籍测量任务登记表。申请房屋调查时应提交房屋建筑设计图(包括平、立、剖面图，发证时还需提供结构设计图)和房屋位置略图。

2. 预售调查

对在建的房屋进行预售(楼花)的调查，使用经批准的设计图计算面积，计算完毕后，必须在所使用的设计图纸上加盖“面积计算用图”印章。

3. 房改中的房屋调查

房改中的房屋调查以实地调查结果为准。原进行过预售调查的需到实地复核，凡在限差范围内的维持原调查结果，不作改变。否则，重新丈量并计算。

4. 提交资料

房屋调查的成果资料是：房屋调查报告，一份交申请单位，一份原件由测量部门存档。

7.6.5　工 程 验 线

工程验线是指经批准的建筑设计方案，在实地放线定位以后的复核工作。工程验线时主要检查建筑物定位是否与批准的建筑设计图相符，检查建筑物红线是否符合规划设计要求。

建筑单位申请开工验线时，先进行预约登记，确定验线的具体时间。申请开工验线需提供如下资料：用地红线图，经批准的建筑物总平面布置图，界址界桩放点报告，《建设工程规划许可证》(基础先开工的提交基础开工许可证)。在正式验线前，建设单位应在现场把建筑物总平面布置图上的各轴线放好，撒上白灰或钉桩拉好线，各红线点界桩必须完好，并露出地面。

在建设单位提交的资料齐全，准备工作完善的情况下，验线人员必须在规定时间内给予验线，并制作开工验线测量报告，如因特殊原因，无法依约进行，一方应提前一天通知另一方，并重新商定验线日期。

验线人员到实地验线时应做如下工作：

(1) 查看地籍图或地籍总图。

(2) 查看界桩点情况，在条件允许的情况下，最好能复核界桩位置。

(3) 实地对照建筑物的放线形状与地籍图或地籍总图是否相符。

(4) 测量建筑物的放线尺寸与图上的数据是否相符。

(5) 测量建筑物各外沿边线和红线是否符合规划设计要点。

在验线结束后，建设单位交付验线费用，验线人员在《建设工程规划许可证》上签署验线意见，加盖“建筑工程验线专用章”。只有验线合格者，工程方可开工。

7.6.6　竣工验收测量

竣工测量是规划验收的重要环节，同时也是更新地形图内容的重要途径。竣工验收测量成果供竣工验收和房地产登记使用，同时也用于地形图、地籍图内容的更新。竣工测量的主要内容包括竣工现状图测绘、建筑物与红线关系的测量和房屋竣工调查。竣工测量程序如下：

(1) 测绘部门在接到《竣工测量通知书》后，根据通知书中的竣工验收项目和有关技术规定在规定时间内完成测量工作。

(2) 竣工现状图比例尺为 1∶500，采用全数字化方法或一般测量方法测量，竣工图上必须标出宗地红线边界和界址点，测出建筑物与红线边的距离、室内外地坪标高、建筑物的形状以及宗地范围内和四至范围的主要地形地物。

建筑面积复核以实地调查为准。原进行过预售调查的，对预售调查结果进行复核，凡在限差范围内的，维持原调查结果，不作改变，超出限差的，重新丈量计算。

(3) 竣工测量提交的成果资料包括建设工程竣工测量报告一式三份和房屋调查报告一式二份。建设工程竣工测量报告书一份交建设单位，一份交规划验收部门，一份由测绘部门存档；房屋调查报告交一份给建设单位，一份由测绘部门存档。

(4) 测绘部门根据竣工现状图及时修改更新地形图、地籍图。

7.6.7 征地拆迁中的界址测量和房屋调查

由征地拆迁管理部门向测绘部门下达测量调查任务，或由用地单位提出申请。申请界址测量的由征地部门提供征地范围图或由征地人员到现场指界，申请房屋调查的提供房屋平面图和位置略图。测量方法同上，但对即将拆除的房屋要拍照存档。

思 考 题

1. 什么是变更地籍调查及测量？它的目的与要求怎样？
2. 简述变更地籍调查及测量的准备工作。
3. 变更地籍调查技术要点有哪些？请详述外业调查技术要求。
4. 变更地籍资料应满足哪些要求？
5. 更改界址的变更界址测量有哪几种情况？请分别简述。
6. 为什么要进行界址的恢复？恢复界址点的放样方法有哪几种？具体是什么？
7. 日常地籍测量的内容包括哪些？
8. 请简述土地出让中的界桩放点和制作宗地图的工作程序。
9. 什么是工程验线？有何要求？验线人员的具体工作是什么？
10. 简述农用地变更地籍调查的技术要点。
11. 地籍变更调查与测量后，哪些资料需要随之变更，其变更的方法怎样？
12. 界址恢复与鉴定的工作内容有哪些？
13. 日常地籍测量的目的与工作内容如何？
14. 土地分割有哪几种类型？简述各种分割类型的异同点。
15. 设有一地块由123456号界址点围成，现欲过5号界址点放样一直线5–5′，将该地块划分成两块相等的地块，试计算该直线的长度和方向。该地块的总面积为157.250m²，地块各界址点坐标为：

$$
\begin{aligned}
x_1 &= 2382.09, & y_1 &= 4150.82;\\
x_2 &= 2770.93, & y_2 &= 4036.90;\\
x_3 &= 3056.06, & y_3 &= 4215.76;\\
x_4 &= 2912.10, & y_4 &= 4511.61;\\
x_5 &= 2785.69, & y_5 &= 4347.30;\\
x_6 &= 2533.84, & y_6 &= 4333.77。
\end{aligned}
$$

16. 若用一条平行于 y 轴的直线等分习题15中地块为面积相同的两部分，试计算分割线的长度和该线端点至最近界址点的距离。

第 8 章　现代测量技术在地籍测量中的应用

8.1 概　　述

地籍及房地产测量是精确测定土地权属界址点的位置，同时测绘供土地和房产管理部门使用的大比例尺地籍图和房产图，并量算土地和房屋面积。

用常规的测图方法(如用经纬仪、测距仪等)通常是先布设控制网，这种控制网一般是在国家高等级控制网的基础上加密次级控制网。最后依据加密的控制点和图根控制点，测定地物点和地形点在图上的位置，并按照一定的规律和符号绘制成平面图。

GNSS 技术的出现，可以高精度并快速地测定各级控制点的坐标，特别是 CORS 系统的应用，甚至可以不布设各级控制点，仅依据一定数量的基准控制点，便可以高精度、快速地测定界址点、地形点、地物点的坐标，并利用测图软件可以在野外一次测绘成电子地图，然后通过计算机和绘图仪、打印机输出各种比例尺的图件。

应用 CORS 系统或 RTK 技术进行定位时要求基准站接收机实时地把观测数据(如伪距或相位观测值)及已知数据(如基准站点坐标)实时传输给流动站 GNSS 接收机，流动站快速求解整周模糊度，在观测到 4 颗卫星后，可以实时地求解出厘米级的流动站动态位置。这比 GNSS 静态、快速静态定位需要事后进行处理来说，定位效率大大提高。

全站仪的出现，也使得地籍测量效率大幅度提高，尤其是将全站仪与 GNSS 技术相结合，使得数字地籍测量得以实现。

8.2 GNSS 测量技术在地籍测量中的应用

8.2.1 GNSS 简介

GNSS 主要由三大部分组成，即空间星座部分、地面监控部分和用户设备部分。在此以全球定位系统为例进行介绍(图 8.1)。

空间星座是由分布于 6 个轨道面内的 24 个卫星构成，卫星被作为空间已知位置的目标，并向用户发送定位及导航信息。

地面监控系统主要由分布在全球的 5 个地面站组成，按其实际功能分为主控站(MCS)、注入站(GA)和监控站(MS)3 种。

整个地面监控系统的主要作用是：跟踪和监控在轨卫星的运行状态，控制和预报卫星的轨道；给卫星注入导航数据；提供全球定位系统的时间基准；调整卫星状态，指挥启用备用卫星等。地面监测系统除主控站外均由计算机自动控制，无须人工操作。各地面站间由现代化通信系统联系，实现了高度的自动化和标准化。

用户设备部分主要是由 GNSS 信号接收机组成。

GNSS 技术给测绘技术带来一场革命，而且正在深入到各个应用领域。将遥感、地理信息系统和 GNSS 运用于土地资源的动态监测、变更调查和土地数据的管理工作中，可以进一步

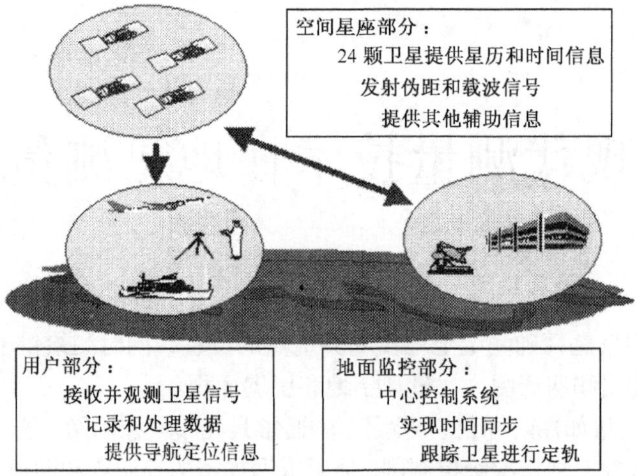

图 8.1　全球定位系统示意图

提高我国土地管理的水平。它与传统方法比较，有以下明显优点：

(1) 减少人力费用。因为 GNSS 仪器仅仅需要一个人来操作，在要测的碎部点待上 1～2s 进行一些处理即可完成工作；而常规的测量方法至少需要两个人来实施。

(2) 定位精度高，测站间无须通视，在没有现成基准控制点的遥远地区能进行高精度的定位计算，且定位不受人眼视线的限制。

(3) 控制网的几何图形已不是决定测量精度的重要因素，点与点之间的距离长短可以根据实际的需要自由布设。

(4) 操作简便，容易使用。随着 GNSS 接收机不断改进，自动化程度越来越高，体积越来越小，重量越来越轻。现今市场上的 GNSS 测量设备使用起来相当容易，在任何条件下都能操作。

(5) 精确提供三维坐标系统，全天候作业。卫星信号覆盖全球，不受用户数量限制。在精确测定观测站平面位置的同时，可以精确测定观测站的大地高。观测一般不受天气状况的影响。

(6) GNSS 接收机的自动化程度高，操作非常方便，因此减低了野外测量人员的劳动强度，提高了工作效率。

(7) 因控制点之间无通视的要求，故可省去大量建造标志的费用；同时野外实测时间短、人员少，大大降低了测量成本。

(8) 精度高，使用大地测量型双频 GNSS 接收机，根据载波相位测量原理进行静态相对定位，目前达到的典型精度为 1ppm。

(9) 能在统一坐标系统中提供三维信息。对于一个城市而言，可将 GNSS 控制网与已有的常规城市控制网有机地联系，由后期数据处理软件自动实现坐标系的转换。

(10) 由于信息自动接收，数据自动存储，内外业紧密结合，减少了繁琐的数据记簿和手工计算工作，由于配备有功能完善的数据处理软件，可以迅速提交控制测量成果，提高了测量成果的可靠性和规范化程度。

有资料表明，对某城市由二、三、四等共 80 个控制点所组成的平面控制网(控制面积 550km^2)、利用 4 台双频接收机，共独立设站 179 次，在 14 个工作日内完成了 GNSS 野外观测、基线向量的计算及外业资料的检核工作。精度比《城市测量规范》的规定提高了 3～5 倍，工作期仅为常规方法的 1/6，测量费用约为常规方法的 1/3。因此，GNSS 成为城市和地籍平面控制测量的一种理想方法。

8.2.2　利用 GNSS 静态相对定位技术测定测区首级网

前已述及，利用 GNSS 技术进行地籍控制测量，从精度上看(平面相对定位精度较高，高程定位精度较低，但地籍测量的特点是对高程精度的要求亦不高)，是完全可行的。考虑到我国各个城市一般都有传统的测量控制网及成果数据，因此用 GNSS 建立测区二、三等首级平面控制网或用 GNSS 与传统大地测量组成混合网，然后在城市街道、房屋密集和 GNSS 测量选点发生困难的地方，用 RTK 技术进行加密，是比较现实与合理的。

1. 控制点及其精度

地籍控制测量包括基本控制测量和地籍图根控制测量。基本控制点包括国家平面控制网各等级的大地控制点、城市地籍控制网二、三、四等控制点和一级控制点(小三角点和导线点)。以上各等级控制点均可作为地籍测量的首级控制。地籍图根控制点包括图根控制点、相片控制点和供恢复地籍界址点的控制点。

基本控制点和地籍图根控制点的精度要求表述如下：

(1) 相邻基本控制点的相对点位中误差为 $0.00005 \times M$(m)(M 为地籍图比例尺分母)。

(2) 地籍图根控制点相对于邻近基本控制点的点位中误差为 $0.0001 \times M$(m)。

基本控制点和地籍图根控制点的密度依地籍图比例尺而定，每幅图埋石点为 2～4 个点。

城镇地籍控制测量应遵循从整体到局部和分级布网的原则，并尽可能利用城市已有控制网。城镇地籍控制网可采用三角测量、三边测量或导线测量等方法，建立三角网、测边网、边角网或导线网。

一级地籍控制测量包括一级小三角测量和一级导线测量，它是在国家平面控制网和城镇地籍控制网的基础上施测的，作为首级控制，它又是地籍图根控制测量的基础。

地籍图根控制点可采用导线测量，三角测量和交会测量等方法施测，其作用是直接供测图使用，并用来恢复界址点。

如果是单机绝对定位，GNSS 测量是不需要任何控制点的，但考虑到差分计算的要求以及将 GNSS 数据与土地详查等 GIS 数据叠加配准时需要进行坐标转换，所以测区内必须有一定数量的控制点。如果测区内已有足够数量的 WGS84 坐标系下的 GNSS 控制点和其他坐标控制点，则完全满足我们的需要，至于测绘控制点的精度，即使是 E 级控制网，其精度足以满足农村地籍测量要求。如果测区内没有 GNSS 控制点，或密度不够，可以用 GNSS 静态差分定位技术进行引点或加密。

2. GNSS 区域控制网建立原则与技术设计

1) GNSS 区域控制网建立的原则

网点便于 GNSS 快速静态、实时动态定位技术在以后测绘工作中的使用。因此，从 GNSS 快速静态、实时动态定位技术的角度出发，控制网点每 20～25km 一个，即每万平方千米 16～25 个；网的精度按 C 级或 D 级网施测；网点高程按三等水准施测。

2) GNSS 网的技术设计

GNSS 网的技术设计是一项基础性的工作，这项工作应根据网的用途和用户的要求来进行。其主要内容应包括精度指标的确定和网的图形设计等。

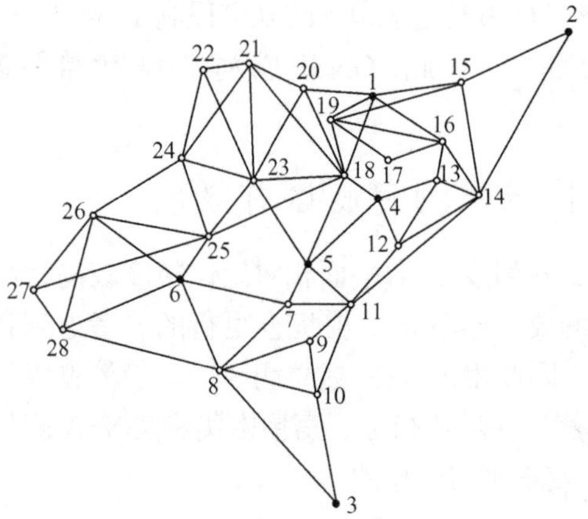

图 8.2　某测区首级网示意图

3. 布网方案

GNSS 控制网的布设，既要满足远景发展，又要满足近期规划及目前数字化地籍测量图根加密的需要。本着确保精度，速度快，费用省的原则，采用分级布网方式。

(1) 首级网。以图 8.2 某测区首级网为例，其中以 1～3 号国家一等三角点作为联测起算点，利用三台双频 GNSS 接收机同步观测，以边连、点连混合方式连续构成整体网，这样构网便于组成较多的同步环、异步环及复测基线，具有较强的几何强度和多余观测。

(2) 加密网。采用两台接收机同步观测，每次观测均从已知点或已测点出发，连续推进，形成全封闭结点导线网，这样构网可以组成较多的异步环和多余观测，用以检核 GNSS 点的可靠性。

8.2.3　利用 RTK 技术加密测区控制

测区内等级控制点密度一般都不能满足大比例尺地籍图和施测界址点的需要，应在等级控制点的基础上布设适当数量的加密控制点。

常规控制测量如三角测量、导线测量，要求点间通视，费工费时，而且精度不均匀，作业中不知道测量成果的精度。GNSS 静态、快速静态相对定位测量无须点间通视能够高精度地进行各种控制测量，但是需要事后进行数据处理，不能实时定位并知道定位精度，内业处理后发现精度不合要求必须返工测量。而用 RTK 技术进行控制测量既能实时知道定位结果，又能实时知道定位精度，这样可以大大提高作业效率。

RTK 技术是能够在野外实时得到厘米级定位精度的测量方法，它采用了载波相位动态实时差分方法，是 GNSS 应用的重大里程碑，它的出现极大地提高了工程放样、地形测图，各种控制测量外业作业效率。

应用 RTK 技术进行实时定位可以达到厘米级的精度，因此，除了高精度的控制测量仍采用静态相对定位技术之外，RTK 技术既可用于地形测图中的控制测量，也可用于地籍和房地产测量中的控制测量及界址点点位的测量。

GNSS 区域控制网建立后，即可在控制网区域内任何位置进行实时动态相对定位测量，如图 8.3(a)所示。将基准站设于一个原 GNSS 网点上，利用测区周围原 GNSS 网点的数据求解出测区相应坐标系的坐标转换参数，即可在流动站实时得到施测点在相应坐标系下的坐标及高程。

GNSS 快速静态定位技术与实时动态(RTK)定位技术的联合应用，如图 8.3(b)所示。在实施实时动态定位测量中，如果测区有建筑群或高大树林遮挡，则基准站设在原 GNSS 网点时，基准站与流动站之间的数据链通信由于受到隔挡将很难实现。此时，就应该在测区附近选择一两处与施测区通信较好的点，先进行快速静态定位测量，再于该点设置基准站实施实时动态定位测量。

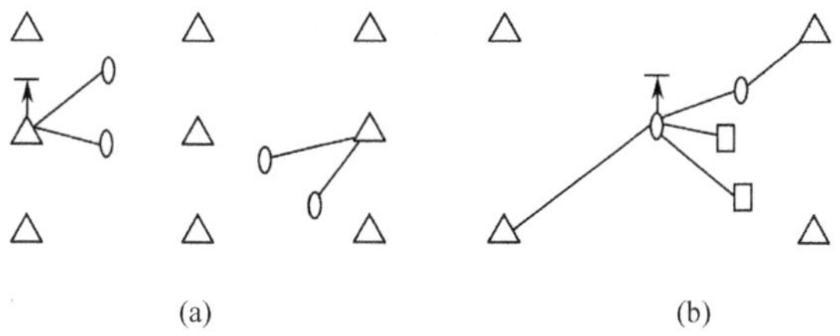

图 8.3　实时动态测量

1. 地籍控制测量

实时动态定位技术应用于地籍控制测量，可以根据实际需要，灵活布设控制点，点位可疏可密。如图 8.4 所示，测区为相互独立的 A、B 两测区，应用实时动态定位技术，就可以在已知的 GNSS 点上架设基准站，并在需要布设控制点的 A、B 区域，直接布设控制点，而不必在 A、B 测区中间地带布设传算点，这使交通不便的独立地区能方便地进行整体联测。

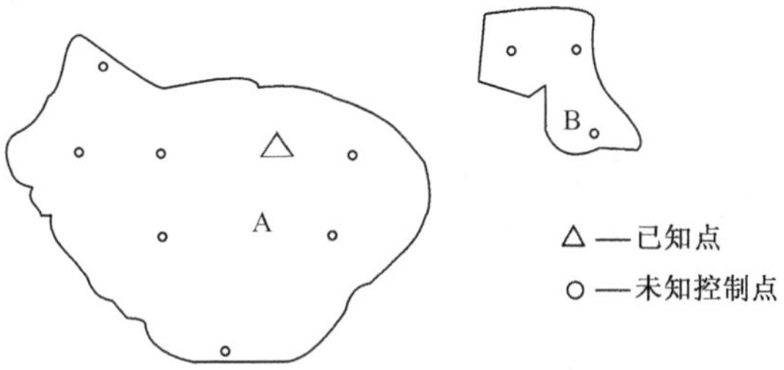

图 8.4　地籍控制点加密

采用实时动态定位技术进行地籍控制测量，效率高，不仅大大优于传统测量方式，而且明显优于 GNSS 静态测量方式。例如，在大庆 82.2 万亩(1 亩 ≈ 666.7m^2)油田用地的地籍调查中，在首级控制采用经典 GNSS 静态测量的基础上，加密控制均采用了实时动态定位技术，在应用两台 GNSS 接收机(分别作为基准站和流动站)，点位间距离平均为 0.5～1.0km，交通方便的条件下，平均每天测点 200～400 个，主要时间是花费在交通上，这是传统测量方式及经典 GNSS 静态测量方式所无法比拟的。这种测量方式还非常适合中小城市(镇)的地籍控制测量，在面积为 100km^2 以下的中小城市，如果形状比较规整，基准站布设在合适的位置上，一般仅需一个基准站就可完成控制测量，流动站与基准站之间不必考虑通视问题。

2. 地籍碎部测量

采用实时动态定位方式进行地籍碎部测量具有非常明显的优势：一是采点速度快，在保持卫星连续跟踪的情况下，一般单点测量仅需几秒钟，与全站仪相当。在以基准站为中心方圆 20km 内，既不需要变换基准站，也不需要图根控制点，更不需要定向，这就减少了全站仪频繁换站所花费的时间，且可以使多个流动站同时工作，而互不影响。

实时动态定位测量方式在碎部测量上也有其不足的一面，它虽然不要求流动站与基准站通视，但是要求 GNSS 接收机的天线对天通视。在测量房屋、林带时往往由于无法靠近被测地物，而无法测量，这就需要全站仪等光学测量仪器的密切配合。

3. 放样土地权属界线

实时动态定位技术另一个非常适合的领域是放样土地权属界线，尤其是在通视不便、测量困难地区。在土地管理中，经常出现：土地权属界线在图上已确定，但由于实地地形复杂或通视困难等不利条件，利用常规方法很难确定界线的情况。

放样是测量一个应用分支，它要求通过一定方法采用一定仪器把人为设计好的点位在实地给标定出来，过去采用常规的放样方法很多，如经纬仪交会放样，全站仪的边角放样等。放样出一个设计点位，往往需要来回移动目标多次，而且要 2～3 人操作，同时在放样过程中还要求点间通视情况良好，在生产应用上效率不是很高，有时放样中遇到困难的情况会借助于很多方法才能放样。如果采用 RTK 技术放样，仅需把设计好的点位坐标输入到电子手簿中，流动站的 GNSS 接收机就会提醒你走到要放样点的位置，既迅速又方便。因为 RTK 是通过坐标来直接放样的，所以精度很高也很均匀，因而在外业放样中效率会大大提高，且只需一个人操作。

另外，实时动态定位技术测量系统还具有圆曲线、缓和曲线等曲线放样功能，适合于公路、铁路的放样。

8.2.4　利用 RTK 技术测绘宗地图

1. 宗地图

宗地图是描述宗地位置、界址点线和相邻宗地的实地记录。宗地图绘制的内容有：图幅号、地籍街坊号、宗地号、界址点号、土地利用分类号、房屋栋号、宗地的属性与四至、宗地附着物、界址点位置、界址线、地形地物、指北方向和比例尺等。

2. RTK 技术测绘宗地图

地形测图一般是首先根据控制点加密图根控制点，然后在图根控制点上用经纬仪测图法或平板仪测图法测绘地形图，亦可用全站仪和电子手簿采用地物编码的方法，利用测图软件测绘地形图。但这些方法都要求测站点与被测的周围地物地貌等碎部点之间通视，而且至少要求 2～3 人操作。

采用 RTK 技术进行测图时，仅需在要测的碎部点待上 1～2s 并同时输入特征编码，通过电子手簿或便携微机记录，在点位精度合乎要求的情况下，把一个区域内的地形地物点位测定后回到室内或在野外，利用专业测图软件以输出所要求的地形图。用 RTK 技术测定点位不要求点间通视，仅需一人操作，便可完成测图工作，大大提高了测图的工作效率。

地籍和房地产测量中应用 RTK 技术测定每一宗土地的权属界址点以及测绘地籍与房地产图，同上述测绘地形图一样，能实时测定有关界址点及一些地物点的位置并能达到要求的厘米级精度。将 GNSS 获得的数据处理后直接录入测图软件系统，可及时地精确地获得地籍和房地产图。在影响 GNSS 卫星信号接收的遮蔽地带，应使用全站仪、测距仪、经纬仪等测量工具，采用解析法或图解法进行细部测量。

8.3　全站仪在地籍测量中的应用

随着电子技术的发展，地籍测量仪器得到了改进，电子经纬仪、电子全站仪及电子手簿的问世，使数字化地籍测量得以实现。数字化测图技术于 20 世纪 80 年代初期崛起，数字化测图就是将外业测量信息和已有图件转换为数字形式，并存放于磁盘等存储介质中或电子手簿中，从而便于传输或直接获取地物的数量指标，需要时，由绘图设备转换成图形资料。

数字化测量仪器——全站仪的广泛应用使得地籍测绘逐步走向数字化和自动化的地理信息时代，即在地籍测量过程中，依托现有的硬件设施(计算机设备)和软件设施(EPSW 系统软件及 AutoCAD 等)，外连测量仪器及输入和输出设备，对地形空间数据进行采集、输入、转换、成图、输出、管理等的测绘技术。

8.3.1　全站仪的基本构造与功能

目前，一种集激光、计算机、微电子通信、精密机械加工等高精尖技术于一体的测量仪器——全站仪，可方便、高效、可靠地完成多种工程测量工作，具有常规测量仪器无法比拟的优点。从总体上看，全站仪由两大部分组成。①为采集数据而设置的专用设备：主要有电子测角系统、电子测距系统、数据存储系统，还有自动补偿设备等。②过程控制机：主要用于有序地实现上述每一专用设备的功能。过程控制机包括与数据相连接的外围设备及进行计算、产生指令的微处理机。

只有上述两大部分有机结合，才能真正体现“全站”的功能，即既要自动完成数据采集，又要自动处理数据和控制整个测量过程。

1. 仪器结构

全站仪的种类很多，各自的标称精度、功能也不完全相同，但一般结构都相类似。仪器系统各部分高度集成，结构紧凑；外观与普通光学经纬仪相似，具有纵横旋转轴，以充电电池做电源，并配有键盘、显示屏。如 SET2 全站式电子速测仪。该仪器操作简单，与其他整体式全站仪一样，它的望远镜视准轴与测距仪光轴同轴，能够准确、迅速地进行角度测量、连续测量、跟踪测量、放样测量、悬高测量、平距测量等多种测量工作，能同时测定距离和角度。配有竖盘自动归零补偿装置，能测得经补偿后的竖直角，通过仪器内部的自检校设备，能检测出仪器的微小倾斜，并自动给予改正。仪器的正反两侧均设有 19 个键组成的导电橡胶型键盘，通过按键能在液晶显示窗中显示水平角、竖直角、斜距、平距、高差和平面(x，y)坐标。仪器的存储器中设有固化的常用测量计算程序，当操作不正确时，仪器会自动显示各种错误信息。仪器测得的距离、角度等各种数据被外业电子手簿 SDR 2 自动记录和处理，通过 RS-232C 标准接口以数据通信方式输入到计算机内，并可与自动绘图机连接，在绘图软件的支持下进行绘图作业。

1) 仪器的部件和名称

SET 2 全站式电子速测仪的各个部件名称均注在图 8.5 上。

2) SET 2 的主要技术指标

显示：八位数字液晶显示。

测程：一块棱镜为 2000m，三块棱镜为 2700m，9 块棱镜为 3400m。

测距时间：连续测量时，初次 7s，其后每次 5s；跟踪测量时，初次 7s，其后每次不超过 1s。

测距显示：最大斜距为 1999.999m，最小显示连续测量时为 1mm，跟踪测量时为 10mm。

测距标称精度：$\pm(3\text{mm}+2\text{ppm}\cdot D)$ 。

测角原理：光栅度盘，应用增量法进行模拟数字转换。

测角方式：水平角有左角、右角、复测角(可选)，竖直角有天顶 0°(可选)，一次测角时间在 0.5s 以内，最小显示为 1″。

测角标称精度：一测回方向中误差 ±2″ (包括水平角和竖直角)。

竖角自动补偿器：补偿范围为 $\pm 5'$ ，补偿精度为 $\pm 1''$ 。

自检校装置：操作停止 30min，自动断电。

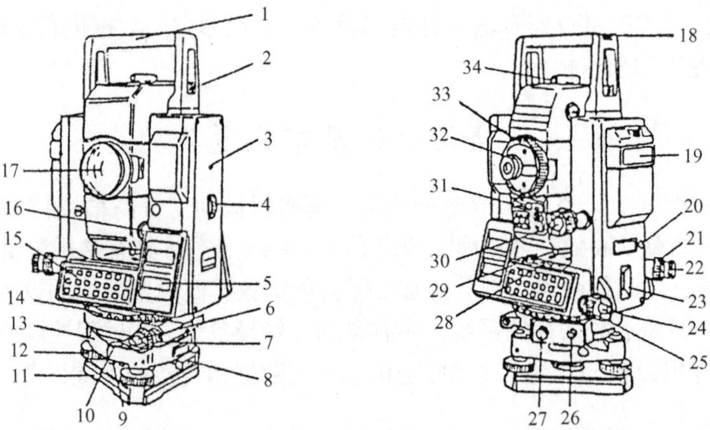

1. 仪器提手；2. 提手固定螺旋；3. 仪器高标志；4. 内部开关盖；5. 显示窗；6. 下盘制动螺旋；7. 下盘微动螺旋；8. 基坐固定旋钮；9. 圆水准器校正螺丝；10. 圆水准器；11. 基坐底板；12. 脚螺旋；13. 三角基座；14. 度盘安置圈；15. 键盘；16. 棱镜常数护盖；17. 物镜；18. 管状指南针槽；19. BDC18 型电池；20. 指标传感器校正护盖；21. 光学对点器调焦螺旋；22. 光学对点器目镜；23. 电源开关；24. 水平制动螺旋；25. 水平微动螺旋；26. 数据输出接口；27. 外接电源接口；28. 管水准器；29. 水准管校正螺旋；30. 垂直制动螺旋；31. 垂直微动螺旋；32. 望远镜目镜；33. 望远镜调焦螺旋；34. 粗瞄准器

图 8.5　SET 2 全站式电子速测仪结构图

温度范围：–200～+50℃。

电源：电池 BDC18(6V)，可充电。

尺寸：168mm × 177mm × 330mm。

重量：7.6kg(含内部电池)。

2. 仪器功能

与普通仪器相比，全站仪具有众多快速自动采集、存储大量测绘信息的功能：①具有普通仪器(如经纬仪)的一切功能，能在数秒内测定距离、坐标值，测量方式分精测、粗测、跟踪三种，可任选其中一种。角度、距离、坐标的测量结果在液晶屏幕上自动显示，不需人工读数、计算，测量速度快、效率高。②测距时仪器可自动进行气象改正。系统参数可视需要进行设置、更改。③菜单式操作，可进行人机对话。提示语言有中文、英文或两种中任选一种。④内存大，一般均可储存几千个点的测量数据，能充分满足野外测量需要。备用数据可录入电子手簿，并根据需要输入计算机进行处理。⑤仪器内置多种测量应用程序，可视实际测量工作需要，随时调用。

电子全站仪是将电子测量与红外测距组合成一体的野外测量仪器，可分为整体式和组合式两种。电子手簿是联系外业与内业的工具，野外观测数据由它记录存储，与计算机联机传输观测成果并进行处理。电子全站仪的测量方式以极坐标为主，在细部测量中应用尤为方便迅速，具有很多优点。

1) 自动测量

如图 8.6 所示，量取仪器高 I，目标高 v，仪器测量斜距 D 和倾角 α，仪器便可显示出水平距离 S_{AB} 和高差 h_{AB}。

2) 悬高测量

如图 8.7 所示，对不能设置反射镜的高处(如输电线)，可快速测高。V 为仪器高，D 和 α 为观测值，通过仪器微处理器处理，可得到目标的高度 h。

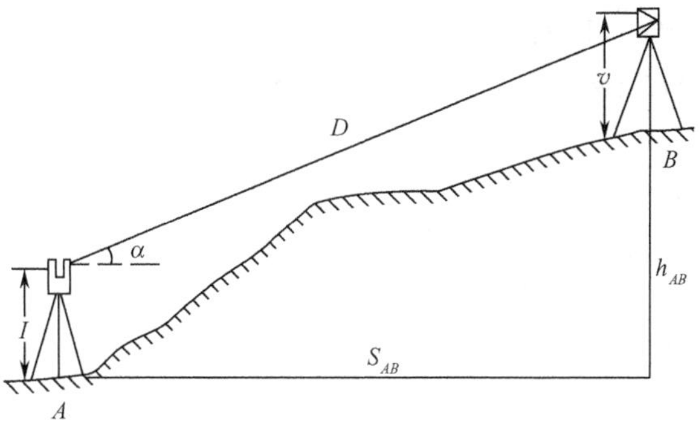

图 8.6　自动测量

3) 对边测量

如图 8.8 所示，在 A 点安置仪器，观测 B 与 C 两点，测量距离 D_B 与 D_C，视线倾角及夹角 β，通过仪器微处理器可计算出 BC 两点间的水平距离 S_{BC} 和高差 h_{BC}。此功能应用于体育比赛，可测量投掷项目(如标枪，跳远等)的距离。

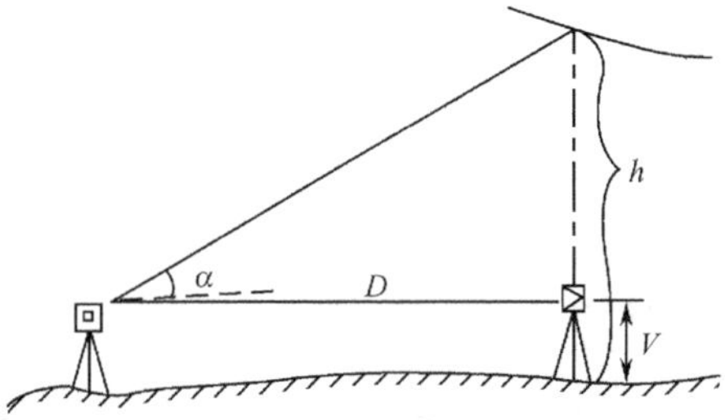

图 8.7　悬高测量

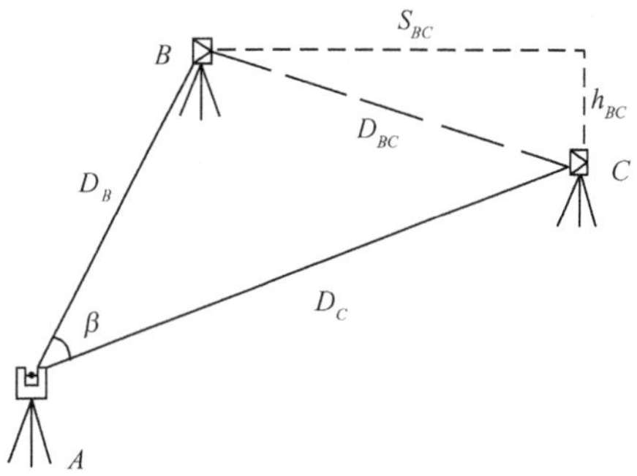

图 8.8　对边测量

电子全站仪已用于地籍测量，基本取代了光学测量仪器。

4) 数据传输

电子全站仪都具有数据传输功能，仪器内置 RS232 接口，接口插头为 HR 6 针型，数据记录设备使用较多的是袖珍电脑(如 PC-E500/PC-3000 等)，也可用笔记本电脑作为电子手簿。

这里以宾德 PCS 系列为例，谈谈数据传输。该仪器输出的数据是水平角、天顶角及斜距，共计 42 位，HHD 表示水平角，VVD 表示天顶角，SLM 表示斜距。具体形式为：

HHD ± ####. ##. ##VVD ± ####. ##. ##SLM####. ###

若采用笔记本电脑作为记录手簿，数据采集程序可如下编写：

```
20   OPEN“COM1：1200，N，8，1”AS#1
50   PRINT #1，“a”;
60   INPUT #1，A $
70   IF A$=“j”THEN 50
80   PRINT A$
100  A(水平角)=VAL(MID$(A$，5，5))+VAL(MID$(A$，11，2))/60+VAL(MID$(A$，14，
     2))/3600：A=A*3.1415926#/180
110  Z(天顶角)=VAL(MID$(A$，20，5))+VAL(MID$(A$，26，2))/60+VAL(MID$(A$，29，
```

```
        2))/3600：Z=Z*3.1415926#/180
120    S(水平距离)=VAL(MID$(A$，35，8))*sin(Z)
……
```

注：50 行为外部记录仪器对全站仪发送代码 a，要求全站仪输出数据；60 行为全站仪向记录仪器传输数据；70 行的 j 码为拒绝发送代码，若出现应重新要求发送；80 行显示采集到的数据；100 行以后是对接收到的数据进行处理，求得水平角、天顶角、水平距离。

在写程序时，接口参数应与全站仪内置参数相同，这点一定要注意。

8.3.2　加密地籍测量控制点

全站仪加密地籍测量控制点的方法是在高一级的控制点之间，利用全站仪测设附合导线、支导线或支点，以解决地籍测量中控制点密度不足的问题。

8.3.3　测制宗地图

全站仪测制宗地图标志着数字化地籍测量的初步形成，它具有传统方法绘制宗地图无可比拟的优越性。其作业状况如图 8.9 所示。

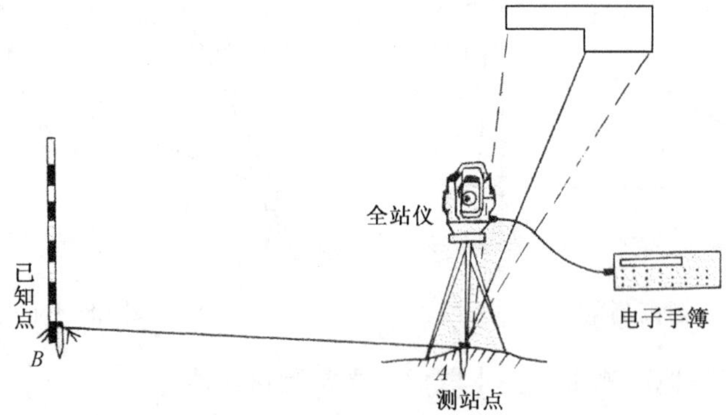

图 8.9　全站仪测图

利用全站仪进行野外测量，点号记录时采用一定的规则以便后续的自动成图工作。利用全站仪内存进行野外观测数据记录，采用全站仪与计算机之间的数据通信，生成全站仪数据内部记录文件，利用 VB5.0 转换生成控制和细部的记录文件，供质检部门检查使用，并形成各种格式的文本文件供后续的控制平差和细部计算，生成界址点和地物点的坐标文件。

利用 VB5.0 的 GetObject、CreateObject 建立 AutoCAD 对象，并在该对象文档上自动绘制宗地图的界址点、界址边及其他注记要素，可利用 AutoCAD 对该宗地图的边长、文字进行适当修改，以避免自动注记存在的某些重叠、压盖现象。最后可利用 AutoCAD 绘制该宗地图，其内外业一体化的作业流程如图 8.10 所示，宗地图绘制效果图如图 8.11 所示。

由于 AutoCAD 系统是开放式结构，便于用户进行二次开发。利用这一特点，通过编制 AutoLisp 程序，便可快速、准确地实现宗地图的自动生成，无须人工干预，大大提高了工作效率。同样，图幅的裁边也可以通过类似方法来实现，而绘图则通过与计算机相连的绘图仪来完成。

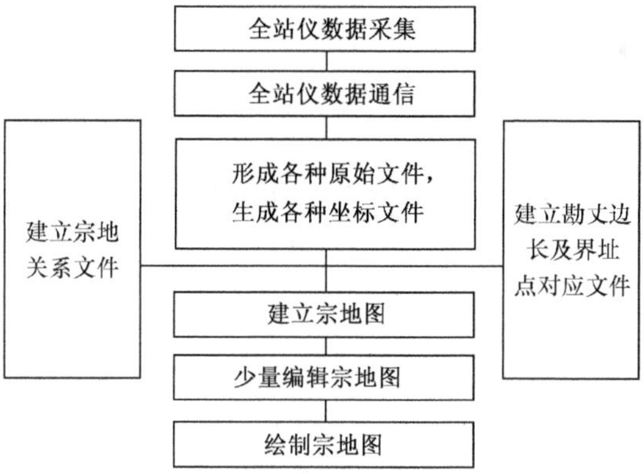

图 8.10　宗地图内外业一体化的作业流程

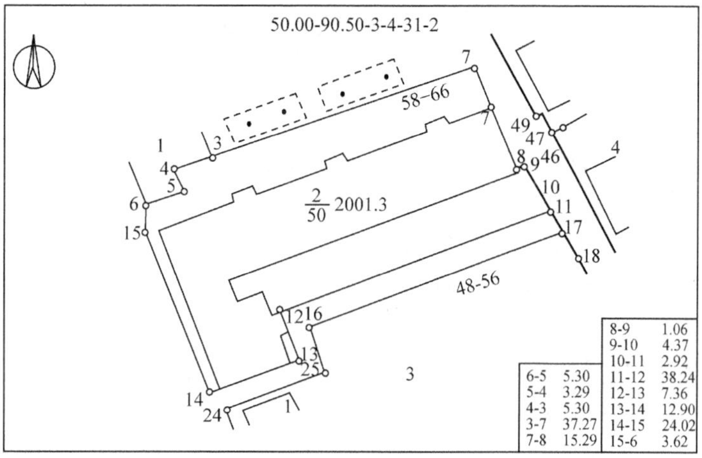

图 8.11　宗地图绘制效果图

思　考　题

1. GNSS 技术可应用在地籍测量的哪些方面？简述它们是如何应用的。
2. 简述如何应用全站仪测制宗地图。

第 9 章　遥感技术在地籍测量中的应用

遥感(remote sensing，RS)是 20 世纪 60 年代蓬勃发展起来的对地观测综合性技术。本章在简要介绍遥感技术的基础上，重点阐明利用遥感图像采用航测法进行地籍测量的原理与方法步骤。有关航空摄影测量的原理、仪器设备及使用方法、误差分析及数据处理，请参阅航空摄影测量学。

9.1　遥感技术概述

9.1.1　遥感与遥感技术系统

现代遥感的含义是指观测者不与目标物直接接触，从远处利用光学的、电子的仪器接收目标物反射、发射回来的电磁波信息，并记录下来，通过处理、判读、进而识别目标物属性(大小、形状、质量、数量、位置、种类等)的过程。

遥感技术是指对目标物反射、发射回来的电磁波信息进行接收、记录、传输、处理、判读与应用的方法与技术。

根据遥感的定义，遥感技术系统应包括被测目标的信息获取、信息记录、信息传输、信息处理与信息应用 5 大部分(图 9.1)。

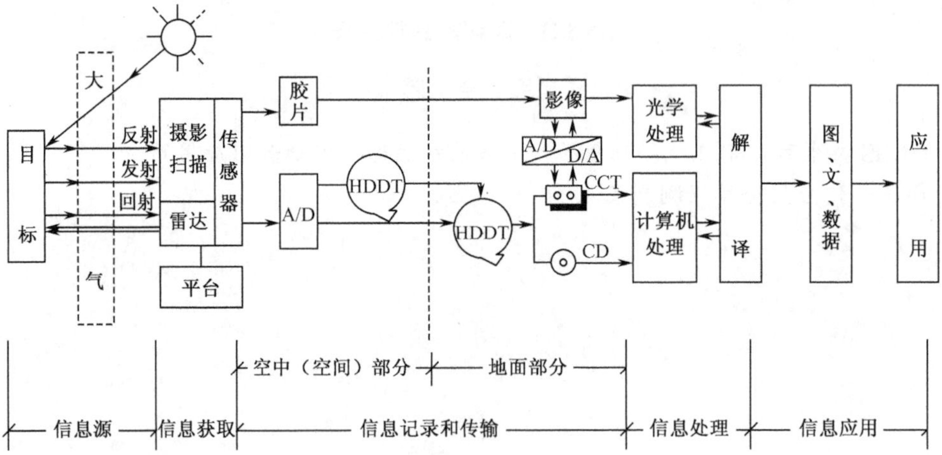

图 9.1　遥感技术系统的组成

被测目标物信息特征是指任何目标(如地籍测量中的河流、道路、房屋、围墙等)都具有不同的发射、反射和吸收电磁波的性质，它是遥感探测、识别目标物的依据。

目标物信息获取是将传感器装载在遥感平台上，根据生产和科研的需要，获得某地区地物、地形电磁辐射信息。传感器有扫描仪、摄影仪、摄像机、雷达等，遥感平台有遥感车、飞机、气球、卫星、宇宙飞船、航天飞机等。

信息记录是将传感器获得目标物的电磁波信息记录在磁性介质上或胶片上。

信息处理是指将记录在磁性介质或胶片上的信息进行一系列处理。如对记录在胶片上的信息经过显影、定影、水洗获得底片再经曝光印晒成图像，或对记录在磁性介质上的信息经信息恢复、辐射校正、几何校正和投影变换等，变换成用户可使用的通用数据格式，或转换成模拟图像(记录在胶片上)供用户使用。

在地籍测量中，信息应用是遥感的最终目的，就是利用通过遥感技术获得的图像，进行控制测量和绘制地籍图。

9.1.2　遥感的类型

遥感的类型很多，按不同的标准划分，可分为不同的遥感类型。

按遥感平台分，可分为地面遥感、航空遥感、航天遥感和航宇遥感。在地籍测量中，主要采用区域航空遥感方法获得图像。其做法是将航摄仪(摄影机)安装在飞机上，沿着东西向或南北向逐航带往返飞行，最后得到需进行地籍测量区的航空图像(图 9.2)。用来做地籍测量的航空图像，航向重叠应在 60%以上，旁向重叠一般不少于 15%。随着传感器地面分辨率的不断提高，测绘人员也不断尝试利用航天遥感获得的图像编制地籍图。

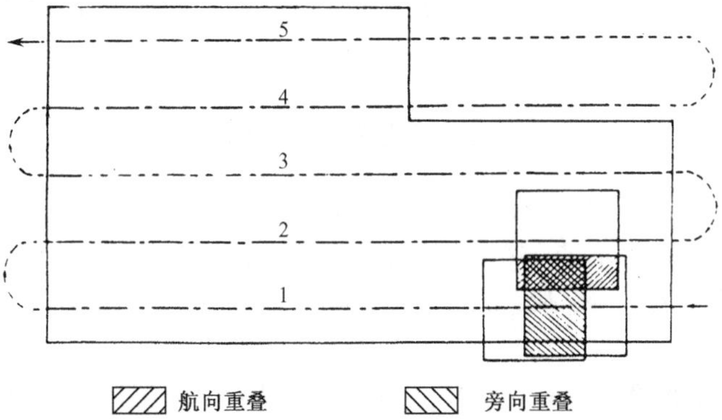

图 9.2　区域航空遥感

按传感器探测的波段分，可分为紫外线遥感、可见光遥感、红外遥感、微波遥感、多波段遥感和高光谱遥感。在地籍测量中，多采用可见光遥感和红外遥感获得图像。可见光遥感获得的波段在 0.38～0.76mm，通过可见光遥感获得的图像一般印晒成黑白图像；红外遥感，探测波段在 0.76～1000mm，根据波长又可分为近红外、中红外和远红外、超远红外 4 种。在地籍测量中，常用近红外波段成像，印晒成彩色图像，被称为彩红外图像。

按传感器工作方法分，又可分为主动遥感和被动遥感，成像遥感和非成像遥感。在地籍测量中采用的是被动成像遥感技术。

按遥感应用的领域分，可分为资源遥感、环境遥感、农业遥感、林业遥感、地质遥感、气象遥感、城市遥感、工程遥感、灾害遥感、军事遥感等。把遥感技术应用到地籍测量工作中，也可称为地籍遥感。

9.1.3　遥感技术在地籍测量中的应用

采用航测方法测绘地籍图，比采用传统方法测绘地籍图，具有质量好、速度快、经济效益高且精度均匀的优点，并可用数字航空摄影测量方法，提供精确的数字地籍数据，实现自动化成图。同时，为建立地籍数据库和地理信息系统提供广阔的前景。

我国自 20 世纪 80 年代开始大规模的地籍测量以来，测绘工作者利用遥感图像，进行地籍测量实践，取得了一定成果。实践证明，航测法地籍测量无论在地籍控制点、界址点的坐标测定，还是在地籍图细部测绘中都可满足《城镇地籍调查规程》的规定。归纳起来，利用遥感技术提供的图像，可以做以下四方面的地籍测量工作。

(1) 利用航空摄影图像，通过解析空中三角测量控制加密，能得到高精度的控制点坐标和宗地界址点坐标。

(2) 利用航空摄影图像，通过解析测图仪(或数字航空摄影测量系统)绘制线划地籍图或数字化地籍图，可满足 1∶2000、1∶1000、1∶500 比例尺地籍图的精度要求。

(3) 利用航空摄影图像或高分辨率的卫星图像，通过摄影纠正或正射投影纠正，能得到影像地籍图或正射立体影像地籍图。

(4) 利用航空摄影图像或高分辨率的卫星图像，可进行地籍权属调查、绘制宗地草图等。

9.2 航测法地籍控制测量

利用航空摄影图像，采用航测法进行控制点测量，包括图像控制点(像控点)和图根控制点(图根点)的坐标测定。

9.2.1 像控点的布设

像控点是航测内业加密和测图的依据，它的布点密度，位置、目标的选择和点位的精度对成图精度的影响很大，因此，像控点的布设必须满足航测成图的要求。像控点布点包括全外业布点，航线网布点和区域网布点。一般情况下只按航线网和区域网布点。布点的具体规定和要求如下。

1. 布点的一般规则

(1) 像控点一般应布设在航向，旁向 6 片(至少 5 片)重叠范围内，并使布设的点尽量公用。

(2) 像控点离航空摄影图像边缘不少于 1cm(像幅为 18cm × 18cm)或 1.5cm(大像幅时)，离图像上的各类标志不少于 1mm。

(3) 像控点应选在重叠中线附近，离开方位线的距离应大于 3cm(像幅为 18cm × 18cm)或 5cm(大像幅时)；当分别布点时，离开方位线的垂直距离应小于 1cm，条件困难时不大于 2cm。

(4) 当按成图需要划分测区时，像控点尽量公用；当按图廓线划分测区时，图边的点应布设在图廓线上。

2. 航线网布点的要求

(1) 航线网布点要求在各条航线布 6 个平高点。

(2) 首末像控点之间的基线数，平地、丘陵的平面点一般不超过 10 条基线，山地不超过 14 条基线。

(3) 航线首末端点上下控制点应尽量位于通过像主点且垂直方位线的直线上，偏离时不应大于半条基线。上下对点应不在同一立体像对内。

(4) 航线中间两控制点应布在首末控制点的中线上，偏离时不大于 1 条基线。

3. 区域网布点的基本要求

(1) 加密点有平面网和高程网，无论哪一种，航线的跨度，控制点间基线数不应超过表 9.1 的规定。

表 9.1　区域网布点基本要求

比例尺	1∶500	1∶1000	1∶2000
航线数	4～5	4～5	5～6
平高点基线数	4～6	6～7	6～10

(2) 区域网平高像控点采用周边布点法，通常沿周边布 8 个平高点，点位要求与航线网布点相同。

4. 布点实例

陕西省测绘局在西安地区完成了用航测法测制 1∶500、1∶1000 房产地籍图的试验。像控点布点采用独立模型法区域网解析空中三角测量，其布点方案如下：

1∶500 地籍测量布点方案：试验区域为 5 条航线，每条航线由 10 条基线组成一个约 100 幅图的区域网。平高点沿周边布设，南北周边每条航线布设一对点。高程采用航线六点法，点距不超过 5 条基线，如图 9.3 所示，图中空心圆为平高点，黑实圆为高程点。

图 9.4 为 1∶1000 地籍图布点方案：它由 6 条航线构成，每条航线由 12 条基线组成一个 36 幅图的区域网。沿周边布设 8 个平高点，点之间距离不超过 6 条基线。高程点采用 6 点法(含平高点)，点的间距亦不超过 6 条基线。

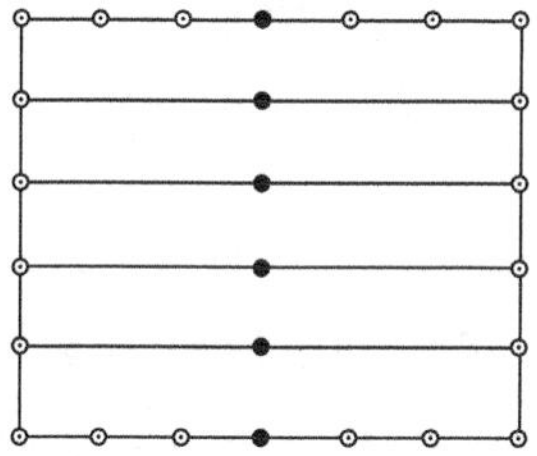

图 9.3　1∶500 地籍图布点方案

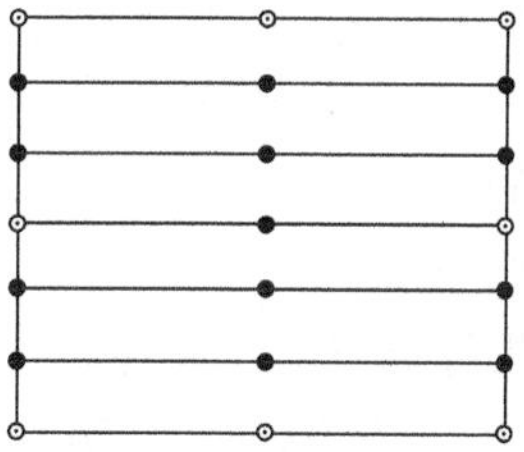

图 9.4　1∶1000 地籍图布点方案

9.2.2　控制点的布标和选刺

1. 像控点的布标

为了保证 1∶500 地籍图的量测精度，在航空摄影前应在实地铺设地面标志(简称布标)。布标的位置可在 1∶10000 地形图上预先选出，即在地形图上先标出摄区范围，选定区域网和航线，并与飞行领航图一致，再按照像控点的航线网(或区域网)布点要求，在 1∶10000 地形图上概略地确定布标位置。航摄前，持图到实地逐个定位，安放地标。对不易保存地标的地段，应在航摄当天放置预制的地标，并指派专人严加看管，直至航摄完毕。

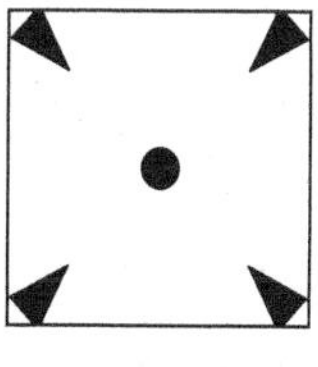

图 9.5　地面标志

预制地标一般采用四翼标，在 80cm×80cm 纤维板上的中心位置绘出直径为 10cm 的黑色实圆，标翼为等腰黑色实三角形，底宽 20cm，高约 30cm，纤维板底色为白色(图 9.5)。为防止摄影时出现反光现象，标志面为毛面。

地标还可采用如图 9.6 所示的圆形(1)、三翼形(2)和十字形(3)。图中 a=0.4mm×$M_{像}$。$M_{像}$为航摄图像的比例尺分母。中心标志不得大于 a。地标的材料可因地制宜，以实用、节约为原则。如在水泥地面，可直接用油漆涂刷，也可以用塑料布、苇席、竹席等制作。地标的颜色应根据实地情况而定：暗色背景上布设白色标志，绿色植被背景上采用白色或黄色标志，水泥屋顶和土地面上的标志用加黑边的白色为宜。

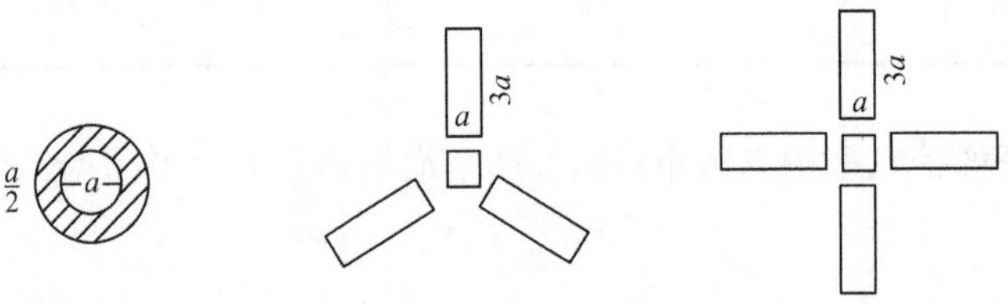

(1)　　　(2)　　　(3)

图 9.6　地标形状

在实地布设地标时，应尽量布在道路交叉口、打谷场、田角处。在城市街巷和隐蔽地段，要注意有良好的对空视角。

2. 控制点的选刺

测制 1∶1000 地籍图时，像控点也可不铺设地标。可先进行航摄，取得航摄图像，再在航摄图像上选点、刺点，确定像控点、图根点的具体位置。

在航摄图像上选刺点的要求是：平面控制点的实地刺点精度为图像上 0.1mm。点位目标明显，一般选刺在有良好交角的细小线状地物的交点上或有明显地物的折角顶点。刺点后，还应在摄影图像的背面用铅笔整饰，绘出放大的点位略图，标注刺点的位置和点号，作为内业量测判定点位时的参考。

3. 图根控制点布设

地籍图根控制点应按照地籍测量设计书的要求进行，为便于日后使用，一般沿街巷、道路布设。1∶500 图幅的点距为 70～100m；1∶1000 图幅的点距为 70～150m。点位可用现场标志，例如，地物的拐角、高大建筑物、文化设施、大桥、立交桥、工矿、院校主要特征处、文物古建筑的特征点、城楼亭阁等。测定了这些图根点，便于日后检测、修测、更新地籍图使用。因此，这些点位须用油漆写出标记，并绘好点之记。

9.2.3　控制点的施测

测定像控点和图根控制点的平面位置方法，通常有以下几种。

1. 电磁波测距导线、支导线和引点

在平地、丘陵地的地籍测量，导线全长不超过图上 3500mm，12 条边。导线闭合差不超过图上 0.5mm，方位角闭合差额为 $\pm 24''\sqrt{n}$ 。支导线全长不超过图上 900mm，边数不超过 3 条。往返距离较差为 $3(a+bD)$，其中 a 为测距仪标称精度，b 为比例误差，以 mm/km 计，D 为边长。

引点可用钢尺量距和电磁波测距，但不能用视距。光电测距引点长度不超过图上 500mm，两次距离较差与支导线相同。

2. 线性锁

锁长不超过图上 1300mm，三角形个数不超过 9 个。线性锁可以附合两次。

3. 交会法

边长不大于图上 600mm，前方、侧方、后方都要采用两组图形计算坐标，其较差不超过图上 0.2mm。城镇地籍测量的城区尽量较多地使用导线测量。

高程测定通常使用下述三种方法：

(1) 图根水准。

(2) 电测距仪高程导线。

(3) 三角高程导线和独立交会高程。

随着 GNSS 在测量中的应用，控制点的施测也可用 GNSS 的测量方法进行，但其测量精度必须满足航测成图的精度要求。

9.3 航测法测量地籍界址点

地籍的测量与常规的地形测量相比，一个主要的特点是要测绘大量的、高质量、高精度的地籍界址点，以满足计算宗地面积和权属管理的需要。在普通地籍测量里，这些界址点是由野外施测的，即使数字化地籍测量之中用全站仪采集数据，也需逐个界址点立镜观测，野外工作量大。

利用航测电算加密方法是快速测定大量地籍界址点坐标的有效方法。国内在西安城区进行了“航测法测量地籍界址点”的试验，武汉大学研制了用于界址点加密的“计算机联合平差程序 WuCAPS 系统”，通过试验、实践，获得了成功。

9.3.1 航测法测量地籍界址点坐标的思路与方法

航测法测量地籍界址点的坐标，是采用解析空中三角测量的方法求算出界址点的坐标。因为它的构网和平差等整个解算过程都是用计算机来完成，所以习惯称为“电算加密”。

解析空中三角测量的主要过程是：用精密立体坐标量测仪观测左、右航摄像片上同名像点、界址点坐标，按平差要求将数据(像点坐标数据和其他参数)输入计算机，并按计算程序进行像对的相对定向、模型联结和绝对定向，再进行平差计算，计算机将平差后的界址点坐标，高程或外方位元素等打印成表以供使用。

解析空中三角测量按所采用的平差单元不同可分为：航线法区域网平差、独立模型法区域网平差、光束法区域网平差。它们的基本情况见表 9.2。这三种平差各有特点：光束法区域网平差的理论严密，加密点的精度高；其次是独立模型法区域网平差；航线法区域网平差在理论上不如上述两种方法，航线也不宜过长，但它对计算机的容量要求不大，如运用得当，仍能达到满意的精度。

表 9.2　区域网平差基本情况

<table>
<tr><td rowspan="4">区域网平差</td><td>航线法</td><td rowspan="2">量测像点坐标</td><td rowspan="2">计算相对方位元素，建立模型</td><td rowspan="2">构成航线网</td><td rowspan="2">计算机全区平差</td></tr>
<tr><td rowspan="2">独立模型法</td></tr>
<tr><td colspan="2">建立单模型并量测</td><td colspan="2">计算机全区平差计算</td></tr>
<tr><td>光束法</td><td colspan="2">量测像点坐标</td><td colspan="2">计算机全区平差计算</td></tr>
</table>

由最小二乘法原理可知，平差只解决偶然误差的合理分配问题，所以大多数区域网平差(航线网除外)要求预先消除系统误差对像点坐标的影响，如航片变形、镜头光学畸变差和大气折光等。但消除误差后的残差总会存在，为了消除系统残差的影响，常采取自检校平差方式，即设计带附加参数的区域网平差程序。

航线法区域网平差是以航线作为平差基本单元的区域平差。它是在建立航线网的基础上，利用已知点的内业加密坐标与其外业坐标相等，以及相邻航线加密的公用接边点的内业坐标应该相等的条件，在整个加密区内，将点的航线坐标作为观测值，用平差方法整体解算各航线的变形改正参数，从而计算出界址点的平面坐标。

独立模型法区域网是以单模型(双模型、模型组)作为基本单元的区域平差方法。它是在独立建立单模型的基础上，利用已知点的内业加密坐标与其外业坐标相等，以及有相邻模型确定的公用连接点的内业坐标应该相等的条件，在整个区域内，用平差方法确定每一单模型在区域中的最或是位置，从而计算出各界址点的地面坐标。独立模型法区域网平差要求在像点坐标中消除系统误差的影响。

光束法区域网平差是以每个光束(一张航片)作为基本单元的区域网平差方法。它的基本做法是先进行区域网概算，确定区域中各航片外方位元素近似值和各加密点的坐标的近似值，然后按共线条件列出控制点、界址点的误差方程式，在全区范围内统一进行平差处理，联立解算出各航片的外方位元素和界址点的地面坐标。

9.3.2　电算加密界址点的作业要点

根据《城镇地籍调查规程》的规定，界址点对于邻近基本控制点的点位中误差不超过±5cm，二类界址点(内部隐蔽处)中误差不超过±7.5cm，最大允许误差为2倍中误差，这是航测电算加密界址点的基本要求。根据上述要求和试验，航测电算加密界址点的作业要点如下。

1. 选用高质量像片

一般是选择近期摄影的高分辨率像片。为此，航摄时要选用镜头分解力高、透光能力强、畸变差小、压平质量好和内方位元素准确的航摄仪。

2. 提高像片地面分辨率

像片地面分辨率是像片上能与其背景区别开来的最小像点所对应的地面尺寸，一般与航摄比例尺有关。地面分辨率 D 用下式表示：

$$D = M_b / R = H / Rf \tag{9.1}$$

式中，R 为影像分辨率；H 为航高；f 为摄影仪焦距。

选择合适的航摄比例尺可依下式确定：

$$M_b = \frac{10000\Delta S_{\max}}{3\sqrt{2\sigma_p}} \tag{9.2}$$

式中，M_b 为航摄比例尺分母；$\Delta S_{\max}$ 为地面两次独立量测的最大误差(cm)；σ_p 为航片坐标量测中误差(μm)。不同的最大距离差和像片量测精度所对应的摄影比例尺分母 M_b 见表 9.3。

表 9.3　最大距离差、像片量测精度与摄影比例尺分母关系

$\Delta S_{\max}$ \ M_b \ σ_p	4μm	8μm	12μm	16μm
10cm	5892	2946	1964	1473
20cm	11785	5892	3928	2946
30cm	11677	8839	5892	4419

3. 提高判点和刺点精度

欲使加密界址点的中误差达到或小于 ± 5cm 的精度，提高地面点的判点精度是不可忽视的。因此，按 9.2 节的要求布设地标，能大大提高判点精度。若利用自然点作为图根点，注意选择成像清晰的田角、房基角和交角良好的路叉口。

判读仪的选择和使用，与判、刺点的精度直接相关。

转刺点必须使用精密立体转点仪，如威特厂的 PUG-4 转点仪、欧波同厂的 PM-1 转点仪等。《地籍测量规范》规定转刺点的孔径大小和转点误差不超过 0.06mm，加密连接点和测图定向点必须一致。

4. 使用精密立体坐标量测仪量测坐标

进行像点坐标量测是电算加密的主要工序之一。旧式的立体坐标量测仪量测精度为±5μm，采用先进的精密立体坐标量测仪，精度可达 ± 1～2μm。作业时，由于量测点数非常多(像控点、界址点、图根点等)，坐标量测仪必须有自动记录装置，最好是在线量测系统。

5. 合理布点保证对加密的有效控制

为了实现外业像控点对内业加密的有效控制，外业像控点采用沿周边布点 ($i = 2b$)，以保证加密点精度等于像点坐标量测精度。高程控制为锁形布点，其跨度按下式确定：

$$i=\left(\frac{bM_b}{0.31h_{\max}}-0.87\right)b \tag{9.3}$$

式中，b 为像片基线(mm)；M_b 为摄影比例尺分母；$h_{\max}$ 为对内最大高差(m)。

6. 选用严密的平差方法

前已述及，采用自检校法区域网平差，或叫带附加参数的区域网平差，把可能存在的系统误差作为待定未知参数，列入方程组中进行整体平差运算，以消除系统误差，可提高加密点精度。

9.3.3　解析空中三角测量加密界址点试验

陕西省测绘局在西安城区用解析空中三角测量方法，进行了界址点加密试验。试验区共 10 条航线，每条航线平均 26 个像对，每个像对大约 50 个加密点(界址点)。试验区内地形平坦，将其分为北、南两个区，总共不规则的分布了约 150 个地标点和明显地物点作为像控点、图根控制点和检查点。其布点情况如图 9.7 所示。

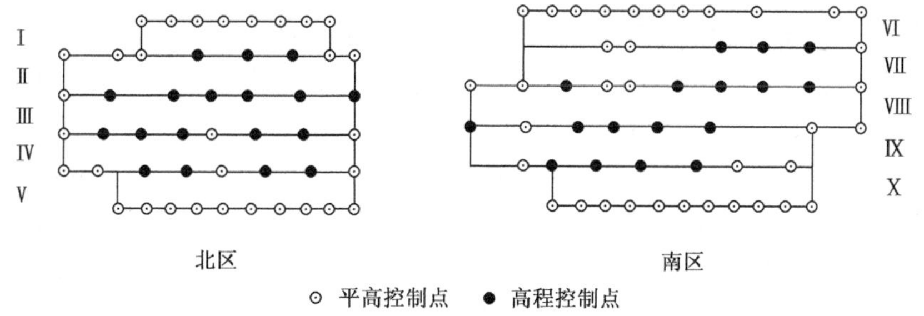

图 9.7　控制略图(检查点图中未标绘)

试验区像片资料为 1988 年 1 月沿测区按东西飞行摄取一组航片，在精密立体坐标量测仪 PSK-2 上进行在线测量，航片公共点用 PUG-4 转点仪转刺。计算在 VAX-11/750 计算机上实现，采用 WuCAPS 平差软件系统。该系统的数据结构框图如图 9.8 所示。

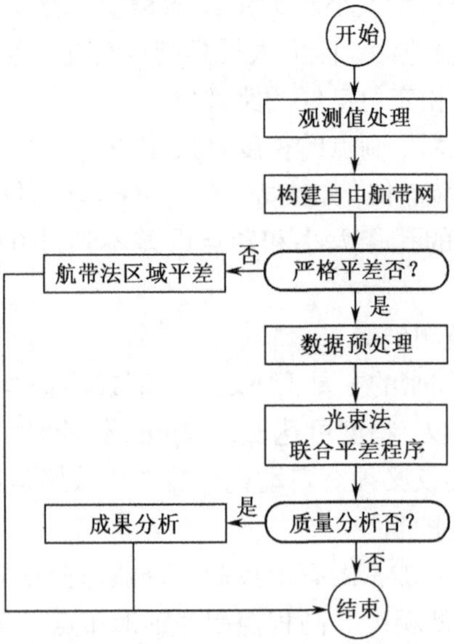

图 9.8　WuCAPS 系统的数据结构框图

WuCAPS 系统具有带三个附加参数的自检校功能，把野外距离、角度等观测值作为条件数据参加平差。例如，测量了界址点之间距离，或者内插界址点的三点共线等控制条件将其线性化，得线性条件方程式，与带有附加参数的光束法区域网平差误差方程式一并解算，可使界址点的精度得到提高。联合平差方程式还可联合 GNSS 数据进行平差。如有不规则航线，不按严密平差的话，可选择航线法区域网平差。本系统还可作准自由网平差(控制点的权可任意地小)，具有完整地剔除粗差功能。程序设计要求加密界址点的实地平面位置中误差不得超过 ±(5～10)cm，试验证明程序达到了预期的目的。

9.4　利用遥感图像制作地籍图

利用遥感图像可制作影像地籍图，城镇分幅地籍图和宗地草图。

9.4.1　影像地籍图的制作

影像地籍图，是利用遥感图像，经投影转换，将中心投影(或多中心投影)的遥感图像变成垂直投影的影像图，并在正射投影的影像上加绘宗地界、界址点、宗地号、宗地名称、土地利用状况等注记而成。现以航摄遥感图像为例，介绍正射影像地籍图制作的方法步骤。

图 9.9 为影像地籍图的制作过程。图中的人工布标、航空摄影、像控点测量、解析空中三角测量(加密控制点、界址点)等在前面已做介绍，外业像片调绘将在宗地草图制作中叙述。这里只介绍航空摄影图像(航片)拷贝、像片平面图、正射影像地籍图制作方法。

1. 航片拷贝

航片拷贝是指对航摄取得的航摄负片及时进行拷贝。一般拷贝两套：一套透明正片用于正射投影纠正，另一套用于加密控制点、界址点和数据采集。

2. 像片平面图的制作

在地面起伏不大、楼房不高的情况下，可以利用纠正仪进行像片纠正，得到消除了倾斜误差、比例尺符合制作影像地籍图的像片平面图。具体做法有两种：

(1) 像片镶嵌，是将经纠正的像片逐一拼贴、镶嵌制成平面图的方法。像片镶嵌前，首先在图板上展绘出各张像片上的纠正点，镶嵌时，按自上而下，自左而右顺序进行，并使各张像片上的纠正点与展绘在图板上的相应的纠正点重合，片与片之间沿调绘面积(或重叠部分的中部)切开。然后在纠正点的控制下逐片、逐条航线将像片粘贴到图板上，即得到航片平面图。

(2) 光学镶嵌，是在纠正仪上对点后，将晒像图板安放在承影面上曝光(只曝光应晒像的部分)。这样逐片、逐条航线进行(自上而下、自左而右)直至整幅图曝光完毕，再经显影、定影、水洗处理获得光学镶嵌的平面像片图。

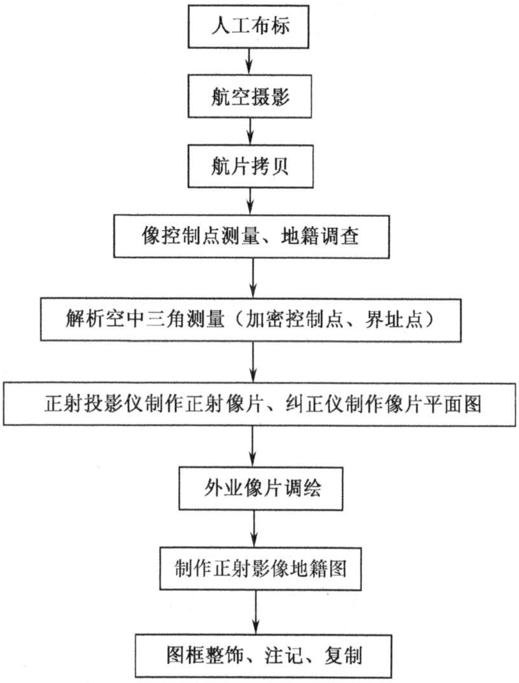

图 9.9　正射影像地籍图制作过程

3. 正射影像地籍图的制作

对于地面起伏较大、楼房较高的地区，需用正射投影仪制作正射像片，再按像片拼贴镶嵌的方法制作正射影像图。具体思路与方法如下：

如果将相邻两张航摄底片放在左右两个投影器中，经过定向，就建立一个与地面完全相似，且方位一致的地面模型。为了获得各点的正射投影位置，再在承影面上放一张感光模片，并在其上蒙上一张不透光材料。此材料上有一条狭长缝隙，在纠正的任何瞬间，只有缝隙下面的感光材料被露光。缝隙沿某一方向跟踪模型表面扫描。扫完一带，缝隙沿垂直于断面方向移动一段距离，直至整张像片扫描完毕，经处理，即可获得一张正射像片。

当“在线”方式作业时，正射投影仪与全能测图仪器联机，在立体测图仪上扫描断面的同时正射投影仪与它同步进行扫描，并晒印正射像片。

当“离线”作业时(又称脱机作业)，是将立体测图仪扫描的高程断面数据记录在存储器内，而后再将存储器内的高程断面数据装在读出器上，通过控制系统控制正射投影仪扫描，印晒正射像片。

为了保证正射投影纠正的质量，一般应注意：

(1) 供扫描用的透明正片，不得有划痕、斑点和指纹。

(2) 在正射投影仪上，尽量使用电算加密结果安置外方位元素，既可提高作业效率，又可保证定向精度和扫描像片的几何质量。

(3) 在正射扫描片上应打出图廓点位置，实际扫描范围应超出图外不少于 8mm。

(4) 扫描方向一般应选择垂直于航线方向。对于非正方形图幅，应考虑使长的图边与扫描方向一致。

4. 影像地籍图的制作

经纠正仪纠正镶嵌获得的像片平面图或采用正射投影仪制成的正射影像图，还需要加绘地籍要素和图面整饰，才可得到满足用户要求的影像地籍图。具体做法是：

(1) 外业调绘。在像片平面图和正射像片上进行外业地籍调绘，主要是宗地界址和权属调查、房屋和道路的核查及调绘注记，并填写有关调查表格。当补调新增建筑物和屋檐内缩尺寸时，要充分利用调绘志。

(2) 将外业调查结果转到内业像片平面图或正射像片上，建立初始航测地籍图文件。

(3) 编制地籍图。除地籍图地物要素外，还需要坐标网格和地理注记，图廓外按要求整饰。

(4) 如用户有特殊要求，地籍图上可加绘等高线。

(5) 其他制作。对于正方形或矩形分幅的影像地籍图，可制作统一的图框版。图框版包括内、外图框和公里网。

9.4.2　解析测图仪测绘地籍图

解析测图仪属于全能测量仪器，是一种多功能的立体测图仪。它由带反馈系统的精密立体坐标量测仪、电子计算机、数控绘图桌、接口设备、控制台、记录打印设备及相应软件，以联机方式组成。计算机是该系统的核心，用它解算立体模型上像点坐标与相应点的三维坐标间的相应关系，从而建立被测目标的数学模型，以实现各种点位、断面、等高线等目标的量测任务。

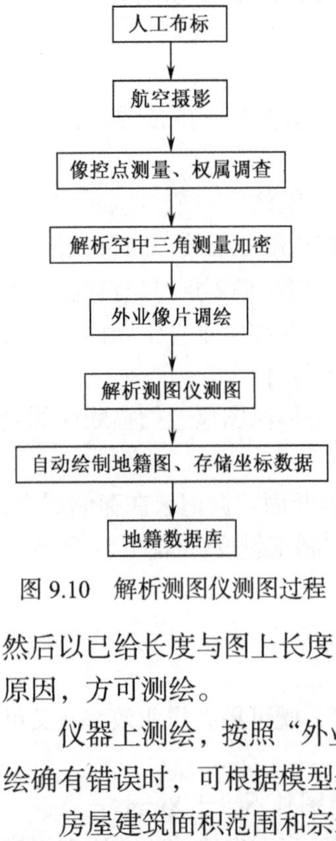

图 9.10　解析测图仪测图过程

解析测图仪测绘地籍图的简要过程如图 9.10 所示。作业前应使解析测图仪主机、计算机和数控绘图仪等处于良好状态。资料准备包括透明正片、调绘片、控制片和电算数据等。

解析测图仪经过装片，输入各种参数(基线、焦距、框标数据、定向点数据等)，相对定向和绝对定向后，即可量测数据和测图。由立体坐标量测仪量测界址点坐标、计算机解算坐标和面积，由数控绘图仪绘制线划地籍图，或向存储装置存储数字地籍资料。

陕西省测绘局在西安城区，采用 C-13 型解析测图仪进行比例尺为 1∶1000 和 1∶500 的地籍图测绘。作业要点是：在仪器上测绘地籍要素和地形要素。具体做法是：1∶1000 图幅按一次成图要求进行全要素测绘；1∶500 图幅分两版测绘，其中一版为红版，测绘地籍要素；另一版为黑版，测绘水系和其他地形要素。为了确保成图精度，在仪器绝对定向后，选择本像对中二栋外业已给定长度且房基角明显的房屋，测绘在图板上，然后以已给长度与图上长度比较，其差小于图上 0.5mm 时，方可开始全面测绘，否则要查明原因，方可测绘。

仪器上测绘，按照“外业定型，内业定位”的原则，以模型实测确定地物位置，当外业调绘确有错误时，可根据模型进行改正。

房屋建筑面积范围和宗地界线是地籍图中最重要的要素，测绘时要准确无误。测定房屋，以房基角为准，仪器能观察到房屋基角的，用测标切准即可；看不到房屋基角时投影在图板上，用红线连接，将由编图人员进行房檐改正。若无影像或影像不清，仪器无法测绘，则仪器操作人员在调绘片上标明，将由编图人员处理。

采用解析测图仪测绘地籍图经过实地检测，每幅图地物点平面位置超过 2 倍中误差的数均在 5%以内，计算出的地物点位移均在规定的图上 ± 0.5mm 之内，完全符合地籍成图的精度要求。

9.4.3　航测数字化地籍成图

“地籍图的航测数字化成图”是解析测图仪和计算机技术发展的产物。它从根本上改变了只有图纸为载体的地图和地籍图产品，而以数据软盘形式保存图件，便于建立地籍数据库和地图数据库。根据有关生产单位试验资料，有的航测数字化成图采用“三站一库”的工艺流程形式，即数字化测图工作站、数字化图形编辑工作站、数字化图形输出工作站和图件数据库。如果进行地籍调查和界址点加密等工作，则形成航测数字化地籍成图工艺，其具体情况如图 9.11 所示。该工艺的硬件环境如图 9.12 所示。作业时，解析测图仪联机进行解析空中三角测量加密；各种地物要素特征码用立体量测仪在航片上进行数据采集，用机助制图系统对数据进行批处理；用性能优良的平差程序将特征点、像控点等坐标转换成大地坐标的坐标串数据文件；利用数字化测图软件，将数据形成图形文件；在系统软件的驱动下，将上述文件和外业调绘资料(如屋檐改正等)实行微机图形编辑，再加上图廓整饰，生成地形图或地籍图，也可将数据存盘，生成数据图形文件。

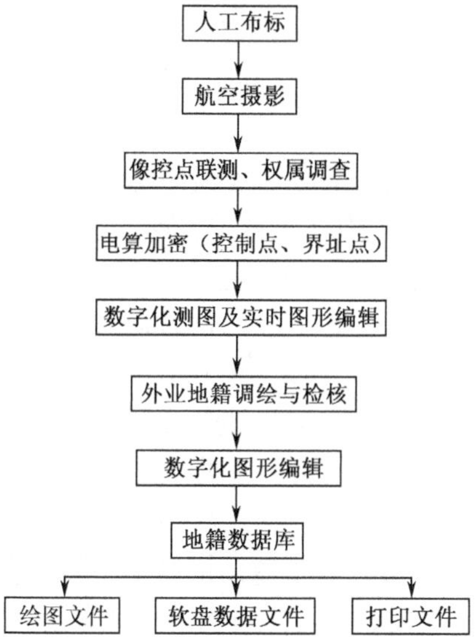

图 9.11　航测数字化成图过程

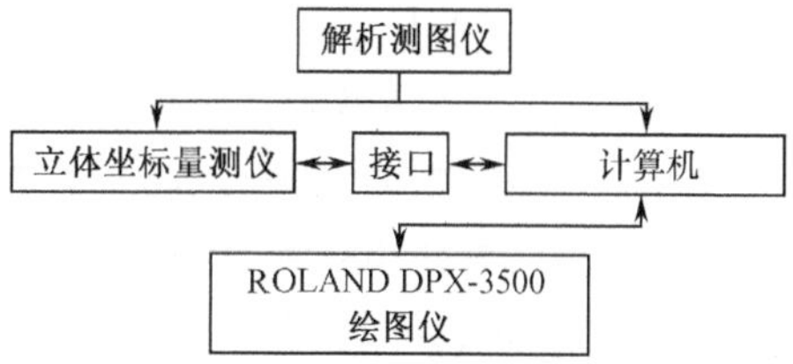

图 9.12　航测数字化成图硬件环境

9.4.4　数字摄影测量与数字摄影测量系统简介

数字摄影测量是基于数字遥感图像与摄影测量的基本原理，应用计算机技术、数字影像技术、影像匹配、模式识别等多学科的理论与方法，对所测对象的几何性质、物理性质用数字方式表达的测量方法。它是摄影测量的分支科学。

数字摄影测量系统是根据数字化测量原理而研制出的一个全软件化设计，功能齐全、高度智能化的空间三维信息采集和处理系统。提供从自动定向、自动空间三角测量到快速自动产生数字高程模型(DEM)，自动进行正射影像纠正，自动进行 DEM 拼接和任意影像镶嵌等整个作业流程。它处理的原始信息数据不仅可以是航空摄影数字化影像，而且也能处理其他航天、航空遥感数字影像，并以计算机视觉代替人眼的立体观察，已成为当前数字城市和 GIS 空间数据采集的主要工具。显而易见，随着数字摄影测量系统软件的不断开发与完善，在用于城镇地籍测量、制作地籍图等方面，有着广阔的前景，并将显示出巨大的优越性。

初始的数字摄影测量系统仍可以人工作为辅助，高度自动化的数字摄影测量系统无疑是计算机时代人们追求的目标。由数字影像经过数字摄影测量系统的图像处理，生成各种数字的模拟的地图产品(包括地籍图)。可用常规的摄影测量成果输出硬拷贝，也可直接将数字产品输入地理信息系统(GIS)和土地信息系统(CIS)供用户使用。

如 VirtuoZo 全数字摄影测量系统的主要用途为：利用和处理高分辨率的数字图像，自动生成数字高程模型、正射影像图和进行数字地形图的测绘，并可生成三维景观图等。

9.5 地籍调绘与宗地草图制作

9.5.1 航片地籍调绘

利用遥感图像成图，调绘工作仍是必不可少的，采用航测法制作地籍图，外业航片调绘尤为重要。通过航片地籍调绘，不仅是准确判定图根控制点、界址点在航片上位置的需要，而且是查清权属界限、确定地物性质与权属、查明土地所有者或使用者名称的重要环节。

航片地籍调绘，一般采用放大了的航片进行。有时为了记录、标注外业调查的数据，在调绘航片上蒙一张等大的聚酯薄膜，称为“调绘志”，可随时用铅笔将补调地物的形状、尺寸以及有关地籍内容，标记在“调绘志”上。

航片地籍调绘一般可分三个方面的工作：调绘准备、外业调绘和调绘整饰。

调绘准备工作内容包括：航片编号、分幅装袋和打毛，制作航片结合图表，进行航片室内预判等。通过调绘准备工作的实施，确保外业调绘按计划、有目的地进行。

外业调绘的重点是土地权属界线，各种地物性质、权属、位置等。外业调绘时，尤其要注意以下五点。

(1) 要准确地在航片上标出界址点、界址线。界址点应在航片上刺孔(直径为 0.1mm)。

(2) 对航片上各种明显的，按比例表示的地物，着重调查权属、性质、质量和相互关系。

(3) 对航片上影像模糊或被阴影遮盖地物和新增地物，要采用截距法、距离交会法、延长线法、直角坐标法等补调补测方法进行调绘，并将补调补测内容与数据记录在“调绘志”上。

(4) 对航摄后被拆除地物，在其影像上用红色“×”划去，范围较大的用文字加以说明，以免内业错绘在图上。

(5) 各种地名、街道名、土地使用单位(或个人)名称，要实地询问证实，并在“调绘志”的相应位置标注清楚。

航片调绘整饰，是在外业调绘后，在室内用永不褪色的绘图墨水在航片上按照规定的符号、注记、颜色将调绘内容描绘清楚，并签注调绘者的姓名与调绘日期。

一般情况下，用红色描绘界址点和土地权属界线，注记土地使用单位(或个人)的名称，其他调绘内容均为黑色。

描绘时应注意以下七点。

(1) 界址线用 0.3mm 的实线表示，以围墙为界的，界址线与围墙影像重合，并要表示围墙的归属。

(2) 界址线与房屋轮廓线重合的，以界址线表示，界址线与单线地物重合的单线地物符号不变，其线粗按界址线表示。

(3) 平房以外墙勒脚以上的墙壁投影为准绘出，楼房投影误差较大，以第一层的建筑面积范围线为准绘出房基线。

(4) 无地物影像的界址线，以相邻两界址点的直线连线为界址线。

(5) 高大的楼房在描绘时，要去掉在航片上的阴影和投影差影像的部分，以墙角位置为准绘出房屋占地范围，用 0.15mm 黑实线绘出。

(6) 大屋檐房屋要丈量屋檐宽度标绘在调绘志上，由内业进行屋檐内缩，绘出实际以墙体为界的房屋图形和尺寸。

(7) 河流、围墙、道路、街道边界线等用相应的符号绘出，各种注记标注在相应位置，并要求清晰易读。

9.5.2 利用航空遥感图像制作宗地草图

结合外业地籍调绘，利用放大的航空摄影图像绘制宗地草图会收到事半功倍的效果。

宗地草图是表示单宗地或数宗地的图件，常作为土地证上的附图，它的比例尺较大，一般采用 1∶250 或 1∶200，当宗地范围较大时采用 1∶500。宗地草图也是宗地图的一种，是土地权属调查、土地测量的成果图件，也是测制地籍图的重要参考资料。这种图的特点是除图形外，还注记有测量尺寸，其图形比例尺是概略的，但图上的各种注记所标尺寸必须是准确的。

利用放大的航空摄影图像制作宗地图草图的工作内容有：摄影图像的复印放大、外业测量、宗地草图的绘制等。

由于宗地草图的比例尺是概略的比例尺，在放大航空遥感图像时，首先采用航摄部门提供的航片比例尺 $1:m$ 和需制作宗地草图的宗地面积大小及概略比例尺 $1:M_{概}$，计算出放大倍数 K，再利用复印机将相应部分放大(可经多次放大)，提供野外测量时使用。例如，某航摄遥感图像的比例尺为 1∶2800，需制作 1∶250 宗地草图，那么放大倍数 K 为

$$K=\frac{m}{M_{概}}=\frac{2800}{250}=11.2 \tag{9.4}$$

通过计算，在普通复印机上经 4 次放大复印即可得到概略比例尺为 1∶250 的航摄影像复印件。

在野外地籍测量时，将放大复印的航摄影像图与实地对照，确定土地权属界的走向，界址点的位置及地物的相关位置等。在图像上用相应的符号标出界址点，用皮尺实地丈量界址点到界址点的距离和地物(房屋建筑物)的长宽并用铅笔标注在相应的位置上。若需补调新增地物，则采用截距法、距离交会法、延长线法、直角坐标法等方法进行补测，并将补测的结果描绘到图像上。

绘制宗地草图的具体做法是：将透明膜片蒙在调绘(测量)后的图像上，根据宗地草图的制作要求蒙绘所需内容，标注相应注记，最终完成宗地草图的制作。

思考题

1. 什么是遥感技术？遥感技术在地籍测量中的作用与应用前景如何？

2. 利用航摄图像，采用航测法进行地籍测量的优点有哪些？

3. 在地籍控制测量航摄时，为什么布设地面标志?地面标志的形状、大小和材料都有哪些要求？

4. 简述电算加密界址点的作业要点。

5. 简述影像地籍图和解析测图仪地籍图的作业过程。

6. 航片地籍调绘的目的和方法如何？

第 10 章　GIS 在地籍测量中的应用

10.1　数字地籍测量的基本概念

数字地籍测量是地籍测量中一种充分吸收整合 GIS、GNSS、RS 和 DE 等技术的综合性技术和方法，实质上是一个融地籍测量外业、内业于一体的综合性作业系统，是计算机技术用于地籍管理的必然结果。它的最大优点是在完成地籍测量的同时可建立地籍图形数据库，从而为实现现代化地籍管理奠定基础。

数字地籍测量是利用数字化采集设备采集各种地籍信息数据，传输到计算机中，再利用相应的应用软件对采集的数据加以处理，最后输出并绘制各种所需的地籍图件和表册的一种自动化测绘技术和方法，作业流程如图 10.1 所示。下面分别介绍数据采集、数据处理、成果输出以及数据库管理等内容。

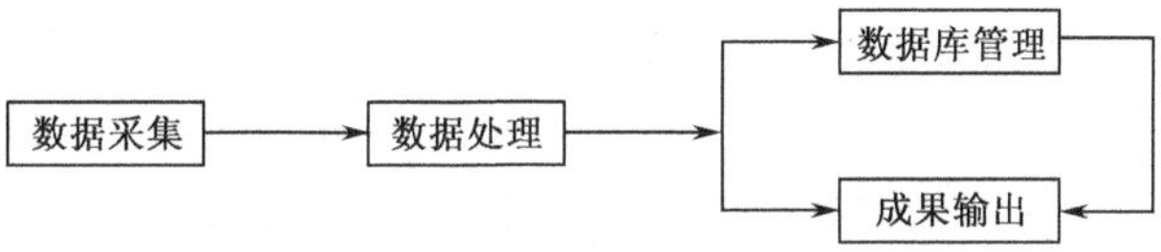

图 10.1　数字化地籍测量作业流程

10.1.1　数 据 采 集

数据采集过程就是利用一定的仪器和设备，获取有关的地籍要素信息数据，并按照规定的格式存储在相应的记录介质上或直接传输给数据处理设备的过程。

在地籍测量中数据采集有很多种，常规的数据采集是用经纬仪加小平板绘图。随着计算机技术的不断发展，数据采集的方法也不断变化，全站仪、GNSS 等普遍应用在测量中，特别是随着遥感图像分辨率的不断提高，利用遥感图像来获取数据大大减轻了测量工作人员的野外工作量，提高了数据采集的速度。

根据采样所使用的仪器及作业方法的不同，目前数据采集的方法主要有以下五种。

1. 利用全站仪

这种数据采集方式是利用全站仪在野外实地测量各种要素的数据，在数据采集软件的控制下按相应的格式下载并存储在数据文件中，同时在野外配有草图。

2. 电子平板法

这种方法是全站仪加便携式计算机或掌上电脑以及相应软件结合的方法。它是集数据采集和数据处理于一体的数字式地籍测量方式，由全站仪在实地采集全部的地籍要素数据，由通信电缆将数据实时传输给便携机，利用数据处理软件实时处理并显示所测地籍要素的符号和图形，原始采样数据和处理后的有关数据均记录于相应的数据文件或数据库中。在测量中常用的处理软件有南方 CASS、武汉瑞得 RDMS 和清华三维 EPSW 等。

3. RTK 技术

这种方法是利用 RTK 技术对野外地籍数据进行采集，利用相应的数据下载软件进行数据输出并形成数据文件，最后利用后续处理软件得到地籍要素及图表等。

4. 对已有地形图进行数字化

这种数据采集的方法是利用扫描数字化仪对已有的可以满足需要的大比例尺地形图进行数字化，从而获得数字化的地籍要素(不包括各宗地的界址点)数据，而界址点的坐标数据则由野外实际测量和计算得到，然后将这两部分数据叠加并在数据处理软件的控制下得到各种地籍图和表册。

5. 航测遥感法

这种数据采集方法是以航空像片等遥感影像为数据采集对象，按解析法空中三角测量的原理，利用立体坐标量测仪和电子计算机解析出地籍点坐标，并通过电子坐标数据接口与计算机串行接口相连接，由软件来处理采集的数据，从而获得所需要的地籍图。

综上所述，前三种方法是利用全站仪、电子平板仪及 RTK 技术在野外采集数据，这对尚未测绘大比例尺地形图的城镇地区是一种可行和值得推荐的方法，并且是目前我国地籍测量中最常用的方法。所采集的数据经过后续软件处理，便可以得到该地区的大比例尺地形图、地籍图以及其他各种专题图，同时还可以建立该地区的数字化地籍数据库。第四种方法需要在地形图上进行，只适用于已经测绘了大比例尺地形图的城镇地区，但是它的界址点仍需在实地测量，有些必要的地籍要素仍需进一步的补测。第五种是在航片上采集数据，与第四种相同，它适用于已有航片的地区，在这些地区采用航测法是一种较好的方法。

应该提及的是不论采用哪种方法，所获取的数据都必须经过一定的处理、然后在相应的软件支持下计算宗地面积，汇总分类面积，绘制宗地图、地籍图，打印界址点坐标表等。

10.1.2 数 据 处 理

对于用不同的方法采集得到的数据，经过通信接口及相应的通信软件传输给计算机，然后经过相应的软件处理，将数据转化为某种标准的数据格式，最后经数据处理软件的处理计算出各宗地的面积，绘制宗地图和地籍图等。

10.1.3 成 果 输 出

经过数据处理之后，便可按照国家土地管理局的《城镇地籍调查规程》，输出地籍测量所需要的各项成果。

10.1.4 数据库管理

为了便于今后地籍变更以及地籍信息的自动化管理，所采集的原始数据和经过处理的有关数据均加以存储，并建立地籍数据库，为地籍信息系统提供数据。

在数字地籍测量中，数据处理过程是一个最复杂、同时也是最重要的环节，这表现为数据源的多样性和地籍(地形)要素的复杂性，因而数据处理的方法也呈现复杂性、多样性的特点，使软件开发具有一定的难度。

10.2　数字地籍测量的基本原理

地籍要素包括反映隶属关系的行政名称、地理名称和宗地名称，反映权属关系的界址点和界址线，反映土地利用现状的独立地物、线状地物和面状地物，反映位置关系的定位坐标，反映数量关系的土地占有面积和土地利用面积，以及反映地物特征的某些说明、注记等。计算机只能识别数码，因此必须将地籍要素数字化。从地籍要素的图形特征和属性特征来分，地籍要素可分为两类信息：一类是图形信息，一般用平面直角、编码和连接信息表示；另一类是属性信息，一般用数码文字表示。这就涉及地籍信息编码。

10.2.1　地籍信息编码

地籍信息编码就是采用规定的代码表示一定的地籍信息，从而简化和方便对地籍信息的各种处理。在数字地籍测量中，地籍信息编码是一种有效组织数据和管理数据的手段，它在数据采集、数据处理、数据库管理及成果输出的全过程中都起着重要的作用。

测点的编码问题是野外采集数据时的一个非常重要的问题。若仅仅有野外采集点的观测值，而对所测点不加任何属性及几何相关性的说明，那么这些点都是一些孤立点，在处理和加工野外采集的数据时，计算机不能对其进行识别，也就无法进行数据处理，因此，在输入观测值到电子手簿或电子记录器的同时，应对每个测点赋予一个属性及几何相关性说明，即通常所说的标识码。

1. 地籍信息编码的内容

地籍信息是一个多层次、多门类的信息，对地籍信息如何分类、编码，应根据有效组织数据和充分利用数据的原则，对地籍信息的编码至少考虑如下四个信息系列：

(1) 行政系列，包括省(自治区、直辖市)、市(州、旗)、县(区、县级市)、乡(镇、街道)、村等有行政隶属关系的系列，这个系列的特点是呈树状结构。

(2) 图件系列，包括地籍图、土地利用现状图、行政区划图、宗地图等。这些图件均是地籍信息的重要内容。

(3) 符号系列，包括各种独立符号、线状符号、面状符号以及各种注记。

(4) 地类系列，包括土地利用现状分类和城镇土地利用现状分类。

2. 地籍信息编码的一般规则

由于数字化地籍测量采集的数据信息量大、内容多、涉及面广，数据和图形应一一对应，只有构成一个有机的整体，才具有广泛的使用价值。因此，必须对其进行科学的编码。编码的方法是多样的，因为数字地籍测量和自动绘图技术的不断发展，所以需要采用统一的编码方式以方便使用。但不管采用何种编码方式，应遵循的一般性原则都基本相同，包括以下几点。

(1) 一致性，即非二义性，要求野外采集的数据或测算的碎步点坐标数据，在绘图时能唯一地确定一个点。

(2) 灵活性，要求编码结构充分灵活，适应多用途地籍的需要，以便在地籍信息管理等后续工作中，为地籍数据信息编码的进一步扩展提供方便。

(3) 简易实用性，尊重传统方法容易为观测人员理解、接受和记忆，并能正确执行。

(4) 高效性，能以尽量少的数据量容载尽可能多的外业地籍信息。

(5) 可识别性，编码一般由字符、数字或字符与数字组合而成，设计的编码不仅要求能够被人识别，还要求能被计算机用较少的机时加以识别，并能有效的对其管理。

3. 地籍信息编码的方式

关于编码的方式，应根据自己设计的数据结构(图形结构)，制定出编码方式。众多的编码方式归结起来有三种类型：全要素编码、提示性编码和块结构编码。

1) 全要素编码

全要素编码方式适用于让计算机自动处理采集的数据。编码要求对每个测点进行详细的说明，即每个编码能唯一地、确切地标识该测点。通常，全要素编码都由若干位十进制数组成，有的还带有“±”符号。其中每一个数字按层次分，都具有特定的含义。首先，参考图式符号，将地形要素进行分类。如“0”测量控制点；“1”居民地；“2”独立地物；“3”道路；“4”管线和垣；“5”水系；“6”境界；“7”植被；“8”地貌。然后，在每一类中进行次分类。如居民地又分为“01”一般房屋；“02”简单房屋；“03”特种房屋；等等。另外加上类序号(测区内同类地物的序号)、特征点序号(同一地物中特征点的连接序号)。

全要素编码的优点是：各点编码具有唯一性，易识别，适合计算机处理。缺点是：层次多、位数多，难以记忆；当编码输入错漏时，在计算机的处理过程中不便于人工干预；同一地物不按顺序观测时，编码相当困难。为了克服全要素的缺点，可采用一部分在野外测量编码，一部分回到室内进行编码，避免了不按顺序观测野外编码的麻烦，提高了工作效率，但需要绘制野外草图。

2) 提示性编码

当作业员在计算机屏幕上进行图形编辑时，提示性编码方式可以起到提示的作用。屏幕上编制好的图形，可由数控绘图机绘制出来。

提示性编码也是由若干位十进制数组成，分两部分。一部分为几何相关性，另一部分为类别。几何相关性由个位上的数字(0～9)表示，若不够，再扩展至百位。十位编码规则是：水系“1”；建筑物“2”；道路“3”；其他类自定义。个位上的编码规则是：孤立点“0”；与前点连接“1”；与前点不连接“2”(此处前点是指数据采集时的序列点号)。

提示性编码的解释由计算机自动完成。因为这种编码提供的信息不完全，所以解释过程中只能在显示屏上形成提示图形。要得到与实地相一致的图形，还需要对照野外草图在交互式图形编辑系统完成。当数据采集时输入了错误的编码，计算机解释后连成了错误的虚线，但仅仅是一种错误的提示，并没有在系统中生成一个错误的图形，因此很容易得到纠正。

提示性编码具有的优点是：编码形式简明，野外工作量少并易于观测员掌握；编码随意性大，允许缺省甚至是错误的存在；提供了人机对话式的图形编辑过程，界面便于图形及时更新。同时，提示性编码存在如下缺点：提示的图形不详细，必须配合野外的详细草图；预处理工作和图形编辑工作量大；对于实际为曲线的图形则需要大量的外业观测点。

3) 块结构编码

块结构编码方式适用于计算机自动处理采集的数据。首先，参考图式符号的分类，用三位整数将地形要素分类编码，如 100 为测量控制点类，104 代表导线点，200 为居民地类，220 代表坚固房屋等。按此规则事先编制一张编码表，将常用编码排在前面，以方便外业使用。每一点的记录，除观测值外，同时还有点号(点号大小同时代表测量秩序)、编码、连接点和连接线型 4 种信息。其中连接点是记录与测点相连接的点号，连接线型是记录测点与连接点之间的线型，规定“1”直线；“2”曲线；“3”圆弧线。

块结构编码的优点是：

(1) 点号自动累加，编码位数少，编码可以自动重复输入。

(2) 连接点和连接线型简单，因此，整个野外输入信息量少。

(3) 采用块结构记录十分灵活方便。

(4) 根据测点编码的不同，利用图式符号库解决复杂的线型(直线、曲线、圆弧线、实线、虚线、点划线、粗线、细线等)，避免了测量员在野外输入复杂的线型信息，只要记住直线、曲线还是圆弧线就够了。

(5) 记录中设计了连接点这一栏，较好地解决了断点的连接问题。断点是指测量某一地籍(形)要素时的中断点。

(6) 避免了野外详细草图的绘制。当断点很多时，采用在手簿上记录断点号来代替画详细的草图，减少了野外工作量。如果地形特别复杂，同时断点又太多时，也需要绘出相应点号处的简图，作为手簿上记录的断点的补充说明，以保证断点的正确连接。

(7) 野外跑尺选择性较大。只要清楚断点号就可以正确的连接测点。

需要注意的是，为了保证地籍图的正确性，应在野外施测碎步点的同时绘制地物草图，草图详细程度视特征码的编制方式而定。全要素特征码和块结构编码草图可以简单些，提示性编码草图要详尽些，其原则是能满足室内地籍成图的要求。草图上点的编号应与观测点的编号一致，以便对照使用。

10.2.2　地籍信息的数据结构

数据结构是对数据元素相互之间存在的一种或多种特定关系的描述。在数字地籍测量中，数据结构应当反映出各种地籍要素间的层次关系和必要的拓扑关系，并经数据处理后所生成的图、数、文三者之间呈一一对应关系，这样才便于对数据进行各种操作，如检索、存取、插入、删除和分类等。

目前，在数字地籍测量中使用较普遍的是矢量数据结构，在此结构中，通常把地物从几何分为三类空间：点、线和面。点实体以表示其空间位置的坐标值的数字形式存放，线实体以一系列有序的或成串的坐标值存放，而面实体用表示其周边的字符串的坐标值或用一些与确定该面相关的点来存放。常用的矢量数据结构大致有以下三种。

1. 顺序结构

这是一种线性结构表示方法，是机助制图初期常采用的数据结构形式，如图 10.2 所示。

对于各种制图实体和面积计算单元，其数据记录如下：

M_0

M_1——X_1，Y_1；X_2，Y_2；…；X_i，Y_i；X_{i+1}，Y_{i+1}；…；X_{n-1}，Y_{n-1}；X_n，Y_n

M_2——X_1，Y_1；X_2，Y_2；…；X_6，Y_6

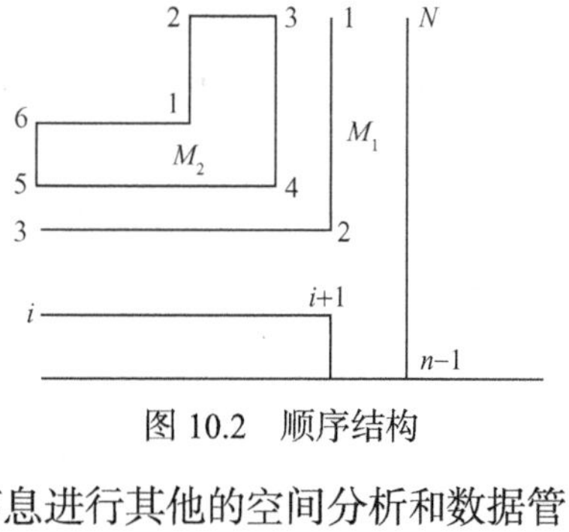

图 10.2　顺序结构

数据记录 M_0 为道路闭合标志，它指示按记录 M_1 的数据结构计算道路面积。记录 M_2 是一个闭合的多边形的数据，可以计算其面积。这种数据结构的优点很明显，一是便于数控绘图仪绘图，二是便于计算面积，但利用这种结构的信息进行其他的空间分析和数据管理，就比较困难了。

2. 链-结点结构

在采用这种结构的多边形中，线段的交点称结点。两个结点(起点和终点)之间的线段称为链，对于链的数据只采集一次，一条链可以和一个或多个地物要素发生联系，如图 10.3 所示。链 5(线段 5)与居民地边界、道路和植被区界均有联系。因为无须多次数字化，多次存储，所以提高了数据质量，减少了冗余。如果道路发生了变化，也只需修改一次，绝不会产生裂隙。

在顺序结构中，是一个要素对应一条线段的关系，而在链-结点结构中，关系可以是一个要素对应一条或多条线段，也可以是多要素对应一条线段。归纳如图 10.4 所示，要素 1(道路)和线段(链)2，3，5，6，7 相关，要素 2 与线段(链)1，3，5，6 相关，可以看出要素与线段之间的关系。

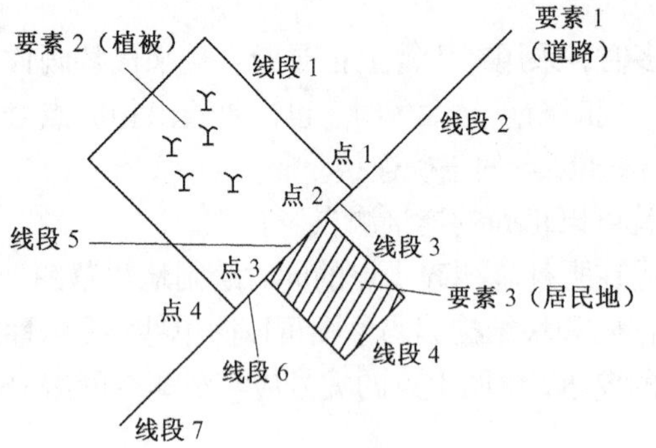

图 10.3　链-结点结构

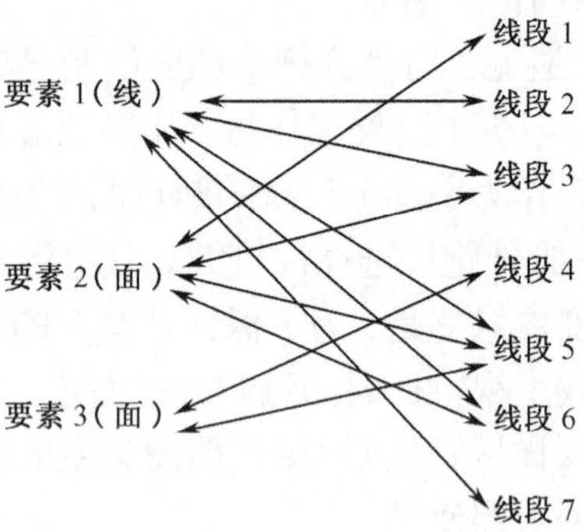

图 10.4　要素与线段的关系

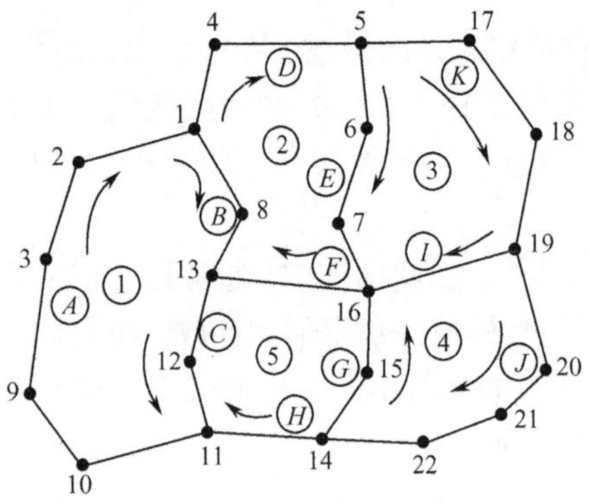

图 10.5　拓扑关系示意图

链、结点和它们之间的关系构成了链结点结构，与顺序结构相比，其建立难度较大。在采集数据时，不仅要获取其位置、属性等基本信息，还要获取其相互之间的逻辑关系信息。

3. 拓扑结构

拓扑结构是按拓扑学原理设计的，用于表示多边形实体的数据结构，如图 10.5 所示。拓扑学中，把 3 条以上的线段的交点称为结点，两个结点之间的曲线或折线称为链。由若干链组成的封闭图形称为区。拓扑结构以链为基础，每一条链包括至少一条线段。链文件由链的编码、链的长度、起点号、闭合号、右区号及地址指针组成。拓扑数据文件由点、结点、链和多边形文件组成，表 10.1 至表 10.3 表示的是图 10.5 所示的图形的拓扑数据文件。

表 10.1　结点结构

结点号	线段邻接表				线段数
1		−5	−13	11	3
5		−19	−16	1	3
19		−14	−16	5	3
14		−11	−16	19	3
11		−1	13	14	3
13		1	16	−11	3
16	14	−13	5	19	4

表 10.2 弧段结构

弧段号	首点	尾点	中间点				点数
A	11	1	10	9	3	2	6
B	1	13				8	3
C	13	11				12	3
D	1	5				4	3
E	5	16			6	7	4
F	16	13					2
G	14	16				15	3
H	14	11					2
I	19	16					2
J	19	14		20	21	22	5
K	5	19			17	18	4

表 10.3 多边形结构

多边形号	弧段号					弧段数
1		*A*	*B*	*C*		3
2	–*B*	*D*	*E*	*F*		4
3		–*E*	*K*	*I*		3
4		–*I*	*J*	*G*		3
5		–*G*	*H*	–*C*	–*F*	3

结点结构：7 个结点，弧段进结点为正，出结点为负。弧段结构：11 个弧段线，方向如图 10.5 所示。多边形结构：5 个多边形。

采用拓扑结构比较简洁，可以有效地存储地籍要素的点、线、面之间的关联、包含及邻接关系。以上介绍的顺序结构、链-结点结构和拓扑结构这三种数据结构，主要反映了制图实体的位置及其空间关系，很少与制图实体的属性联系起来。实际上，目前一些商品化开发的系统大都采用拓扑结构加关系结构的数据结构，即以拓扑数据结构表示地物的位置和空间关系，以关系结构表示地物的属性数据。

10.2.3 地籍符号库的设计原则

图式符号是测绘地籍图过程中必须共同遵循的原则，无论采用何种方式或手段测绘的地籍图，都必须符合这一标准。因此，在数字地籍测量中建立一个地籍符号生成及相应管理的地籍符号库是十分重要的。地籍符号库中的地籍图式参照《地籍图图式》，它规定了地籍图和地籍测量草图上的各种要素的符号和注记标准以及使用这些符号的原则、要求和基本方法。

10.3 数字地籍测绘系统

数字地籍测绘系统(digital cadastral surveying and mapping system，DCSM)是以计算机为核心，以全站仪、GPS 测量技术、数字化仪、立体坐标量测仪、解析测图仪等自动化测量仪器为输入装置，以数控绘图仪、打印机等为输出设备，再配以相应的数字地籍测绘软件，构成一个集数据采集、传输、数据处理及成果输出于一体的高度自动化的地籍测绘系统。

目前常用的数字测图软件有南方 CASS、武汉瑞得 RDMS 和清华三维 EPSW 等。虽然这些软件各有特色，但主要功能大致相同，均在一定程度上可满足用户需求。如图 10.6 所示。

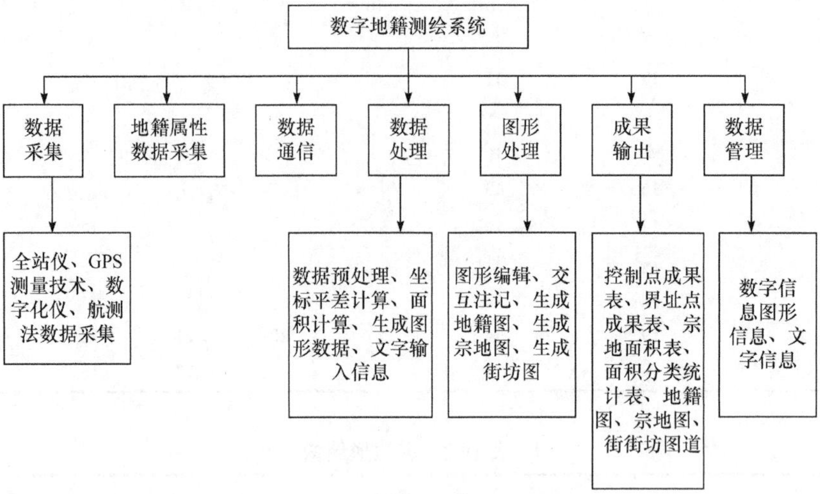

图 10.6　数字地籍测绘系统功能框图

数字测图已经全面取代了人工模拟测图，数字地籍测绘技术也为地籍管理的现代化奠定了基础。

10.4　土地利用现状数据库建设

土地利用现状数据库是利用数字化的形式来存储一个地区甚至一个国家的土地利用现状的调查成果资料的数据库系统。通过土地利用现状调查数据库的建设，可以方便我们对土地利用现状实时快捷地查询检索，使土地管理部门能更准确地把握土地利用的变化趋势，对土地利用进行正确的规划利用。同时，通过土地利用现状数据库的建设，更加方便地对土地利用现状进行实时更新调查，并可以根据需要有重点的进行，以节约资金和避免造成不必要的人力、物力浪费，更好地为国民经济建设服务。

土地利用现状数据库的建设主要涉及土地利用要素分类代码的编排、数据文件的命名规则、数据交换的格式等。下面分别介绍。

10.4.1　土地利用要素分类编码规则

土地利用要素的分类编码采用线分类法，根据分类编码通用原则，将土地利用要素分为 6 大类，并依次分为大类、小类、一级类和二级类，分类代码用四位数字层次码组成，其结构如图 10.7 所示。

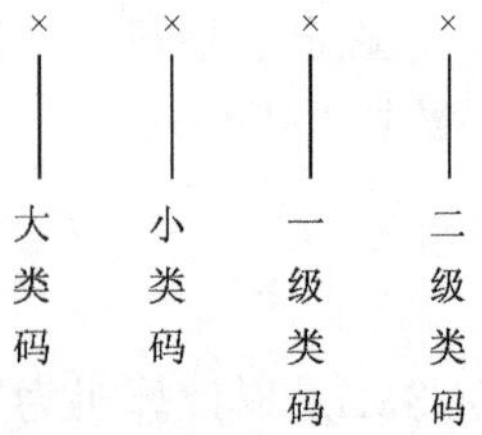

图 10.7　土地利用要素的分类编码示意图

其中：大类码、小类码、一级类码和二级类码分别用数字顺序排列；二级类码为扩充位，以便必要时进行扩充。6 大类分别为："1" 基础地理要素；"2" 权属要素；"3" 地类要素；"4" 地名注记；"5" 影像要素；"6" 其他要素。每个大类又分为若干个小类，每个小类又分为若干个一级类，继续下去如有必要的话，再细分为几个二级类，这样就构成了一个四位层次分类代码。例如，1220 为行政境界线，4240 为坑塘的代码。具体分类可以参考《县(市)级土地利用规划数据库标准(试行)》进行编码。

10.4.2　土地利用数据文件命名规则

土地利用数据文件的命名方式主要有两种：一种是以标准图幅数据来命名数据文件的，另一种是以行政区划为基础的数据文件命名。

1) 土地利用标准图幅数据文件命名规则(图 10.8)。

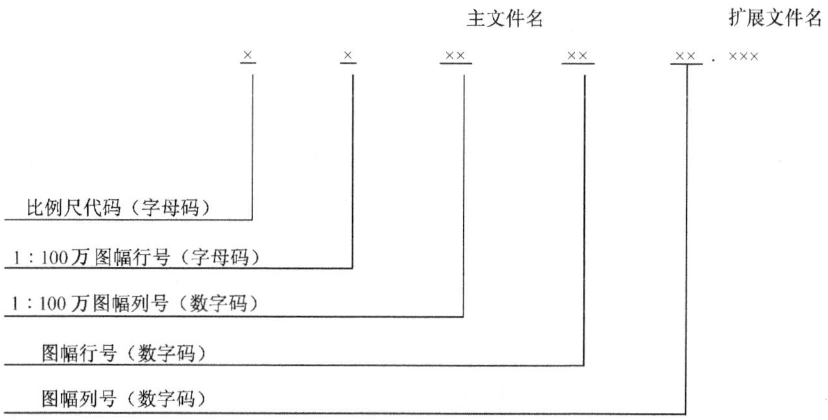

图 10.8　土地利用数据文件命名格式

(1) 主文件名采用八位字母数字型代码，扩展文件名采用三位字母数字代码。

(2) 比例尺代码见表 10.4。

表 10.4　比例尺代码

比例尺	1∶2000	1∶5000	1∶10000	1∶25000	1∶50000	1∶100000	1∶250000	1∶500000
代码	I	H	G	F	E	D	C	B

(3) 编号计算公式。1∶100 万图幅行、列号的计算：

$$\begin{cases} a=[\Phi/4°]+1 \\ b=[\lambda/6°]+31 \end{cases} \tag{10.1}$$

式中，[ ]为取整；a 为百万分之一图幅所在纬度带数字码所对应的字母码；b 为百万分之一图幅所在经度带的数字码；Φ 为图幅内某点的纬度或图幅西南图廓点的纬度；λ 为图幅内某点的经度或图幅西南图廓点的经度。

相应比例尺的图幅行、列号的计算：

$$\begin{cases} c=4°/\Delta\Phi-[(\Phi/4°)]/\Delta\Phi \\ d=[\lambda/6°]/\Delta\lambda+1 \end{cases} \tag{10.2}$$

式中，( )为商去余；[ ]为商取整；c 为所求比例尺图幅的行号；d 为所求比例尺图幅的列号；Φ 为图幅内某点的纬度；λ 为图幅内某点的经度；$\Delta\Phi$ 为所求比例尺图幅的纬差(1∶10000 图幅纬差为 2′30″)；$\Delta\lambda$ 为所求比例尺的经差(1∶10000 图幅经差为 3′45″)。

例如，某 1∶10000 土地利用图，图幅内某一点纬度为39°22′30″，经度为114°33′45″，那么它的数据文件的名称可以通过上面的公式计算，为 GJ501510.×××。

2) 以行政区划为基础的土地利用数据文件命名规则

(1) 主文件名采用十三位字母数字型代码，位数不足时补 0。

(2) 比例尺采用一位字母码，比例尺代码见表 10.4。

(3) 县(市)行政区划代码采用六位数字型代码，可从《中华人民共和国行政区划代码》(GB/T2260—2007)查取。

(4) 乡(镇)级行政区划代码采用十进制三位顺序码，在县(市)行政范围内，按照乡(镇)名称的顺序从 001～999 编码；该代码作为主文件名的第八位至第十位。

(5) 权属单位代码采用十进制三位顺序码，在乡(镇)行政区范围内，按照权属单位名称的顺序从 001～999 编码。

例如，安徽省合肥市肥西县土地利用图，比例尺为 1∶10000，其行政区划代码的数字码为 340123，那么该县的数据文件名为 G340123000000.×××；假设肥西县上派镇的三位顺序码为 001，那么上派镇 1∶10000 的土地利用图的数据文件名为 G340123001000.×××；假设肥西县上派镇凉亭村的三位顺序码为 007，那么凉亭村的 1∶10000 的土地利用图的数据文件名则为 G340123001007.×××。

10.4.3　土地利用空间数据交换格式

土地利用空间数据交换格式主要是依据 GB/T17798—1999《地球空间数据交换格式》的标准来描述的。主要的数据交换格式有矢量数据交换格式、影像数据交换格式等。

土地利用矢量数据文件由六部分组成：第一部分为文件头，记录着数据的类型。第二部分为要素类型参数，依次记录了每类要素的编码、名称、几何类型、缺省颜色、属性表名称。第三部分为属性数据结构，分别依次记录了属性表名及字段个数，并记录了属性表内各字段名、字段类型、字段宽度以及小数位数。第四部分为几何图形数据，记录了各几何图形对应的目标标识码及要素类型编码，同时还有几何图形的要素。第五部分为注记。第六部分为属性数据结构。

影像数据交换格式采用国际工业标准无压缩的 TIFF 或 BMP 等格式，但需要将大地坐标影像上的定位信息以及地面分辨率等附加信息用纯文本格式编写一个附属文件，而不破坏 TIFF 或 BMP 等文件的原有格式；TIFF 文件和 BMP 文件等影像文件格式参照相关标准，存储的顺序是从北到南，从西到东。

土地利用现状数据库一旦由建库单位完成后，需要由本单位进行自检，自检合格的成果再由受中国土地勘测规划院委托，省级建库主管部门组织成立的验收组进行验收，验收通过的成果则由自然资源部自然资源确权登记局确认并入库。

提交的检查验收资料应包括建库的原始资料和成果资料。

其中原始资料是：①用于建库的土地利用图件。②用于建库的各类表格资料，包括各类面积统计表、一级控制面积量算表、行政单位及权属单位代码表、碎部面积量算表、现状地物面积扣除表、零星地类面积扣除表、飞地面积统计表、田坎数量量算表等。

成果资料包括：①输出的图件和表格成果，内容包括全部标准分幅检查图、全部图幅的图历簿、图幅接合图标准分幅土地利用输出样图、乡镇土地利用输出样图和土地利用统计表。

②数据成果，包括图幅的标准分幅栅格数据文件、标准分幅矢量数据文件、经过坐标转换和接边处理的标准分幅矢量数据文件和土地利用数据库文件、详查原始面积量算表格的电子数据文件，建库说明文档文件。③文字成果，包括数据库建设自检报告、数据库建设工作报告、数据库建设技术报告。

土地利用现状数据库的建设，将使我国土地利用动态监测成为现实，使得我国的土地利用规划和使用更加规范化，土地的利用效能进一步提高。同时，土地利用现状数据库的建设也将为我国水土保持和环境监测提供准确可靠、及时的数据支持。

10.4.4　土地利用现状调查数据库建设流程

在土地利用现状数据库建设中，应利用最新的影像资料，对测区范围内的土地利用现状进行重新调查。在此基础上，采用 MapGIS 软件平台开发土地利用数据库管理系统，并将最新土地利用现状调查成果输入计算机系统，从而实现对土地利用现状数据和图件的存储、管理、检查、查询、统计、分析、变更及维护，以达到土地利用现状资料管理和变更调查工作的数字化和自动化。数据库建设技术路线如图 10.9 所示。

1. 资料准备

1) 基本资料

基本资料包括县级土地利用现状标准分幅图；图幅接合表及县、乡行政单位土地边界接合表；分幅权属界线图；线状地物及零星地物扣除表；县、乡、村行政单位代码表及权属单位代码表等。

2) 现势性资料

现势性资料主要包括更新调查的工作底图；外业调绘、补测调查表、图件及原始记录手簿；土地利用变更表及土地统计台账等。

3) 参考资料

参考资料包括其他相关的土地详查图件、航片、控制点数据及详查的成果资料等。

2. 空间数据采集

土地利用现状调查数据库中的空间数据是指土地详查的图形数据和相应的属性数据。其中图形数据包括测量控制点、水系、地貌、境界、道路等基础地理数据。属性数据一般包括统计数据、遥感影像数据和实测数据。根据 DOM 的清晰程度，采用适当的灰度扫描，即可获取栅格图形数据。运用 MapGIS 平台上的图像处理模块中的镶嵌配准功能即可完成对扫描图像的几何校正、变换及投影等操作，对得到的栅格图形数据进行矢量化，提取所需信息，输入到计算机系统中。

在矢量化的过程中应注意以下两个方面。

1) 图形数据的采集

AutoCAD 具有完善的图形绘制功能和图形编辑功能，尤其是其自动捕捉功能可大大提高矢量化精度。在插入影像图作为背景，利用 AutoCAD，可对水系、道路、行政界线、权属界线、地类界线及其他现状要素进行分层矢量化，并可输出 AutoCAD R12/LT2 DXF 格式的行政界线(XZJX)、图斑线(TBX)、线状地物(XZDW)、零星地物(LXDW)等数据层文件。然后将这些分层文件装入 MapGIS 土地利用数据库管理系统中，即可形成点文件(WT)及线文件(WL)。建立工程，并将点线文件逐个添加到工程中。建立图例文件，关联图例板，并通过修改线参数给线状地物赋上线形。

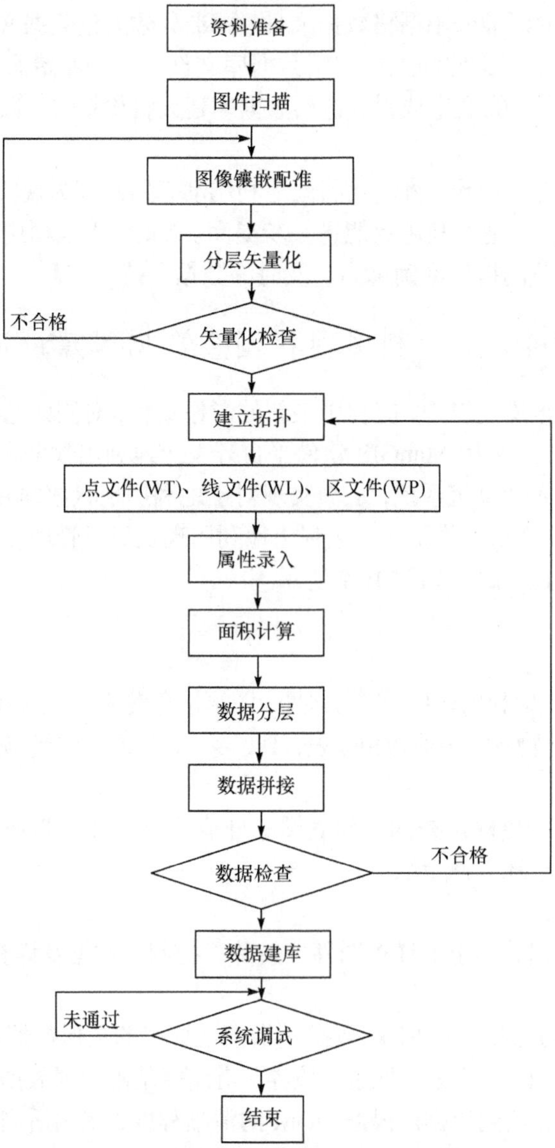

图 10.9　技术路线图

2) 属性数据的采集

属性数据的采集方法一般有键入法、光学字符标识技术、矢量化过程中赋值、人工编辑、数据通信、影像处理等。若采用矢量化过程中人工赋值与人工编辑相结合的方法，则可极大地提高工效。矢量化时，可在行政界线层中采用不同颜色的多段线来对不同的调绘方式进行区分；在线状地物层中，按照线状地物的地类编码再进行分层；线状地物的线段号和宽度直接输入到 AutoCAD 的对象管理器中。以村为单位编制地类图斑号，单独建立图斑号层和图斑地类码层。在 MapGIS 土地利用数据库管理系统中对点、线、区建立属性结构，根据需要编辑属性结构，添加部分属性字段。对于飞地，可采用对照外业手簿直接手工输入属性的方法。而对于县、乡、村籍代码及权属代码可根据数据字典统一赋值。

3. 拓扑关系建立

利用前面得到的点文件(WT)及线文件(WL)，通过建立拓扑，得到区文件(WP)，从而使数据之间具有了拓扑关系。MapGIS 的拓扑处理功能作为图形编辑系统的一部分，其最大特点就是自动化程度高，从而改变了人工建立拓扑关系的方法，使得区域输入等原先比较繁琐的工作，变得相对简单，提高了地图录入的工作效率。

4. 数据库建立

利用 MapGIS 的库管理功能，将经过编辑处理后的数据进行入库处理，从而建立数据库实体。在此数据库中，图形数据以图幅分幅为存储单元。

1) 建立图幅索引

为了提高数据查询、统计和建库的效率，依据土地利用数据库管理系统和接合图标建立覆盖全县范围的分幅图数据索引。

2) 建立数据字典

数据字典是描述数据库中属性字段的属性与组成，包括行政区代码库、地类代码库、权属单位代码库等。

3) 数据入库

它是把数据字典、数据索引文件及拼接好并经检查合格的数据文件添加到土地利用数据库管理系统，进行数据入库。然后，再进行系统的试运行，以确保系统运行的正确高效性。

10.5　地籍信息系统建设

10.5.1　地籍信息系统构成

地籍信息系统必须支持对地籍数据的采集、管理、处理、分析、建模及显示等功能，一般包括以下五个主要部分。

1) 系统硬件平台

地籍信息系统的硬件平台是用以储存、处理、传输和显示地籍数据的，计算机和一些外部设备及网络设备的连接构成了地籍信息系统的硬件平台，亦是系统功能实现的基础。

(1) 计算机。它是硬件系统的核心，包括主机服务器和桌面工作站等，可用作数据的处理、管理及计算。

(2) GIS 外部设备，包括数字化仪、扫描仪和数字测量仪器等输入设备。

(3) 输出设备，包括绘图仪、打印机和高分辨率显示装置等。

(4) GIS 的网络设备，包括布线系统、网桥、路由器和交换机等。具体的网络设备可根据网络计算的体系结构来确定。

(5) 数据存储和传送设备。包括磁带机、光盘机、活动硬盘和硬盘阵列等。

2) 系统软件

它是支持数据采集、存储、加工、回答用户问题的计算机程序系统，可分为地籍应用软件、GIS 专业软件、数据库软件、系统管理软件等。

(1) 地籍应用软件：以 GIS 专业软件和数据库软件为基础，针对地籍管理的目的而开发的应用软件系统，涵盖了地籍管理的主要业务，主要包括地籍调查、土地登记、土地统计、档案管理等内容。

(2) GIS 专业软件：指具有丰富功能的通用 GIS 软件，其包含处理地理信息的各种高级功能，是地籍信息系统建设的图形平台，主要产品有 ArcGIS、MapInfo、MapGIS、MG2 和 GEOSTAR 等软件。

(3) 数据库软件：数据库软件除了在 GIS 中用于支持复杂空间数据的管理软件外，还包括服务于非空间属性数据为主的数据库系统，此类软件主要有 Oracle、Sybase、Informix、DB2、SQL Server 等。

(4) 系统管理软件：主要是指计算机操作系统，主要包括 MS-DOS、UNIX、Windows、VMS 等。

3) 地籍数据库

地籍数据库构成了地籍信息系统的应用基础，亦是地籍信息系统分析和处理的对象。

地籍数据是地籍信息的载体，是地籍信息系统的操作对象。它描述了地籍实体的空间特征、属性特征和时间特征。空间特征是指地籍实体的空间位置及其相互关系；属性特征是指地籍实体的名称、类型、权属状况及数量等；时间特征是指地籍实体随时间而发生的相关变化。

根据地籍实体的空间图形表示形式，可将空间数据抽象为点、线、面 3 类元素，其数据表达可采用矢量和栅格形式，分别称为矢量数据结构和栅格数据结构。

在地籍信息系统中，地籍数据是以结构化的形式存储于计算机中，称为地籍数据库。数据库由数据实体和数据库管理系统组成。数据库实体存储有许多数据文件和文件中的大量数据，而数据库管理系统主要用于对数据的统一管理，其内容包括查询、检索、增删、修改及维护等。

4) 应用人员

地籍信息系统应用人员包括系统开发人员和系统用户，而系统用户又可分为一般用户和从事建立、维护、管理和更新的高级用户。系统用户的业务素质、专业知识和对系统的掌握程度是地籍信息系统工程及其应用成败的基础。

5) 应用模型

地籍信息系统应用模型的构建和选择是系统应用成败的重要因素。虽然 GIS 为解决各种现实问题提供了有效的基本工具，但对于地籍管理的具体应用，则应通过构建专门的应用模型来实现。

10.5.2 地籍信息系统主要功能

地籍信息系统的服务对象主要包括国土资源管理部门、政府相关部门、社会与经济团体、个人等。根据不同层次管理和服务的对象，地籍信息系统一般应具有以下功能。

(1) 地籍调查功能。包括图形数据采集、表格数据及文档录入、图形和数据编辑、实体面积计算及数据入库等。

(2) 土地登记功能。按照土地登记流程可实现申请、调查、审批、注册及领证等土地登记业务的办公自动化。

(3) 图、数、文的相互查询功能。地籍信息的查询是地籍信息系统应用最频繁的功能，并可提供多种方式、多条途径的地籍图、数、文的查询功能和地籍信息公开的查询功能。

(4) 土地统计汇总功能。可对各类区域的土地利用状况、土地权属状况进行统计汇总，并具有进行年度土地统计年报功能。

(5) 数据日常变更和更新功能。地籍数据的日常变更和更新是维护地籍数据现势性的保证，同时也是系统用户的主要工作。数据日常变更和更新功能构建的好坏是地籍信息系统应用的关键。

(6) 产品输出功能。地籍信息系统必须具备输出各类地籍表、卡、证、图及各类统计汇总表的制作功能。

(7) 信息共享功能。因为地籍信息具有多用途，所以该系统应具备与外部进行数据交换和数据导入导出的功能，并可接收和输出几种常用的数据库平台和图形平台格式，且符合有关数据标准的地籍数据。

(8) 系统维护功能。它主要是为了保证系统的正常运行和系统的安全性，如运行参数设置、代码管理、权限及角色管理、日志管理、数据备份和恢复等。

10.5.3　地籍信息系统建设

地籍信息系统建设是一项十分复杂的系统工程，它不但涉及用户需求调查、系统分析、系统设计与维护等技术方法，而且还涉及领导决策、资金保障和技术人员的配备管理等协调工作。因此，在地籍信息系统建设中，必须遵循科学的设计理论和方法，必须具备强有力的组织管理工作，以保证系统建设的顺利进行，完成最优的产品。地籍信息系统建设一般包括以下内容。

1. 可行性研究

1) 系统目标

地籍信息系统工程的目标应根据用户需求和系统实现功能来确定，一般可分为以下三个层次。

(1) 数据库系统层次。它应具备输入、检索和输出等主要功能。

(2) 业务管理层次。在数据库基础上，应具有地籍管理功能，其主要包括地籍调查、土地登记、土地统计、信息查询等功能。

(3) 专家应用层次。主要包括土地资源分析、土地利用规划和土地利用效益预测等功能。

2) 系统效益

系统效益分析主要包括：为机关服务，为领导决策提供咨询服务，为社会各方面提供信息产品服务，通过各项服务体现系统的社会效益和经济效益。这种分析是可行性研究的总结性论述，是上层决策者决策的重要依据。

3) 资金、数据源及技术状况调查分析

(1) 资金。地籍信息系统建设耗资较大，应有充足的资金来保证系统的建设和维护。资金投入情况决定了系统建设规模和建设速度，所以应对系统建设和系统维护的资金占有量做出充分的预测估算。

(2) 数据源。数据源的调查、统计和分析对系统的效益起着决定性的影响。数据源分析包括对图形数据、表格数据和文字资料的齐全性、数据的精度和现势性等的检查，同时对数据源做出评价。

(3) 技术状况。技术状况分析包括了当前先进技术水平的调查和系统开发与管理人员技术水平的分析，以便确定系统开发的难点和重点，从而为组织技术攻关和保证系统顺利实施提供方案。

2. 用户需求分析

根据地籍信息系统服务对象和应用领域，应对用户信息进行提炼，定义系统功能，并对系统的逻辑模型作出描述，从而为系统设计做好准备。

1) 用户业务运作关系及定义需求功能

用户业务运作关系是一个具有内部功能结构和外部接口的运行系统，不断调查和充分理解该系统，即可界定各部门的功能范围及其关系，其与外部环境的信息交换关系，绘制运作关系框图，定义用户需求功能。在此基础上，做出数据流程分析，并将业务运作过程和数据流程结合起来描述，从而获得数据流程的逻辑模型。

2) 空间及属性数据定义

在数据流分析的基础上，对其条目、加工条目及文件条目进行详细的描述定义，列出组成这些条目的数据项及组织方式，定义数据类型、存储长度及取值范围。来源于表格的数据均有显示定义，而来源于图件的数据没有显示定义，应当特别注意并按类别给予显示定义。最后应撰写用户需求分析报告，为下一步系统设计提供依据。

3. 地籍信息系统设计

系统设计是地籍信息工程的核心，按设计层次可分为总体设计和详细设计。

1) 总体设计

(1) 子系统及其接口。总体设计应当综合考虑机构设置、功能范围、数据共享和运行过程4个因素，各子系统应当功能明确，在业务关系上构成一个有机整体。各子系统间的联系表现在数据共享、数据传输和子功能模块的调用等方面。因此，在设计接口时，既要使有关子系统的联系畅通，又能对公用数据的交换格式及使用权限有严格的规定。

(2) 系统网络设计。主要包括系统主机、终端设备、外围设备之间的数据通信设计，网络中的进程控制和访问权限设计等内容。

(3) 硬件及软件配置。硬件包括工作站、微机、存储设备、数字化仪、扫描仪、绘图仪和其他外围设备，可按开发期和运行期分别予以配置。软件主要是指系统支持软件和开发应用软件。

2) 地籍信息系统详细设计

(1) 数据库设计。根据系统的逻辑模型，进行数据模型设计和数据结构设计，建立空间数据库和属性数据库的连接关系。空间数据库设计主要包括数据分层、属性项定义、属性编码及空间数据索引等。属性数据库设计主要是建立各种三维表，并按表格结构存储数据，建立属性数据索引。

(2) 数字化方案设计。主要包括数据采集方式的选择，确定不同要素相应的数字化方法，根据需求功能和数据库组织数据的要求，决定要素的选取与分层，确定各要素相互关系处理的原则，规定精度要求及作业步骤等。

(3) 详细功能设计。以数据流程图为基础，采用结构化设计方法，由若干相对独立、功能单一的模块组合成系统。每个模块均具有输入、输出和逻辑控制功能，具有运行程序和内部数据等属性，每个模块相对独立，功能分割明确，任一模块的修改和更新不影响其他模块。结构化设计的基本方式有顺序结构、选择结构和循环结构。结构化程序可采用自上而下逐步细化的方法来编写，每个子程序只有一个入口和出口，只完成特定的功能。

(4) 界面及封面设计。地籍信息系统软件应为用户提供美观、友好的界面环境。界面通常设计为下拉式，弹出汉字菜单，可配置精巧图例或加简要说明。封面设计应新颖别致，画面简洁，具有动画效果。

(5) 系统安全设计。在对用户分类基础上，规定不同用户的操作级别，设计各类数据的访问权限，建立进入系统的口令和密码，并建立系统运行跟踪记录文件。

(6) 输入和输出设计。规定数据输入方式和图形、图表输出结果的形式，确定输入、输出数据的精度，确定输入、输出设备。

10.5.4　地理信息系统实现及维护

1) 系统实现与评价

该阶段主要是完成系统物理模型建立，并请专家及用户对系统进行评价，主要工作包括以下六个方面。

(1) 程序编制与调试。在开发平台软件的基础上，逐个实现设计阶段定义的功能。每个模块均应传递样区数据，以检验其功能。

(2) 根据建库方案准备数据并进行数据采集。

(3) 各子系统进行联网并测试运行效益。

(4) 进行系统评价。

(5) 用户手册、操作手册及测试报告的编写。

(6) 操作人员培训。

2) 系统维护

系统维护是保证系统正常运行、决定系统生命周期的重要手段，具体工作包括以下三个方面。

(1) 数据实时更新，维护数据的现势性。

(2) 完善系统功能，满足用户最新要求。

(3) 不断完成硬件设备的维护与更新。

10.6　土地利用现状调查数据库的应用

土地利用现状调查数据库具有查询、统计、制图、提供报表、土地变更管理自动化等功能。土地利用数据库系统可直接支持土地变更调查及统计、农村集体土地所有权登记发证、土地开发整理规划、建设用地审批等工作。

10.6.1　土地变更调查及数据统计汇总

在野外调查工作完成后，将变更后图件等资料输入数据库，数据库系统则可自动进行图形变更、数据汇总、报表生成等工作，从而顺利完成一年一度的土地变更调查工作。传统的土地变更调查工作都是人工操作，各种图斑变更、土地统计台账变更、土地统计簿及年度变化平衡表的制作，均需耗费大量人力和物力，而运用土地利用数据库系统后，可极大地提高土地变更调查的工作效率，并使土地变更调查成果数据汇总准确、图件清晰、符合技术规程要求。

10.6.2　农村集体土地所有权登记发证

在农村集体土地所有权的登记发证工作中，应以土地利用现状调查的资料为基础，依法界定土地产权关系，严格按照土地登记程序来颁发集体土地所有权证书。采用土地利用数据库中的数据及系统功能，可按宗地权属单位分别输出权属界线、权属单位、地类以及面积等各种图件及表格，并将其作为基础资料发放到各个乡(镇)、村进行核实，由政府依法发出公告，对有争议的问题进一步调查落实，然后将资料输入到数据库中，重新核实权属、地类、面积后登记发证。充分利用土地利用数据库成果进行土地所有权发证，可极大减少工作量，节省时间及经费，获得良好的社会效益和经济效益。

10.6.3 土地开发整理规划

利用土地利用数据库系统来制定土地开发整理规划，可快速从数据库中调出耕地后备资源分布情况及单个后备资源图斑的具体位置、面积、权属等资料，而野外作业仅需对比核查图斑资料，补充调查地块的开发条件，可以节省内业整理及外业调查的时间。该方法充分利用了地籍数据库系统的空间分析、查询、输出功能及评价模型，以半自动或交互式的方式进行土地利用的用途分区和土地利用规划数据管理，可极大提高成果的质量和工作效率，从而为土地的合理开发利用和经济可持续发展提供科学依据。

10.6.4 建设用地审批

在土地管理法中，明确规定建设用地报批应提交 1∶10000 土地利用现状图、勘测定界图等资料。而在实际工作中，由于土地利用现状图存在着图内要素更新不及时、图面不清晰、图件破损等原因，而给建设用地地籍资料的上报、审核带来极大的不便。若运用土地利用现状调查数据库，则可随时提取所需任何一宗土地的基本资料，而且提供的土地利用现状分幅图也是最新的、现势的。因此，在建设用地报批时可直接从数据库中调出拟占用土地现状图并与其他上报资料一起刻成光盘作为上报件，既省时省力，又方便快捷，从根本上解决了图件要素更新不及时、资料残缺、准确率不高的难题，极大地提高了建设用地上报审核的速度。

在建设项目用地选址时，利用土地利用信息系统中提供的查询统计功能，可方便地获得地类分布、权属状况、占地面积等详细资料，并可快捷、方便、准确地输出给定区域的图形和地类、权属、数据，从而为领导决策提供参考。

思 考 题

1. 什么是数字地籍测量？其流程如何？
2. 请详述数据采集的几种主要方法。
3. 地籍信息编码是什么？请简述它的内容和一般规则。
4. 地籍信息的数据结构有哪几种？请详述拓扑结构。
5. 简述数字地籍测绘系统。
6. 什么是土地利用现状数据库？建库的原始资料和成果资料包括哪些？
7. 简述地籍信息系统的构成及其主要功能。
8. 简述土地利用现状数据库的建设流程。

第 11 章　土地工程中的测设技术

所有工程在施工阶段所进行的测量工作称为施工测量，也称施工放样或测设。它是工程设计和工程施工之间的桥梁，是贯穿于整个施工过程的一道重要工序。测设的过程与测图过程刚好相反，其实质是将设计好的建(构)筑物的位置、形状、大小及高程在地面上标定出来，为施工的进行提供定位依据。

测设时，需要首先求出设计建(构)筑物或特征点相对于控制网或原有建筑物的关系，即求出其间的角度、距离和点的高程，这些资料称为测设(放样)数据。因此，测设的基本工作，就是测设已知水平距离、已知水平角和已知高程。

在土地管理工作中也经常用到测设的基本技术和方法，如规划选址、用地红线的确定、界址鉴定和恢复、土地分割的实施、勘测定界等。

本章将结合土地管理工作中的测设，介绍测设的基本技术和方法、点的平面位置的测设、曲线的测设和线路测量(中线测量)等工作。

11.1　测设的基本技术与方法

如前述，测设是工程设计和工程施工之间的桥梁，其实质是将设计在地面上标定出来，为施工的进行提供定位依据。

测设的基本技术和方法主要是已知水平距离、已知水平角和已知高程的测设。

11.1.1　已知水平距离的测设

根据给定的已知点，直线方向和两点间的水平距离，求出另一端点实地位置的测量工作就是已知水平距离的测设。测设已知距离的方法主要有 3 种。

1. 一般方法

从已知点 A 开始，沿已给定的方向 AB，按已知的长度值，用钢尺直接丈量定出 B 点(应目估使钢尺水平)。为了校核，应往返丈量两次，取其平均值作为最终结果。

2. 精确方法

当测设精度要求较高时，要结合现场情况，对所测设的距离求出尺长、温度、倾斜等项改正数。若设计的水平距离为 D，则在实地上应放出的距离 D' 为

$$\begin{cases} D' = D - \Delta l_d - \Delta l_t - \Delta l_h \\ \Delta l = l' - l_0 \\ \Delta l_d = D\dfrac{\Delta l}{l_0} \end{cases} \tag{11.1}$$

其中：

$$\Delta l_t = 2(t - t_0)D$$

$$\Delta l_h = -\frac{h^2}{2D}$$

式中，l' 为钢尺的实际长度；l_0 为钢尺的名义长度；t 为测设时的温度；t_0 为钢尺检测时的温度；h 为线段两端点间的高差。具体作业时，若 D' 小于一个尺段，则直接丈量出 D'；若 D' 大于一个尺段，则用精密丈量的方法将整尺段丈量完毕。设其水平长度为 $D_{整}$，则欲测设的长度 D 尚余 $D_{余} = D - D_{整}$。然后按式(11.1)计算出余下的丈量值 $D_{余}$，再在实地丈量 $D_{余}$，从而完成 D' 的测设工作。

3. 用光电测距仪测设水平距离

如图 11.1 所示，光电测距仪置于 A 点，在测设距离的方向上移动棱镜，选取近似于测设长 D 的 C' 点固定棱镜，测出斜距 L 及测距光路的竖角 α，则距离 $D_{AC} = L\cos\alpha$ 与测设长 D 之差为 $\Delta D = D - D_{AC}$，根据 ΔD 的正负号移动棱镜，使用 ΔD 小于测设要求的限差，并尽可能接近于零，则该点即为欲测设的 C 点。ΔD 也可以用钢尺直接丈量改正，得到欲测设的 C 点。

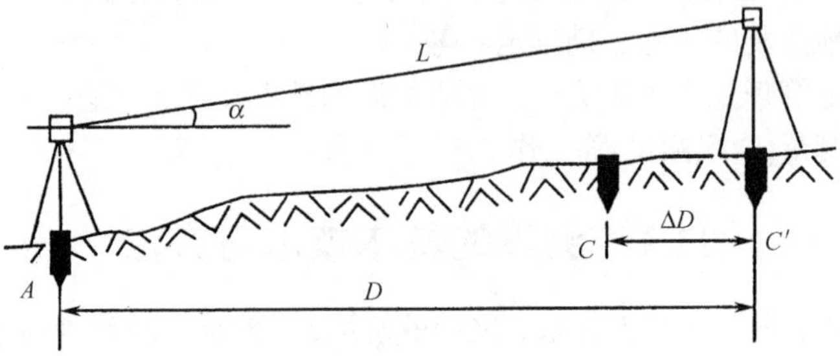

图 11.1　光电测距仪测设水平距离

11.1.2　已知水平角的测设

水平角的测设，是根据某一已知方向和已知水平角的数值，把该角的另一方向在地面上标定出来。根据精度要求的不同，水平角测设的方法主要有两种。

1. 一般方法

当测设水平角的精度要求不高时，可采用盘左盘右分中法。如图 11.2 所示，已知地面上 OA 方向，从 OA 向右测设水平角 β，定出 OB 方向，步骤如下：

(1) 在 O 点安置经纬仪，以盘左位置瞄准 A 点，并使度盘读数为某一整数值(如 0°00′00″)。

(2) 松开水平制动螺旋，旋转照准部，使度盘读数增加 β 角值，在此方向上定出 B' 点。

(3) 倒镜成盘右位置，以同样方法测设 β 角，定出 B'' 点，取 B'、B'' 的中点 B，则 $\angle AOB$ 即为欲测设的角度。

2. 精确方法

当测设水平角的精度要求较高时，可采用做垂线改正的方法，如图 11.3 所示，步骤如下：

(1) 先按一般方法测设出 B' 点。

(2) 用测回法对 $\angle AOB'$ 观察若干个测回(测回数根据要求的精度而定)，求其平均值，并计算出 $\Delta\beta = \beta - \beta_1$。

(3) 计算垂直改正值。

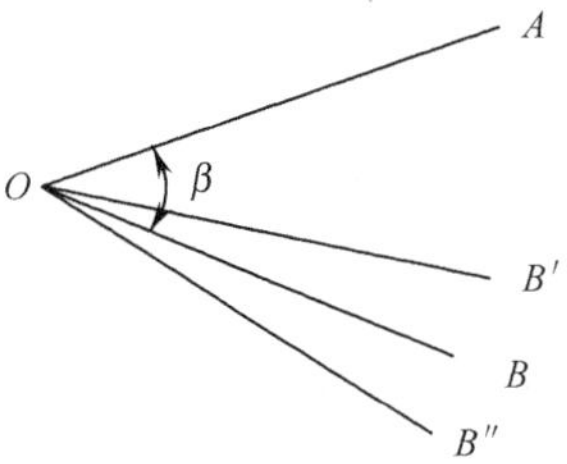

图 11.2　分中法测设水平角

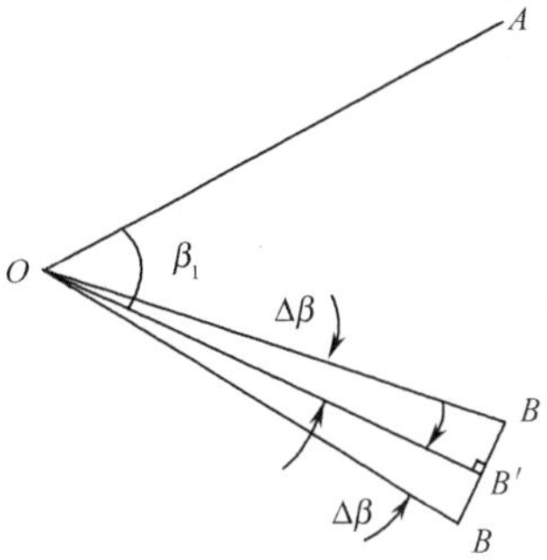

图 11.3　垂线改正法测设水平角

$$BB' = OB' \tan\Delta\beta \approx OB' \frac{\Delta\beta}{\rho}(\rho = 206265'') \tag{11.2}$$

(4) 自 B' 点沿 OB' 的垂直方向量出距离 BB'，定出 B 点，则 $\angle AOB$ 即为欲测设的角度。量取改正距离时，如 $\Delta\beta$ 为正，则沿 OB' 的垂直方向向外量取；如 $\Delta\beta$ 为负，则沿垂直方向向内量取。

11.1.3　已知高程的测设

根据已知水准点，在地面上标定出某设计高程的工作，称为高程测设。高程测设是施工测量中的一项基本工作，一般是在地面上打下木桩，使桩顶(或在桩侧面划一红线代替桩顶)高程等于点的设计高程。此项工作，可根据施工场地附近的水准点用水准测量的方法进行。现用实例说明相关方法。

(1) 如图 11.4 所示，水准点 BM_3 的高程 H_3 为 150.680m。要求测设 A 点，使其等于设计高程 151.500m。其测设步骤如下：

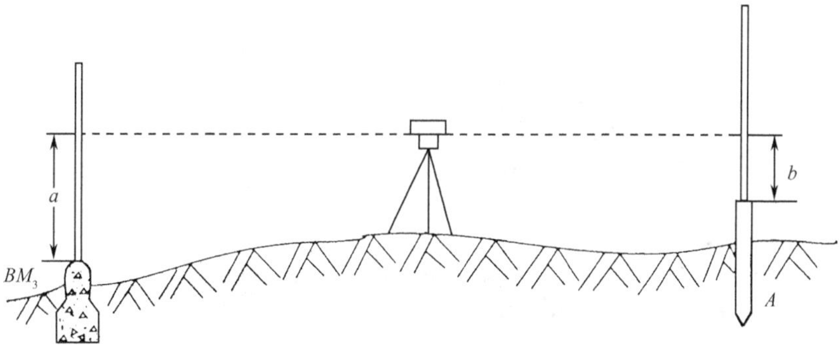

图 11.4　简单高程测设

在水准点 BM_3 和木桩 A 之间安置水准仪，在 BM_3 点所立水准尺上，测得后视读数 a 为 1.386m，则视线高程 H_1 为

$$H_1 = H_3 + a = 150.680 + 1.386 = 152.066\text{m}$$

计算 A 点水准尺尺底恰好位于设计高程时的前视读数 b：

$$b = H_1 - H_{设} = 152.066 - 151.500 = 0.566\text{m}$$

在 A 点桩顶立尺，逐渐向下打桩，直至立在桩顶上水准尺的读数为 0.566m，此时桩顶的高程即为设计高程，也可将水准尺紧贴 A 点木桩的侧面上下移动，直至尺上读数恰为 0.566m 时，紧靠尺底，在木桩上画一水平线或钉一小钉，其高程即为 A 点的设计高程(也称 ±0 位置)。

(2) 当测设点与水准点的高差太大，必须用高程传递法将高程由高处传递至低处，或由低处传递至高处。

在深基槽内测设高程时，如水准尺的长度不够，则应在槽底先设置临时水准点，然后将地面点的高程传递至临时水准点，再测设出所需高程。

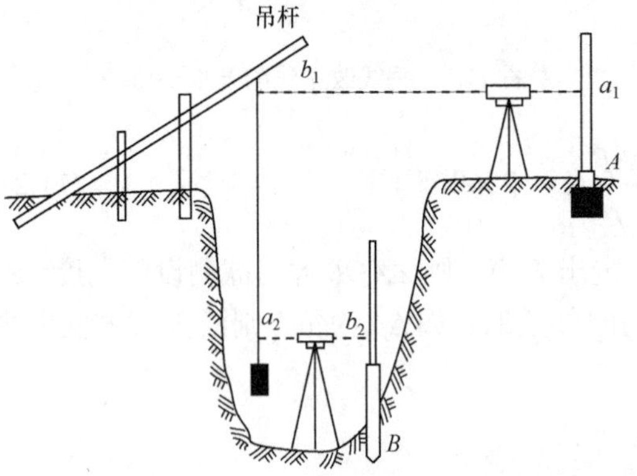

图 11.5　深基槽内高程测设

如图 11.5 所示，欲根据地面水准点 A 测定槽内水准点 B 的高程，可在槽边架设吊杆，杆顶吊一根零点向下的钢尺，尺的下端挂上重 10kg 的重锤，在地面和槽底各安置一台水准仪。设地面的水准仪在 A 点的标尺上读数为 a_1，在钢尺上的读数为 b_1；槽底水准仪在钢尺上读数为 a_2，在 B 点所立尺上的读数为 b_2。已知水准点 A 的高程为 H_A，则 B 点的高程为

$$H_B = H_A + a_1 - b_1 + a_2 - b_2 \tag{11.3}$$

然后改变钢尺悬挂位置，再次进行读数，以便检核。

在较高的楼层面上测设高程时，可利用楼梯间向楼层上传递高程，如图 11.6 所示。将检定过的钢尺悬吊在楼梯处，零点一端朝下，挂 5kg 重锤，并放入油桶中，然后用水准仪逐层引测，则楼层 B 点的高程为

$$H_B = H_A + a - b + c - d \tag{11.4}$$

式中，a，b，c，d 为标尺读数。

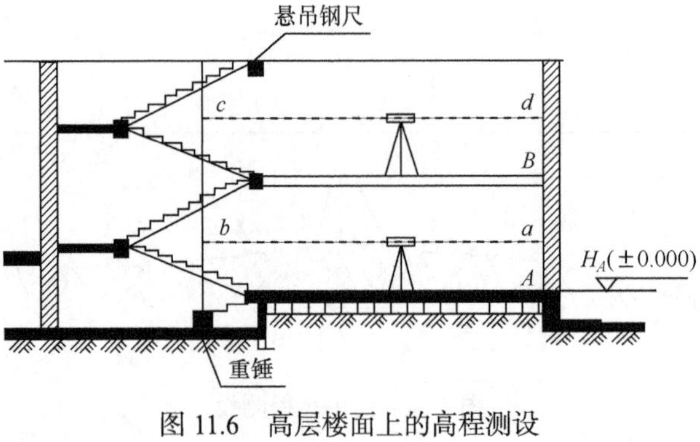

图 11.6　高层楼面上的高程测设

为了检核，可采用改变悬吊钢尺位置后，再用上述方法进行读数，两次测得的高程较差不应超过 3mm。

11.2　点的平面位置的测设

点的平面位置测设常用直角坐标法、极坐标法、角度交会法、距离交会法和内外分点法。

至于选用哪种方法，应根据控制网的形式，现场情况、测设对象的特点、测设精度要求等因素，进行综合分析后确定。

11.2.1　直角坐标法

此种方法主要用于建筑物或与建筑物有关的测设，如建筑施工中的定位测量、工程验线和竣工验收中的用地红线、界址、建筑红线的测设和检验等。下面以建筑施工中的定位测量为例说明此种方法的原理。

如图 11.7 所示，OX，OY 为两条互相垂直的主轴线，建筑物的两个轴线 AB，AD 分别与 OX、OY 平行。设计图中已给出建筑物四个角点的坐标，如 A 点的坐标为(X_A, Y_A)。先在建筑方格网的 O 点上安置经纬仪，瞄准 Y 方向测设距离 Y_A 得 E 点，然后搬仪器至 E 点，仍瞄准 Y 方向，向左测设 90°角，沿此方向测设距离 X_A，即得 A 点位置并可沿此方向测设出 B 点，同法测设出 D 点和 C 点。最后应检查建筑物的边长是否等于设计长度，四角是否为 90°，误差在限差内即可。

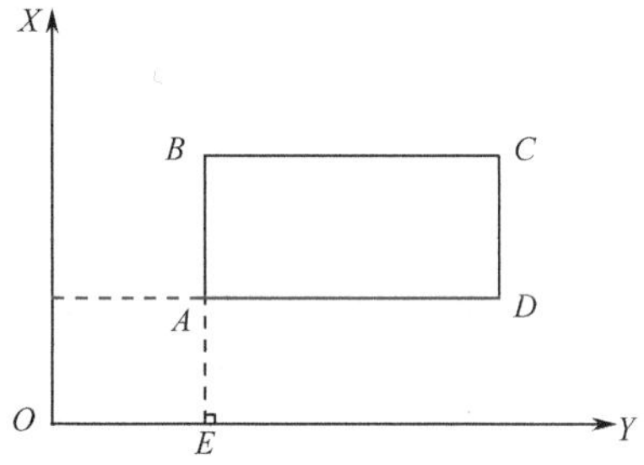

图 11.7　直角坐标法测设图示

此方法计算简单，施测方便、精度较高，但要求场地平坦，有建筑方格网才可用。

11.2.2　极 坐 标 法

极坐标法是根据一个角度和一段距离测设点的平面位置，适用于测设距离较短，且便于量距的情况。此种方法主要用于规划选址、征地、出让等工作中的红线或界址测设。

图 11.8 中，AB 是用地红线的两个端点，其坐标已由设计图中给出。P_1、P_2、P_3、P_4、P_5 为已知控制点，则测设数据 D_1 、β_1 、D_2 、β_2 可由坐标反算公式得出

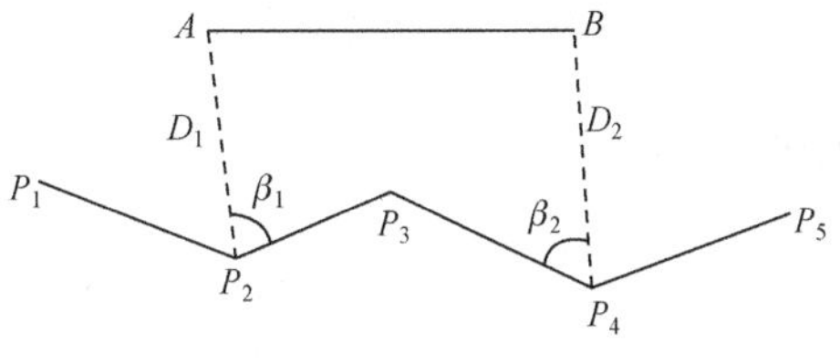

图 11.8　极坐标法测设图示

$$\begin{cases} \alpha_{P_2A} = \arctan\dfrac{Y_A - Y_{P_2}}{X_A - X_{P_2}} \\ \alpha_{P_4B} = \arctan\dfrac{Y_B - Y_{P_4}}{X_B - X_{P_4}} \\ \beta_1 = \alpha_{P_2P_3} - \alpha_{P_2A} \\ \beta_2 = \alpha_{P_4P_3} - \alpha_{P_4B} \\ D_1 = \sqrt{(X_A - X_{P_2})^2 + (Y_A - Y_{P_2})^2} \\ D_2 = \sqrt{(X_B - X_{P_4})^2 + (Y_B - Y_{P_4})^2} \end{cases} \tag{11.5}$$

实地测设时，在 P_2 点上安置经纬仪、先测设 β_1 角，在 P_2A 方向线上测设距离 D_1 ，即 A 点。将仪器搬至 P_4 点，同法测出 B 点，最后丈量 AB 的距离，以备检核。

此法比较灵活，对用测距仪测设尤为适合。

11.2.3　角度交会法

根据两个或两个以上的已知角度的方向交出点的平面位置，称为角度交会法。当待测点较远或不可达到时，如桥墩定位、水坝定位等常用此法。

如图 11.9 所示，P_1、P_2、P_3为控制点，A 为待测设点，其设计坐标为已知。算出交会角β_1，β_2和β_3分别在两控制点P_1、P_2上测设角度β_1、β_2，两方向的交点即为 A 点位置。为了检核，还应测设一个方向。如在P_3点测设角度β_3，如不交于 A 点，则形成一个示误三角形，若示误三角形的最大边长不超过限差时，则取示误三角形的内切圆圆心作为 A 点的最后位置，如图 11.10 所示。

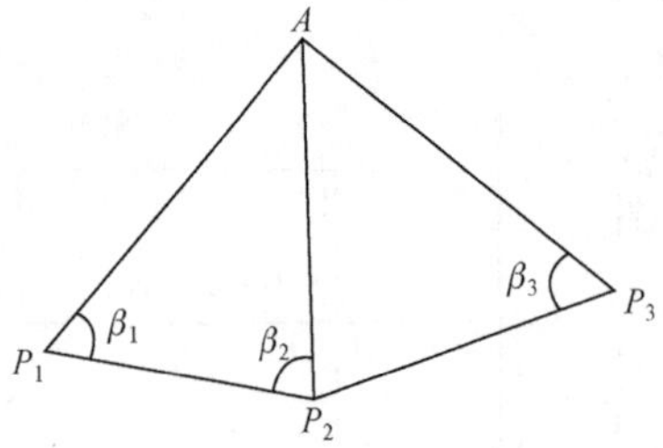

图 11.9　角度交会法测设

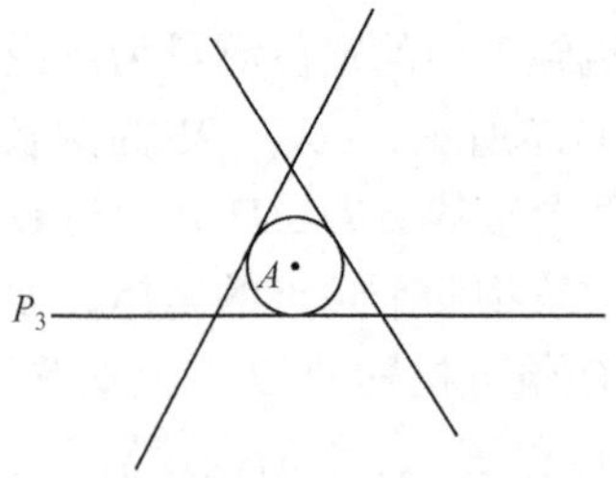

图 11.10　示误三角形

11.2.4　距离交会法

根据两段已知距离交会出点的平面位置，称为距离交会。在建筑场地平坦，控制点离测设点不超过一整尺段的情况下宜用此法。此法在施工中细部测设时经常采用。

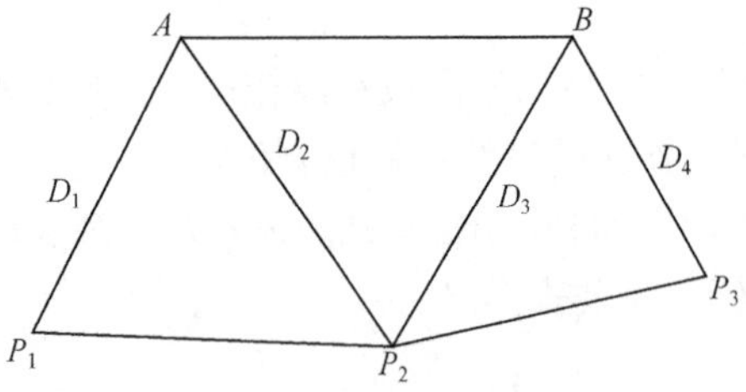

图 11.11　距离交汇法测设

如图 11.11 所示，根据控制点P_1、P_2、P_3的坐标和待测设点 A、B 的设计坐标，用坐标反算公式求得距离D_1、D_2、D_3、D_4，分别从P_1、P_2、P_3点用钢尺测设距离D_1、D_2、D_3、D_4。D_1和D_2的交点即为 A 点位置，D_3和D_4的交点即为 B 点位置。最后丈量 AB 长度，与设计长度比较作为检核。

11.3　曲线的测设

线路(铁路、公路、厂区道路等)受地形地质和其他原因的限制，经常要改变方向。当线路改变方向时，或由一坡度转变为另一坡度时，为了保证行车安全，一般需要在水平方向和竖直方向设置曲线，用以连接相邻两直线。由一定半径的圆弧构成的曲线，称为圆曲线。本节将介绍在水平方向和竖直方向测设圆曲线的方法。

11.3.1　圆曲线的测设

1. 圆曲线要素及其计算

如图 11.12 所示，圆曲线的半径为 R、偏角(路线转线角)是α、切线长 T、曲线长 L，外矢距 E 及切曲差 q，称为曲线要素，其中 R 及α均为已知数据。由图 11.12 可知各要素的计算公式为

$$\begin{cases} T = R \cdot \tan\dfrac{\alpha}{2} \\ L = \dfrac{\pi}{180}\alpha R \\ E = R\left(\sec\dfrac{\alpha}{2} - 1\right) \\ q = 2T - L \end{cases} \tag{11.6}$$

2. 圆曲线主点的测设

圆曲线的起点 ZY，中点 QZ 和圆曲线的终点 YZ 称为圆曲线的主点。

测设时，将经纬仪置于交点 JD 上(图 11.13)，以线路方向定向，即自 JD 起沿两切线方向分别量出切线长 T，即可定出曲线起点 ZY 和终点 YZ，然后在交点 JD 上后视 ZY(或 YZ)点，拨 $\dfrac{180^\circ - \alpha}{2}$ 角，得分角线方向，沿此方向量出外矢距 E，即得曲线中点 QZ。主要点测设后，还要进行检核。在测设曲线主点时，还要计算曲线主点的里程桩桩号。

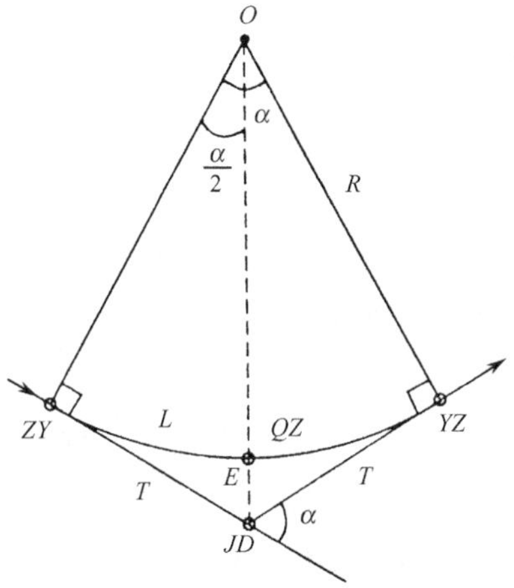

图 11.12　圆曲线要素图示

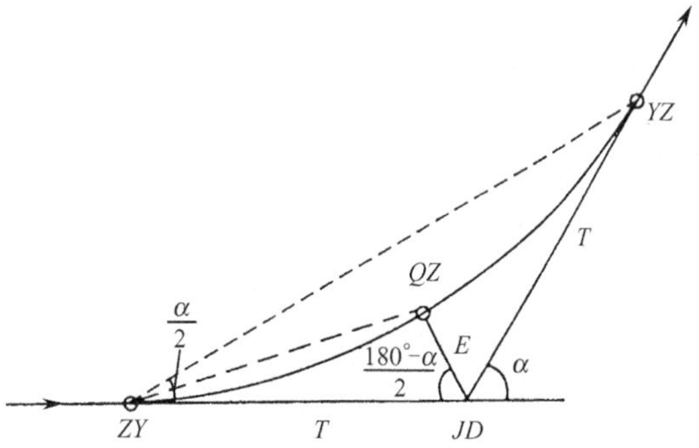

图 11.13　圆曲线主点的测设

3. 圆曲线的详细测设

为了在地面上比较确切地反映圆曲线的形状，在施工时还必须沿着曲线每隔一定距离测设若干点子，如图 11.14 中的 1，2，…各点，这一工作称为圆曲线的详细测设。圆曲线详细测设的方法很多，较多采用的是偏角法和切线支距法，现介绍如下。

1) 偏角法

偏角法是利用偏角(弦切角)和弦长来测设圆曲线。如图 11.14 所示，根据几何原理得各偏角的计算公式为

$$\delta_1 = \frac{1}{2} \times \frac{180 l}{\pi R} \tag{11.7}$$

式中，l 为弧长。

当圆曲线上各点等距离时，曲线上各点的偏角为第一点偏角的整倍数，即

$$\delta_1 = \varepsilon, \delta_2 = 2\delta_1, \cdots, \delta_n = n\delta_1 \tag{11.8}$$

测设时，可在 ZY 点安置经纬仪，后视 JD 点，拨出偏角 δ_1，在视线方向上自 ZY 起量取

l，得第一点，再以规定的长度 l，自 $(i-1)$ 点与拨出的视线方向交会得出 i 点。依此一直测设至曲线中点 QZ，并与 QZ 校核其位置。当所测设的曲线较短或用光电测距仪测设曲线时，也可用极坐标法进行。如图 11.15 所示，在曲线的起(终)点拨出偏角后，直接在视线方向上量取弦长 C_i，即可得出曲线上 i 点的位置。

$$c_i = 2R\sin\delta_i \tag{11.9}$$

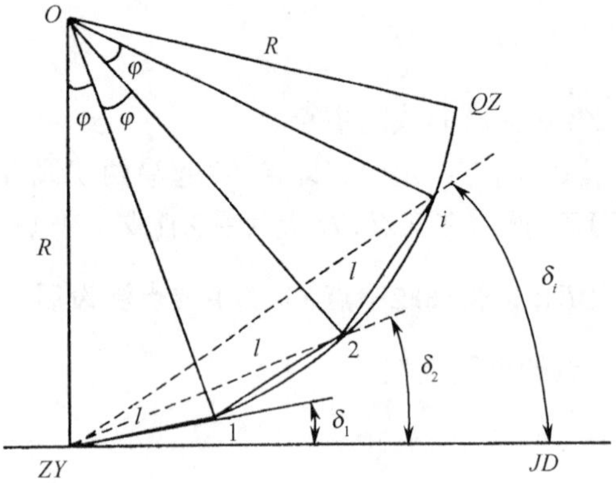

图 11.14　偏角法

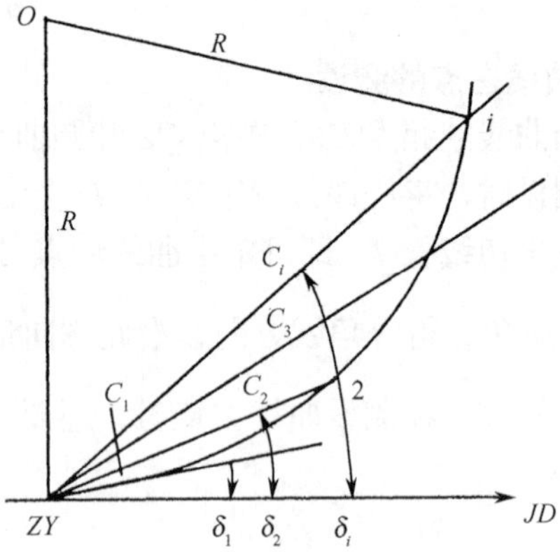

图 11.15　极坐标法

2) 切线支距法

如图 11.16 所示，以曲线起点 ZY(或终点 YZ)为坐标原点，切线方向为 X 轴，过 ZY 的半径方向为 Y 轴，建立直角坐标系统。测设时，在地面上沿切线方向自 ZY(或 YZ)量出 X_i，在其垂线方向量出 Y_i，即可得出曲线上的 i 点。

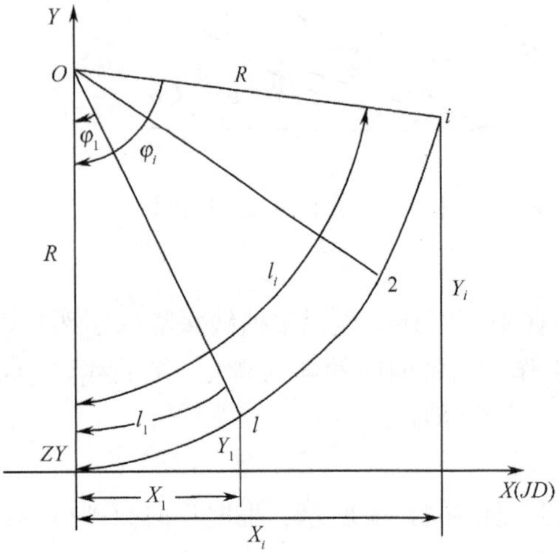

图 11.16　切线支距法

从图上可看出，曲线上任一点 i 的坐标为

$$\begin{cases} X_i = R\sin\varphi_i \\ Y_i = R(1-\cos\varphi_i) \end{cases} \tag{11.10}$$

式中，$\varphi_i = \dfrac{l_i}{R}$。

11.3.2　有缓和曲线的圆曲线的测设

为行车安全，常要求在直线和圆线的衔接处逐渐改变方向，因此在圆曲线和直线之间设置缓和曲线。缓和曲线是一段曲线半径由无限大渐变到等于圆曲线半径的曲线。我国采用螺旋线作为缓和曲线。

当圆曲线两端加入缓和曲线后，圆曲线应内移一段距离，才能使缓和曲线与直线衔接，如图 11.17(a)所示。

1. 缓和曲线要素的计算公式

从图 11.17(b)可看出，加入缓和曲线后，其曲线要素可用下列公式求得

$$
\begin{cases}
T = m + (R+P)\tan\dfrac{\alpha}{2} \\
L = \dfrac{\pi R(\alpha - 3\beta_0)}{180°} + 2l_0 \\
E = (R+P)\sec\dfrac{\alpha}{2} - R \\
q = 2T - L
\end{cases}
\tag{11.11}
$$

式中，l_0 为缓和曲线长度；m 为加设缓和曲线后使切线增长的距离；P 为因加设缓和曲线圆曲线相对于切线的内移量；β_0 为缓和曲线角度。其中 m、P、β_0 称为缓和曲线参数，可按下式计算：

$$
\begin{cases}
\beta_0 = \dfrac{l_0}{2R}\rho(\rho = 206265) \\
m = \dfrac{l_0}{2} - \dfrac{l_0^2}{240R^2} \\
P = \dfrac{l_0^2}{24R}
\end{cases}
\tag{11.12}
$$

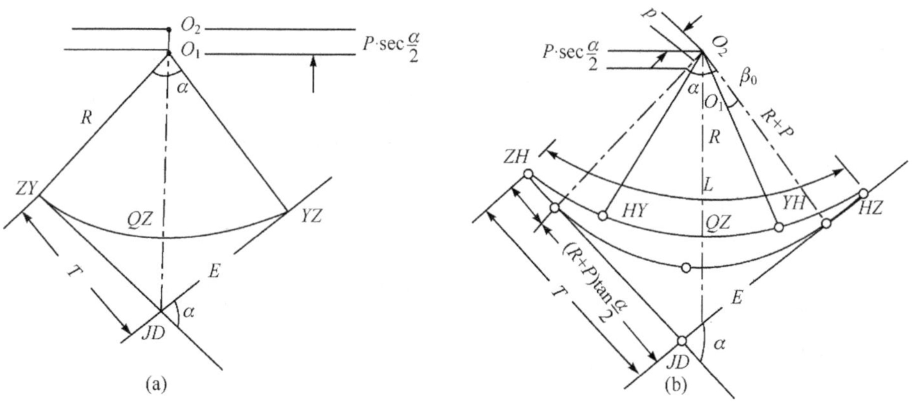

图 11.17　缓和曲线要素图示

2. 缓和曲线主点的测设

具有缓和曲线的圆曲线，其主要点为：直缓点 ZH，缓圆点 HY，曲中点 QZ，圆缓点 YH，缓直点 HZ。

当求得 T，E 后，可按圆曲线主点的测设方法测设起点 ZH、终点 HZ 和曲中点 QZ，测设主点 HY 和 YH，一般采用切线支距法，这就需要建立以直缓点 ZH 为原点，过 ZH 的缓和曲线切线为 X 轴、ZH 点上缓和曲线的半径为 Y 轴的直角坐标系(图 11.18)，则缓和曲线上任一点的直角坐标的计算公式为

$$
\begin{cases}
x_i = l_i - \dfrac{l_i^5}{40R^2 l_0^2} \\
y_i = \dfrac{l_i^3}{6Rl_0}
\end{cases}
\tag{11.13}
$$

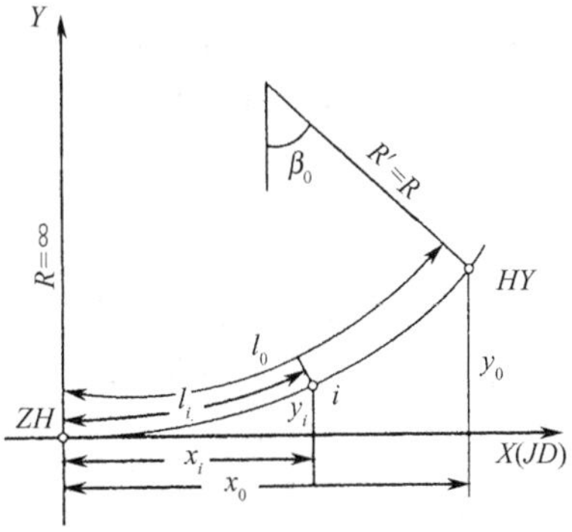

图 11.18　缓和曲线主点的测设

式中，l_i 为缓和曲线起点至缓和曲线上任一点的曲线长；R 为圆曲线的半径。当 $l_i=l_0$ 时，即得缓圆点 HY 和圆缓点 YH 的直角坐标计算式：

$$\begin{cases} x_0 = l_0 - \dfrac{l_0^3}{40R^2} \\ y_0 = \dfrac{l_0^2}{6R} \end{cases} \tag{11.14}$$

求得 HY 和 YH 的坐标之后，即可按圆曲线测设中的切线支距法确定 HY 和 YH 点。

3. 缓和曲线的详细测设

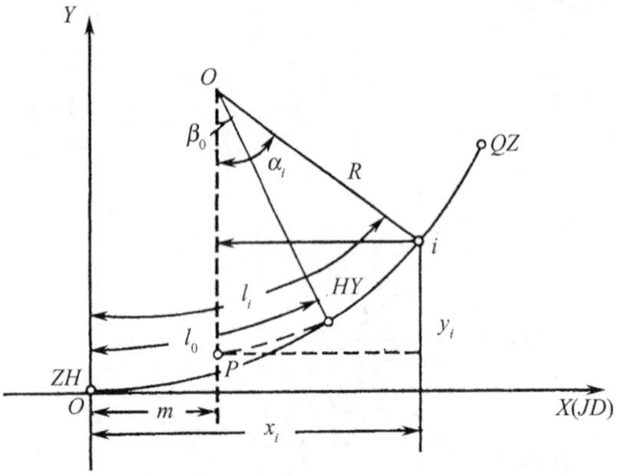

图 11.19　缓和曲线的详细测设

有缓和曲线的圆曲线的测设，常用的有偏角法和切线支距法，这里仅介绍用切线支距法测设曲线细部的方法。

用切线支距法进行曲线的详细测设时，首先应建立如图 11.19 所示的直角坐标系，然后利用曲线上各点在此坐标系中的坐标 x，y 测设曲线。

缓和曲线上各点的坐标计算公式如前，圆曲线上任一点 i 的坐标计算公式，从图 11.19 的几何关系中看出

$$\begin{cases} x_i = R\sin\alpha_i + m \\ y_i = R(1-\cos\alpha_i) + P \end{cases} \tag{11.15}$$

式中，$\alpha_i = \dfrac{180}{\pi R}(l_i - l_0) + \beta_0$；$\beta_0$、$m$、$P$ 为前述的缓和曲线参数。用切线支距法测设曲线细部的具体步骤与圆曲线测设中所述相同。

11.3.3　竖曲线的测设

线路纵断面是由许多不同坡度的坡段连接成的。坡度发生变化的点称为变坡点。为了缓和坡度在变坡点处的急剧变化，可在两相邻坡度段以圆曲线连接。这种连接不同坡度的曲线称为竖曲线。竖曲线有凹形和凸形两种。

1. 竖曲线要素及其计算公式

(1) 竖曲线切线长度 T 由图 11.20 可知：

$$T = R\tan\frac{\alpha}{2} \tag{11.16}$$

式中，α 为竖向转折角，其允许值一般都很小，故可用两相邻坡度值的代数差来代替，即 $\alpha = \Delta_i = i_1 - i_2$，因为 α 很小，故

$$\tan\frac{\alpha}{2} = \frac{\alpha}{2} = \frac{1}{2}(i_1 - i_2) \tag{11.17}$$

则

$$T=\frac{1}{2}R(i_1-i_2)=\frac{R}{2}\Delta i \tag{11.18}$$

(2) 竖曲线长度 L 由于 α 很小，所以 $L\approx 2T$。

(3) 外矢距 E。

$$E=\frac{T^2}{2R} \tag{11.19}$$

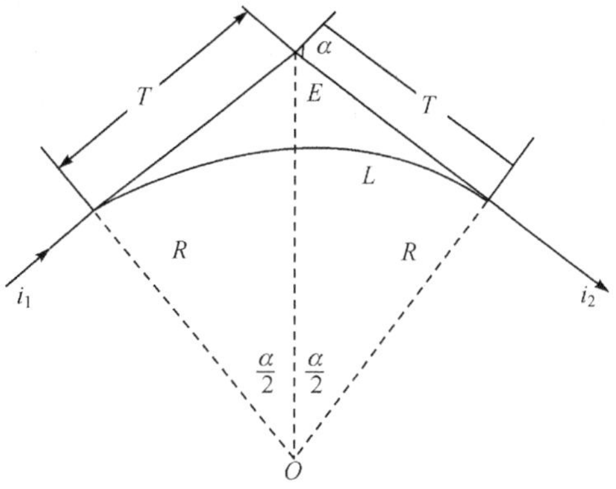

图 11.20　竖曲线要素的测设

2. 竖曲线的测设

竖曲线的切线长 T 值求出后，即可由变坡点定出曲线的起点 Z 和终点 Y。曲线上各点常用切线支距法测定(图 11.20)。将沿着切线方向的水平距离定为 x 方向，而由于 α 很小，故可认为 y 坐标与半径方向一致，也可认为它是切线与曲线上的高程差，即

$$y=\frac{x^2}{2R} \tag{11.20}$$

算得高程差 y，即可按坡度线上各点高程计算出各曲线点的高程。

竖曲线上各点的测设，以曲线起点 Z(或终点 Y)沿切线方向量取各点的 x 值(水平距离)，并设置标桩。施工时，再根据附近已知高程点进行各曲线点设计高程的测设。

11.4　中 线 测 量

把经过踏勘选线所确定的交通或管线线路放样到实地上的工作，称为中线测量。进行中线测量时，首先定出线路的各交点 JD，交点定出后在交点上观测转折角，然后进行曲线测设，并沿线路定出中线桩(里程桩和加桩)。

11.4.1　测设交点和转折点

测设交点时，往往因为相邻两交点间距离较长，受地形影响而不直接通视，所以还需要在两交点间的中线上测设几个转点 ZD，以其确定线路的方向。测设交点或转点的常用方法如下。

1. 支距法

此法适用于地形不太复杂，且中线附近已施测了导线的地区。如图 11.21 所示，$N_1, N_2, \cdots, N_6$ 为导线点，在地形图上从导线点上作垂线与图上设计的线路相交于 ZD_2、ZD_3，以它们作为中线的转点，转点的位置一般要选择在地势较高，且互相通视的地方，用图解法或解析法求出导线点到设计线路的支线长度，作为放线的依据。

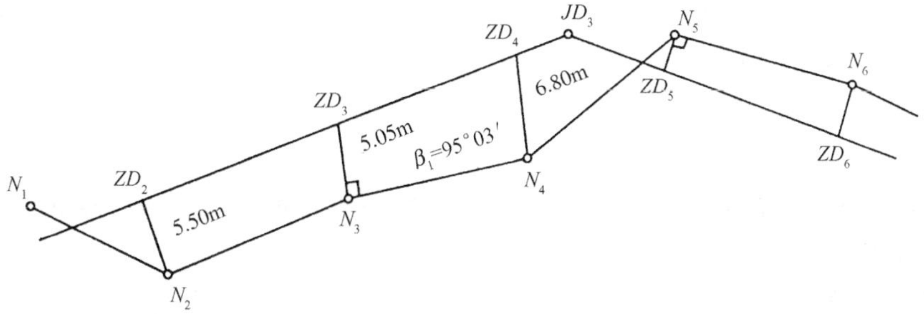

图 11.21　支距法

现场放线时，平坦地区可用方向架放出支距；在地形复杂的地区，一般用经纬仪放出支距，各转点放出后，应用经纬仪检查这些点是否在一条直线上，线路方向确定后，相邻两直线段相交即得交点(如 JD_3)。如果用支距法放样点位有困难，亦可用极坐标法放点，如图 11.22 中的 JD_4。

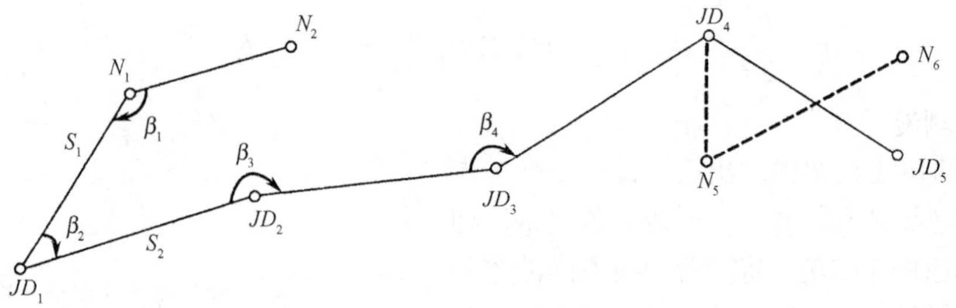

图 11.22　拨角法

2. 拨角法

此法适用于控制点较稀少的地区。根据控制点的坐标和在图上量得的设计路线各交点的纵、横坐标(X, Y)，计算出每一段直线的距离和方向，从而算得交点上的转折角。按照这些放线数据，就可以进行外业放线。如图 11.22 所示，首先把仪器置于 N_1 点上后视 N_2 点，拨角度 β_1，量距离 S_1，定出交点 JD_1，同法依次定出其他各交点。

在实地连续放出若干个交点后，应闭合至已知控制点进行检查。交点定出后，即应测出各交点的转折角，然后计算偏角。

11.4.2　里程桩和加桩的设置

为了标志线路中线的位置、测定线路的长度和满足线路纵横断面的测绘，还需要沿线放样中线桩。为便于计算中线桩的里程，量距时应从线路起点开始，在中线上按规定丈量以 10m 整倍数的长度，于地面上设置标志桩，起点的编号为 0+000，如某桩的编号为 5+200，表示该桩离起点为 5200m。在相邻两个里程桩之间或中线两侧地形变化较大处，应设置加桩，在线路与其他线路相交处，或有重要地物时，亦应增设加桩，加桩的编号可根据相邻里程桩的桩号及其到相应加桩的距离算出。

桩号要用红漆写在木桩的侧面，字面朝向路线的起始方向，距离用钢尺往返丈量。

11.5　断 面 测 量

11.5.1　纵断面测量

在建设道路、沟渠和敷设各种管道时，为了选择合理的线路和坡度，通常要沿线路中心线进行水准测量，了解沿线的地形起伏情况，并绘出线路的纵断面图。这种测量称为线路水准测量，或称为纵断面水准测量。

1. 纵断面水准测量

纵断面水准测量是在选定的线路上进行的，线路的中线桩点均已标定在地面上。纵断面水准测量步骤如下。

1) 设置水准点

线路较长时，在进行纵断面水准测量之前，应先沿线路每隔 1～2km 设置一个固定水准点，

300m 左右设置一个临时水准点。水准点的位置离线路中心不应太远，而且应选在稳而坚固的地方。用于一般市政工程的临时水准点，附合水准路线闭合差不应超过 $30\sqrt{L}$mm，式中，L 为水准路线长度(km)。

2) 沿中线进行水准测量

纵断面水准测量通常采用附合水准路线的形式，即从一个水准点开始，测出各里程桩和加桩的高程后，附合到另一个水准点。

由于中线上里程桩和加桩较多，而且间距较小，为了提高观测速度，一般可在每个测站上，除了测出转点的前、后视读数外，还要在两转点之间所有里程桩和加桩上立尺并读数，以便求出这些桩点的地面高程。这些点称为中间点，中间点上的读数称为中间前视。为了进行检核，每个测站上转点间的高差，应采用变动仪器高度法施测两次，并读到毫米。中间前视按第二次仪器高度观测一次，只要读到毫米即可。转点的位置可选在里程桩或加桩的桩点上，也可在中线附近另外选择转点。对于所设置的水准点，可作为转点立尺观测。

每个测站的观测可按如下步骤进行：读后视尺读数；读前视尺的读数；改变仪器高度重新整平后，读前视尺读数；读后视尺读数；若两次仪器高度测得的高差符合要求，则依次立尺于各中间前视点读数读取中间前视读数。图 11.23 中，实线表示在转点上的读数，虚线表示在各中间点的读数，括号内数字表示读数的顺序。

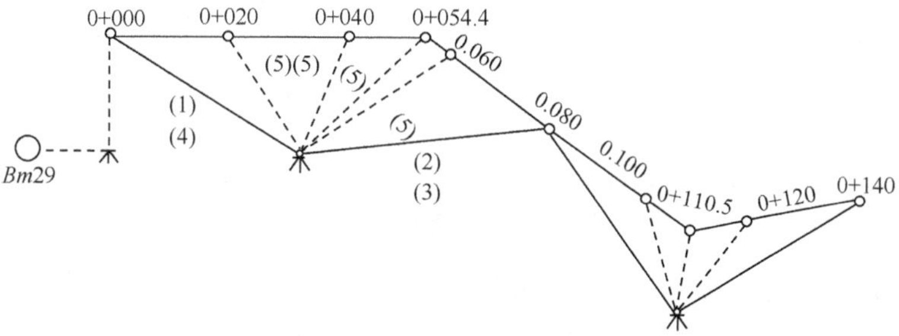

图 11.23　中线水准测量

3) 高程计算

完成了一个测段的纵断面水准测量后，要根据观测数据进行以下计算工作。

高差闭合差的计算与调整。高差闭合差应为 $\pm40\sqrt{L}$mm (L 为线路长度，单位为 km)。如符合要求，则将闭合差反号平均分配到各测站高差中去，并求出改正后的高差。

根据改正后的高差，推算出各转点的高程。

用视线高程法计算中间点的高程。后视点高程加上第二次仪器高度时的后视读数，即得各测站的视线高程。各测站视线高程减中间前视读数，得各中间点的高程。

2. 纵断面图的绘制

纵断面水准测量各桩点的高程计算出来后，即可在毫米方格纸上绘制纵断面图。绘制纵断面图时，以里程为横坐标，高程为纵坐标。为了更明显地表示出沿线路地面高程变化情况，高程比例尺一般比水平距离比例尺大 10～20 倍。绘制方法如下(图 11.24)。

(1) 在方格纸适当位置绘制水平线，水平线以下绘出坡度、设计高程、地面高程、距离、桩号及线路平面图等栏。水平线以上描绘纵断面图。

(2) 自水平线的左端点开始，根据水平距离比例尺，定出各桩点的位置，并填写桩号、桩点间距离及相应的地面高程。

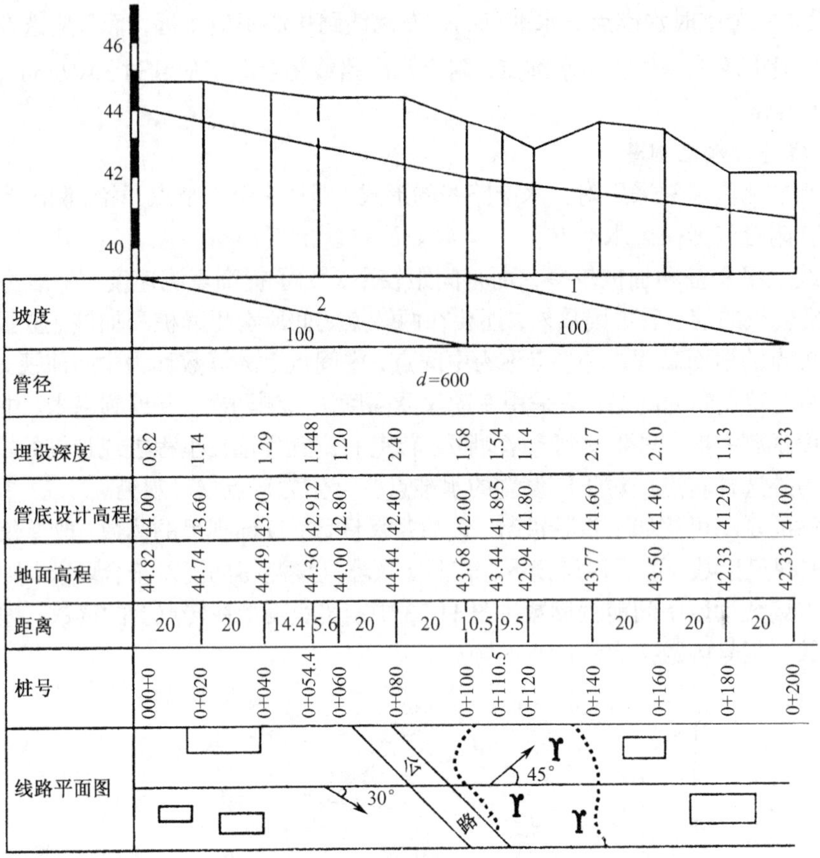

图 11.24　纵断面图的绘制

(3) 根据中线桩观测手簿绘出线路平面图。

(4) 在水平线的左端点处作垂直线，按选定的高程比例尺进行高程注记。注记高程时，应选择一个适当的高程作为起始点高程，然后根据各桩点的地面高程和里程定出断面点，把相邻的断面点用直线相连，即得线路的纵断面图。

纵断面图绘好以后，可在纵断面图上进行线路设计，将设计坡度和设计高程填入相应栏内，并将设计线绘在纵断面图上。

11.5.2　横断面测量

横断面是指过中线桩垂直于中线方向的断面，横断面测量是测量中线桩处垂直于中线方向(法线方向)的地面高程，进行横断面测量时首先要测定横断面的方向，然后在这个方向上测定中线桩两侧地面变化点与桩点间的距离和高差，从而绘制横断面图。横断面测量的宽度和密度根据各种工程设计的需要而定，在初测阶段只是对山坡陡峻，地质不良地段和需要用横断面选线的地段，重点测绘一些横断面。在定测阶段，一般在曲线控制点，公里桩，百米桩和路线纵、横向地形明显变化处，均应测绘横断面。在大中桥头、隧道洞口、挡土墙等重点工程地段，应适当加密。横断面测量的宽度，应根据各中线桩的填挖高度、边坡大小及有关工程的特殊要求而定，一般自中线向两侧各测 15～50m。

1. 横断面方向的测定

1) 直线上横断面方向的测定

横断面应与线路方向垂直，一般采用简易直角方向架来定向，方向架用木质做成的十字架，支承在一根支杆上，在十字架的四个端点附近各钉一小钉，相对的四个小钉的连线构成相互垂直的两条视线，木杆下面镶以铁脚可以插入土中。将方向架插于要测横断面的中线桩处，使一条视线照准直线上相邻的一个中线桩，另一条视线即可给出横断面方向。对于测定精度要求较高的地段，可采用经纬仪定向。

2) 曲线上横断面方向的测定

在曲线上横断面的方向应垂直于桩点的切线方向。将方向架设在要测定的横断面的 A 点，如图 11.25 所示，在 A 点前后等距离处的曲线上找出 B 点和 C 点，方向架的一条视线照准 B，反方向延伸至 C'，C' 应选在 C 的附近，平分角 CAC' 得 C''，将方向架的一条视线照准 C''，则另一条视线给出横断面方向；或按正矢公式 ($m = AB^2/2R$) 计算出正矢 m，然后从 A 点沿半径方向量出 m 得 D 点，将方向架置于 D 点照准 B 或 C 亦可得出横断面方向。

采用经纬仪测量时，需要计算出偏角，然后拨角 90°，即可得到横断面方向，如图 11.26 所示。

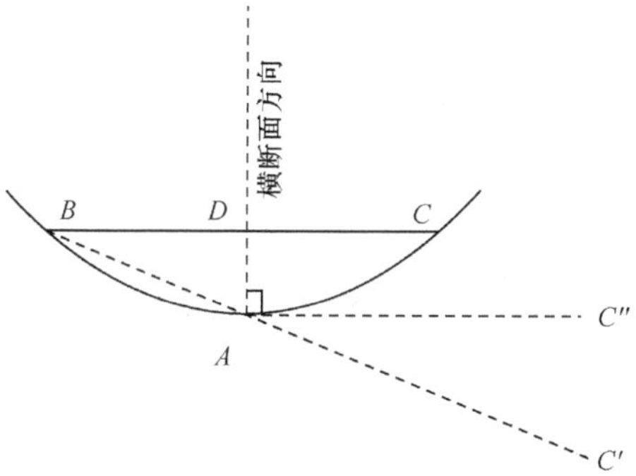

图 11.25　测定横断面的方向

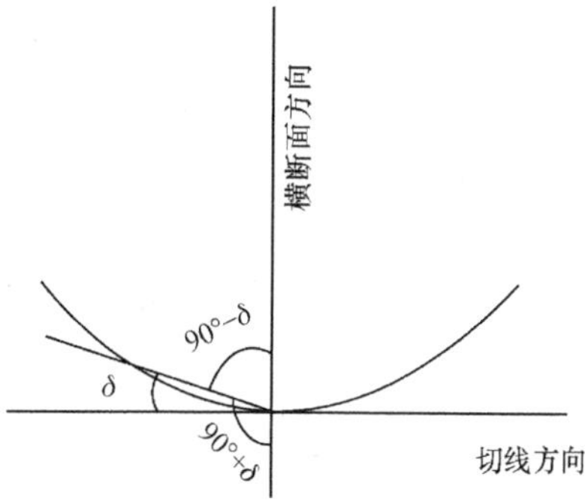

图 11.26　横断面方向的测设

2. 横断面测量方法

横断面测量的方法较多，可根据地形情况和精度要求选用。

1) 经纬仪斜距法

此法是利用竖角(或天顶距)和斜距来测定横断面上的地形变化点，将经纬仪置于施测横断面的中线桩上，在横断面方向上要测定的地形变化点上立花秆，花秆上标记出仪器高。用经纬仪照准花秆上的标记，测出竖角。用尺(一般用绳尺)量出仪器中心到花秆上标的斜距，根据竖角和斜距在现场即可绘出所测的点，从而绘出横断面图。此法没有计算工作，根据观测数据直接绘图，是工效高、质量好的一种方法。绘图时可使用地形测量中展绘地形点的量角器(图 11.27)。

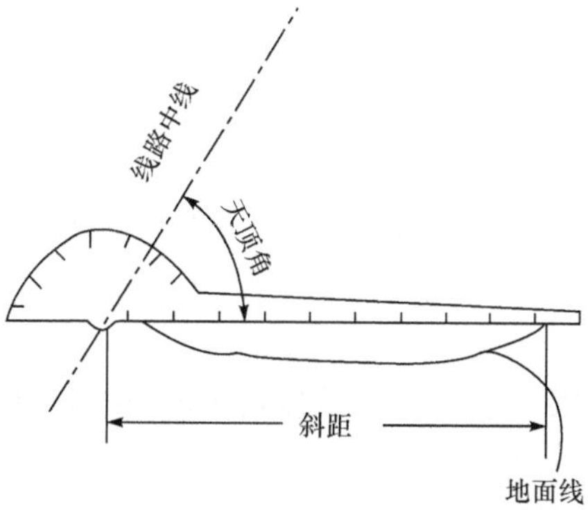

图 11.27　量角器绘制横断面图

2) 水准仪法

在线路两侧地势平坦，且要求精度较高时，可采用水准仪法。用方向架定向，用钢尺或皮尺测距，用水准仪测量高程。通常是后视中线桩求得仪器高程，然后测量所有地形变坡点。此法在野外记录，在室内绘图。当地形条件许可时，安置一次仪器可同时测多个断面。

3. 横断面测量的精度要求

横断面测量的误差在检查时不应超过表 11.1 所列限值。

表 11.1　横断面测量的限差要求

线路名称	距离/m	高程/m
铁路、高速和一级公路	$\pm\left(\frac{L}{100}+0.1\right)$	$\pm\left(\frac{h}{100}+\frac{L}{200}+0.1\right)$
二级以下公路	$\pm\left(\frac{L}{50}+0.1\right)$	$\pm\left(\frac{h}{50}+\frac{L}{100}+0.1\right)$

4. 横断面图的绘制

横断面图一般是绘在毫米方格纸上，为了便于计算面积和设计路基断面，其水平距离和高程采用同一比例尺，通常是 1∶200。横断面图可在野外绘制，也可在室内绘制，野外绘制时可省去记录。在绘图前，先在图上标出中线桩位置，注明桩号，按桩号的顺序逐个绘在一张图纸上，其排列顺序是由下而上，由左到右。相邻断面间应留有一定空隙，以便绘出路基断面。如图 11.28 所示，测绘时，由中线桩开始，逐一将变坡点点在图上，再用直线把相邻点连接起来，即绘出地面的断面线。

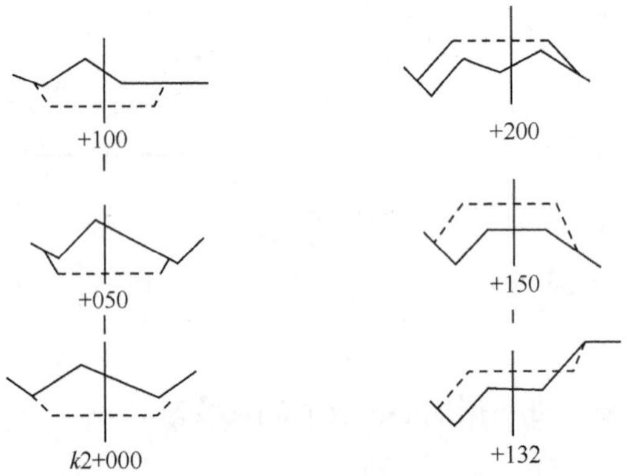

图 11.28　路基断面图

11.6　土方计算与边坡放样

11.6.1　土 方 计 算

在土方计算之前，应先将设计断面绘在横断面图上，计算出地面线与设计断面所包围的填方面积或挖方面积 A(图 11.29)，然后进行土方计算。

常用的计算土方的方法是平均断面法，即根据两相邻的设计断面填挖面积的平均值乘以两断面的距离，就得到两相邻横断面之间的挖、填土方的数量。

$$V=\frac{1}{2}(A_1+A_2)D \tag{11.21}$$

式中，A_1、A_2 为相邻两横断面的挖方或填方面积；D 为相邻两横断面之间的距离，如果同一断面既有填方又有挖方，则应分别计算。

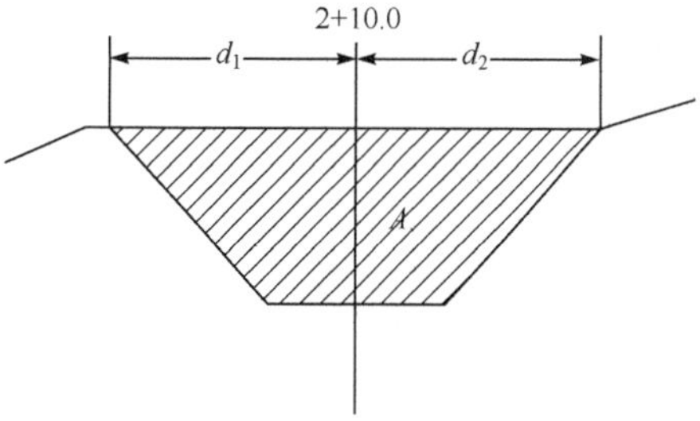

图 11.29　计算填挖面积

11.6.2　边 坡 放 样

为使铁路、公路和渠道等工程在开挖土方时有所依据，在施工前，必须沿着中线把每一个里程桩和加桩处的设计横断面放样于地面上。放样时，通常把设计断面的坡度与原地面的交点，在地面上用木桩标定出来，称为边桩。

在各中线桩的横断面图上绘有地面线和设计断面，因此可从图上量出各边桩到中心桩的水平距离 d，然后再到实地上沿横断面方向定出这些边桩。中心桩至边桩的距离，也可用计算方法求得。当地面平坦时，如图 11.30 所示，则

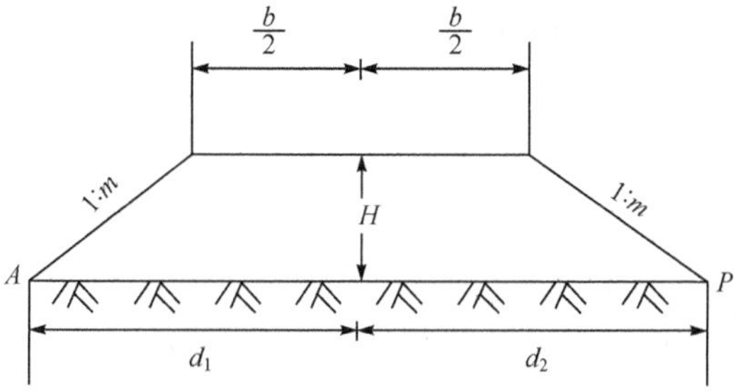

图 11.30　地面平坦的边坡放样

$$d_1 = d_2 = \frac{b}{2} + mH \tag{11.22}$$

当地面倾斜时(图 11.31)，中心桩至两边桩的距离不等，则

$$d_1 = \frac{b}{2} + mH \tag{11.23}$$

$$d_2 = \frac{b}{2} + m(H - h_2) \tag{11.24}$$

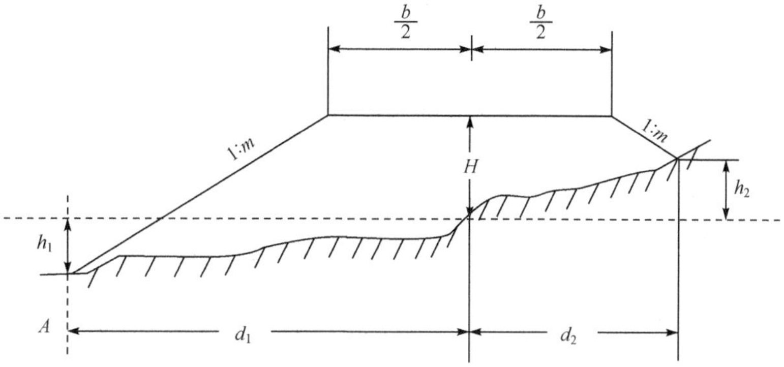

图 11.31　地面倾斜的边坡放样

思 考 题

1. 点平面位置的测设有几种方法？简述这几种方法。
2. 简述水平方向和竖直方向上怎样测设圆曲线。
3. 简述交点与转点的测设方法。
4. 简述纵断面测量及如何绘制纵断面图。
5. 简述横断面方向如何测定。简述横断面测量方法。简述横断面如何绘制。
6. 简述怎么进行土方计算，如何进行边坡放样。

主要参考文献

陈俊勇. 2003. 世界大地坐标系统 1984 的最新精化. 测绘通报, (2): 1-3

杜道生, 陈军, 李征航. 1995. RS、GIS、GPS 的集成与应用. 北京: 测绘出版社

国土资源部. 2012. 地籍调查规程(TD/T1001—2012). 北京: 中国标准出版社

洪波. 2010. 地籍与房产测量. 北京: 测绘出版社

金其坤. 2002. 地籍测量. 北京: 地质出版社

李天文. 2015. GPS 原理及应用(第三版). 北京: 科学出版社

李天文. 2016. 工程测量学(第二版). 北京: 科学出版社

李天文. 2021. 现代测量学(第三版). 北京: 科学出版社

王家喧, 樊炳奎, 黄明智. 1989. 地籍测量管理及其自动化. 成都: 成都地图出版社

王侬, 廖元焰. 2008. 地籍测量(第二版). 北京: 测绘出版社

魏子卿. 2003. 我国大地坐标系的换代问题. 武汉大学学报(信息科学版), 28(2): 138-143, 148

杨升. 1997. 德国黑森州的测量与地籍测量. 四川测绘, (1): 1-4

詹长根. 2003. 地籍测量学. 武汉: 武汉大学出版社

章书寿, 孙在宏. 2008. 地籍调查与地籍测量学. 北京: 测绘出版社

住房和城乡建设部. 2013. 建筑工程建筑面积计算规范(GB/T50353—2013). 北京: 中国计划出版社

Zumberge J F, Heflin M B, Jefferson D C, et al. 1997. Precise point positioning for the efficient and robust analysis of GPS data from large network. Journal Geophysics Res., 102(B3): 5005-5018

附录I 第三次全国土地调查工作分类

<table>
<tr><th colspan="2">一级类</th><th colspan="2">二级类</th><th colspan="3" rowspan="2">含义</th></tr>
<tr><th>编码</th><th>名称</th><th>编码</th><th>名称</th></tr>
<tr><td rowspan="4">01</td><td rowspan="4">耕地</td><td></td><td></td><td colspan="3">指种植农作物的土地，包括熟地，新开发、复垦、整理地，休闲地(含轮歇地、休耕地)；以种植农作物(含蔬菜)为主，间有零星果树、桑树或其他树木的土地；平均每年能保证收获一季的已垦滩地和海涂。耕地中包括南方宽度<1.0m，北方宽度<2.0m固定的沟、渠、路和地坎(埂)；临时种植药材、草皮、花卉、苗木等的耕地，临时种植果树、茶树和林木且耕作层未破坏的耕地，以及其他临时改变用途的耕地</td></tr>
<tr><td>0101</td><td>水田</td><td colspan="3">指用于种植水稻、莲藕等水生农作物的耕地，包括实行水生、旱生农作物轮种的耕地</td></tr>
<tr><td>0102</td><td>水浇地</td><td colspan="3">指有水源保证和灌溉设施，在一般年景能正常灌溉、种植旱生农作物(含蔬菜)的耕地，包括种植蔬菜的非工厂化的大棚用地</td></tr>
<tr><td>0103</td><td>旱地</td><td colspan="3">指无灌溉设施，主要靠天然降水种植旱生农作物的耕地，包括没有灌溉设施、仅靠引洪淤灌的耕地</td></tr>
<tr><td rowspan="9">02</td><td rowspan="9">园地</td><td></td><td></td><td colspan="3">指种植以采集果、叶、根、茎、汁等为主的集约经营的多年生木本和草本作物，覆盖度大于50%或每亩株数大于合理株数70%的土地，包括用于育苗的土地</td></tr>
<tr><td rowspan="2">0201</td><td rowspan="2">果园</td><td colspan="3">指种植果树的园地</td></tr>
<tr><td>0201K</td><td>可调整果园</td><td>指由耕地改为果园，但耕作层未被破坏的土地</td></tr>
<tr><td rowspan="2">0202</td><td rowspan="2">茶园</td><td colspan="3">指种植茶树的园地</td></tr>
<tr><td>0202K</td><td>可调整茶园</td><td>指由耕地改为茶园，但耕作层未被破坏的土地</td></tr>
<tr><td rowspan="2">0203</td><td rowspan="2">橡胶园</td><td colspan="3">指种植橡胶树的园地</td></tr>
<tr><td>0203K</td><td>可调整橡胶园</td><td>指由耕地改为橡胶园，但耕作层未被破坏的土地</td></tr>
<tr><td rowspan="2">0204</td><td rowspan="2">其他园地</td><td colspan="3">指种植桑树、可可、咖啡、油棕、胡椒、药材等其他多年生作物的园地</td></tr>
<tr><td>0204K</td><td>可调整其他园地</td><td>指由耕地改为其他园地，但耕作层未被破坏的土地</td></tr>
<tr><td rowspan="8">03</td><td rowspan="8">林地</td><td></td><td></td><td colspan="3">指生长乔木、竹类、灌木的土地，以及沿海生长红树林的土地。包括迹地，不包括城镇、村庄范围内的绿化林木用地，铁路、公路征地范围内的林木，以及河流、沟渠的护堤林</td></tr>
<tr><td rowspan="2">0301</td><td rowspan="2">乔木林地</td><td colspan="3">指乔木郁闭度≥0.2的林地，不包括森林沼泽</td></tr>
<tr><td>0301K</td><td>可调整乔木林地</td><td>指由耕地改为乔木林地，但耕作层未被破坏的土地</td></tr>
<tr><td>0302</td><td>竹林地</td><td colspan="3">指生长竹类植物，郁闭度≥0.2的林地</td></tr>
<tr><td></td><td></td><td>0302K</td><td>可调整竹林地</td><td>指由耕地改为竹林地，但耕作层未被破坏的土地</td></tr>
<tr><td>0303</td><td>红树林地</td><td colspan="3">沿海生长红树植物的林地</td></tr>
<tr><td>0304</td><td>森林沼泽</td><td colspan="3">以乔木森林植物为优势群落的淡水沼泽</td></tr>
<tr><td>0305</td><td>灌木林地</td><td colspan="3">指灌木覆盖度≥40%的林地，不包括灌丛沼泽</td></tr>
</table>

续表

<table>
<tr><th colspan="2">一级类</th><th colspan="2">二级类</th><th colspan="3" rowspan="2">含义</th></tr>
<tr><th>编码</th><th>名称</th><th>编码</th><th>名称</th></tr>
<tr><td rowspan="3">03</td><td rowspan="3">林地</td><td>0306</td><td>灌丛沼泽</td><td colspan="3">以灌丛植物为优势群落的淡水沼泽</td></tr>
<tr><td rowspan="2">0307</td><td rowspan="2">其他林地</td><td colspan="3">包括疏林地(树木郁闭度大于等于0.1但小于0.2的林地)、未成林地、迹地、苗圃等林地</td></tr>
<tr><td>0307K</td><td>可调整其他林地</td><td>指由耕地改为未成林造林地和苗圃，但耕作层未被破坏的土地</td></tr>
<tr><td rowspan="6">04</td><td rowspan="6">草地</td><td></td><td></td><td colspan="3">指生长草本植物为主的土地</td></tr>
<tr><td>0401</td><td>天然牧草地</td><td colspan="3">指以天然草本植物为主，用于放牧或割草的草地，包括实施禁牧措施的草地，不包括沼泽草地</td></tr>
<tr><td>0402</td><td>沼泽草地</td><td colspan="3">指以天然草本植物为主的沼泽化的低地草甸、高寒草甸</td></tr>
<tr><td rowspan="2">0403</td><td rowspan="2">人工牧草地</td><td colspan="3">指人工种植牧草的草地</td></tr>
<tr><td>0403K</td><td>可调整人工牧草地</td><td>指由耕地改为人工牧草地，但耕作层未被破坏的土地</td></tr>
<tr><td>0404</td><td>其他草地</td><td colspan="3">指树木郁闭度<0.1，表层为土质，不用于放牧的草地</td></tr>
<tr><td>05</td><td>商服用地</td><td></td><td></td><td colspan="3">指主要用于商业、服务业的土地</td></tr>
<tr><td rowspan="4">06</td><td rowspan="4">工矿仓储用地</td><td></td><td></td><td colspan="3">指主要用于工业生产、物资存放场所的土地</td></tr>
<tr><td>06H1</td><td>工业仓储用地</td><td colspan="3">指工业生产、产品加工制造、机械和设备修理，物资储备、中转的场所及直接为工业生产等服务的附属设施用地。包括物流仓储设施、配送中心、转运中心等</td></tr>
<tr><td>0602</td><td>采矿用地</td><td colspan="3">指采矿、采石、采砂(沙)场，砖瓦窑等地面生产用地，排土(石)及尾矿堆放地</td></tr>
<tr><td>0603</td><td>盐田</td><td colspan="3">指用于生产盐的土地，包括晒盐场所、盐池及附属设施用地</td></tr>
<tr><td rowspan="3">07</td><td rowspan="3">住宅用地</td><td></td><td></td><td colspan="3">指主要用于人们生活居住的房基地及其附属设施的土地</td></tr>
<tr><td>0701</td><td>城镇住宅用地</td><td colspan="3">指城镇用于生活居住的各类房屋用地及其附属设施用地，不含配套的商业服务设施等用地</td></tr>
<tr><td>0702</td><td>农村宅基地</td><td colspan="3">指农村用于生活居住的宅基地</td></tr>
<tr><td rowspan="7">08</td><td rowspan="7">公共管理与公共服务用地</td><td></td><td></td><td colspan="3">指用于机关团体、新闻出版、科教文卫、公用设施等的土地</td></tr>
<tr><td>08H1</td><td>机关团体新闻出版用地</td><td colspan="3">指用于党政机关、社会团体、群众自治组织，广播电台、电视台、电影厂、报社、杂志社、通讯社、出版社等的用地</td></tr>
<tr><td rowspan="2">08H2</td><td rowspan="2">科教文卫用地</td><td colspan="3">指用于各类教育，独立的科研、勘察、研发、设计、检验检测、技术推广、环境评估与监测、科普等科研事业单位，医疗、保健、卫生、防疫、康复和急救设施，为社会提供福利和慈善服务的设施，图书、展览等公共文化活动设施，体育场馆和体育训练基地等用地及其附属设施用地</td></tr>
<tr><td>08H2A</td><td>高教用地</td><td>指高等院校及其附属设施用地</td></tr>
<tr><td>0809</td><td>公用设施用地</td><td colspan="3">指用于城乡基础设施的用地，包括供水、排水、污水处理、供电、供热、供气、邮政、电信、消防、环卫、公用设施维修等用地</td></tr>
<tr><td rowspan="2">0810</td><td rowspan="2">公园与绿地</td><td colspan="3">指城镇、村庄范围内的公园、动物园、植物园、街心花园、广场和用于休憩、美化环境及防护的绿化用地</td></tr>
<tr><td>0810A</td><td>广场用地</td><td>指城镇、村庄范围内的广场用地</td></tr>
</table>

续表

一级类		二级类		含义
编码	名称	编码	名称	
09	特殊用地			指用于军事设施、涉外、宗教、监教、殡葬、风景名胜等的土地
10	交通运输用地			指用于运输通行的地面线路、场站等的土地，包括民用机场、汽车客货运场站、港口、码头、地面运输管道和各种道路以及轨道交通用地
		1001	铁路用地	指用于铁道线路及场站的用地，包括征地范围内的路堤、路堑、道沟、桥梁、林木等用地
		1002	轨道交通用地	指用于轻轨、现代有轨电车、单轨等轨道交通用地，以及场站的用地
		1003	公路用地	指用于国道、省道、县道和乡道的用地，包括征地范围内的路堤、路堑、道沟、桥梁、汽车停靠站、林木及直接为其服务的附属用地
		1004	城镇村道路用地	指城镇、村庄范围内公用道路及行道树用地，包括快速路、主干路、次干路、支路、专用人行道和非机动车道及其交叉口等
		1005	交通服务场站用地	指城镇、村庄范围内交通服务设施用地，包括公交枢纽及其附属设施用地、公路长途客运站、公共交通场站、公共停车场(含设有充电桩的停车场)、停车楼、教练场等用地，不包括交通指挥中心、交通队用地
		1006	农村道路	在农村范围内，南方宽度大于等于1.0m但小于等于8.0m，北方宽度大于等于2.0m但小于等于8.0m，用于村间、田间交通运输，并在国家公路网络体系之外，以服务于农村农业生产为主要用途的道路(含机耕道)
		1007	机场用地	指用于民用机场、军民合用机场的用地
		1008	港口码头用地	指用于人工修建的客运、货运、捕捞及工程、工作船舶停靠的场所及其附属建筑物的用地，不包括常水位以下部分
		1009	管道运输用地	指用于运输煤炭、矿石、石油、天然气等管道及其相应附属设施的地上部分用地
11	水域及水利设施用地			指陆地水域，滩涂、沟渠、沼泽、水工建筑物等用地，不包括滞洪区和已垦滩涂中的耕地、园地、林地、城镇、村庄、道路等用地
		1101	河流水面	指天然形成或人工开挖河流常水位岸线之间的水面，不包括被堤坝拦截后形成的水库区段水面
		1102	湖泊水面	指天然形成的积水区常水位岸线所围成的水面
		1103	水库水面	指人工拦截汇集而成的总设计库容≥10万m^3的水库正常蓄水位岸线所围成的水面
		1104	坑塘水面	指人工开挖或天然形成的蓄水量<10万m^3的坑塘常水位岸线所围成的水面
		1104A	养殖坑塘	指人工开挖或天然形成的用于水产养殖的水面及相应附属设施用地
		1104K	可调整养殖坑塘	指由耕地改为养殖坑塘，但可复耕的土地
		1105	沿海滩涂	指沿海大潮高潮位与低潮位之间的潮浸地带，包括海岛的沿海滩涂，不包括已利用的滩涂
		1106	内陆滩涂	指河流、湖泊常水位至洪水位间的滩地，时令湖、河洪水位以下的滩地，水库、坑塘的正常蓄水位与洪水位间的滩地，包括海岛的内陆滩地，不包括已利用的滩地

续表

一级类		二级类		含义
编码	名称	编码	名称	
11	水域及水利设施用地	1107	沟渠	指人工修建，南方宽度≥1.0m、北方宽度≥2.0m用于引、排、灌的渠道，包括渠槽、渠堤、护路林及小型泵站
		1107A	干渠	指除农田水利用地以外的人工修建的沟渠
		1108	沼泽地	指经常积水或渍水，一般生长湿生植物的土地，包括草本沼泽、苔藓沼泽、内陆盐沼等，不包括森林沼泽、灌丛沼泽和沼泽草地
		1109	水工建筑用地	指人工修建的闸、坝、堤路林、水电厂房、扬水站等常水位岸线以上的建(构)筑物用地
		1110	冰川及永久积雪	指表层被冰雪常年覆盖的土地
12	其他土地			指上述地类以外的其他类型的土地
		1201	空闲地	指城镇、村庄、工矿范围内尚未使用的土地，包括尚未确定用途的土地
		1202	设施农用地	指直接用于经营性畜禽养殖生产设施及附属设施用地，直接用于作物栽培或水产养殖等农产品生产的设施及附属设施用地，直接用于设施农业项目辅助生产的设施用地，晾晒场、粮食果品烘干设施、粮食和农资临时存放场所、大型农机具临时存放场所等规模化粮食生产所必需的配套设施用地
		1203	田坎	指梯田及梯状坡地耕地中，主要用于拦蓄水和护坡、南方宽度≥1.0m、北方宽度≥2.0m的地坎
		1204	盐碱地	指表层盐碱聚集，生长天然耐盐植物的土地
		1205	沙地	指表层为沙覆盖、基本无植被的土地，不包括滩涂中的沙地
		1206	裸土地	指表层为土质，基本无植被覆盖的土地
		1207	裸岩石砾地	指表层为岩石或石砾，其覆盖面积≥70%的土地

附录 II　城镇村及工矿用地

<table>
<tr><th colspan="2">一级</th><th colspan="2">二级</th><th colspan="3" rowspan="2">含义</th></tr>
<tr><th>编码</th><th>名称</th><th>编码</th><th>名称</th></tr>
<tr><td rowspan="9">20</td><td rowspan="9">城镇村及工矿用地</td><td></td><td></td><td colspan="3">指城乡居民点、独立居民点以及居民点以外的工矿、国防、名胜古迹等企事业单位用地，包括其内部交通、绿化用地</td></tr>
<tr><td rowspan="2">201</td><td rowspan="2">城市</td><td colspan="3">指城市居民点，以及与城市连片的和区政府、县级市政府所在地镇级辖区内的商服、住宅、工业、仓储、机关、学校等单位用地，包括其范围内的其他各类用地</td></tr>
<tr><td>201A</td><td>城市独立工业仓储用地</td><td>城市辖区内独立的工业、仓储用地</td></tr>
<tr><td rowspan="2">202</td><td rowspan="2">建制镇</td><td colspan="3">指建制镇居民点，以及辖区内的商服、住宅、工业、仓储、学校等企事业单位用地，包括其范围内的其他各类用地</td></tr>
<tr><td>202A</td><td>建制镇独立工业仓储用地</td><td>建制镇辖区内独立的工业、仓储用地</td></tr>
<tr><td rowspan="2">203</td><td rowspan="2">村庄</td><td colspan="3">指农村居民点，以及所属的商服、住宅、工矿、工业、仓储、学校等用地，包括其范围内的其他各类用地</td></tr>
<tr><td>203A</td><td>村庄独立工业仓储用地</td><td>村庄所属独立的工业、仓储用地</td></tr>
<tr><td>204</td><td>盐田及采矿用地</td><td colspan="3">指城镇村庄用地以外采矿、采石、采砂(沙)场，盐田，砖瓦窑等地面生产用地及尾矿堆放地</td></tr>
<tr><td>205</td><td>特殊用地</td><td colspan="3">指城镇村庄用地以外用于军事设施、涉外、宗教、监教、殡葬、风景名胜等的土地</td></tr>
</table>